U0181155

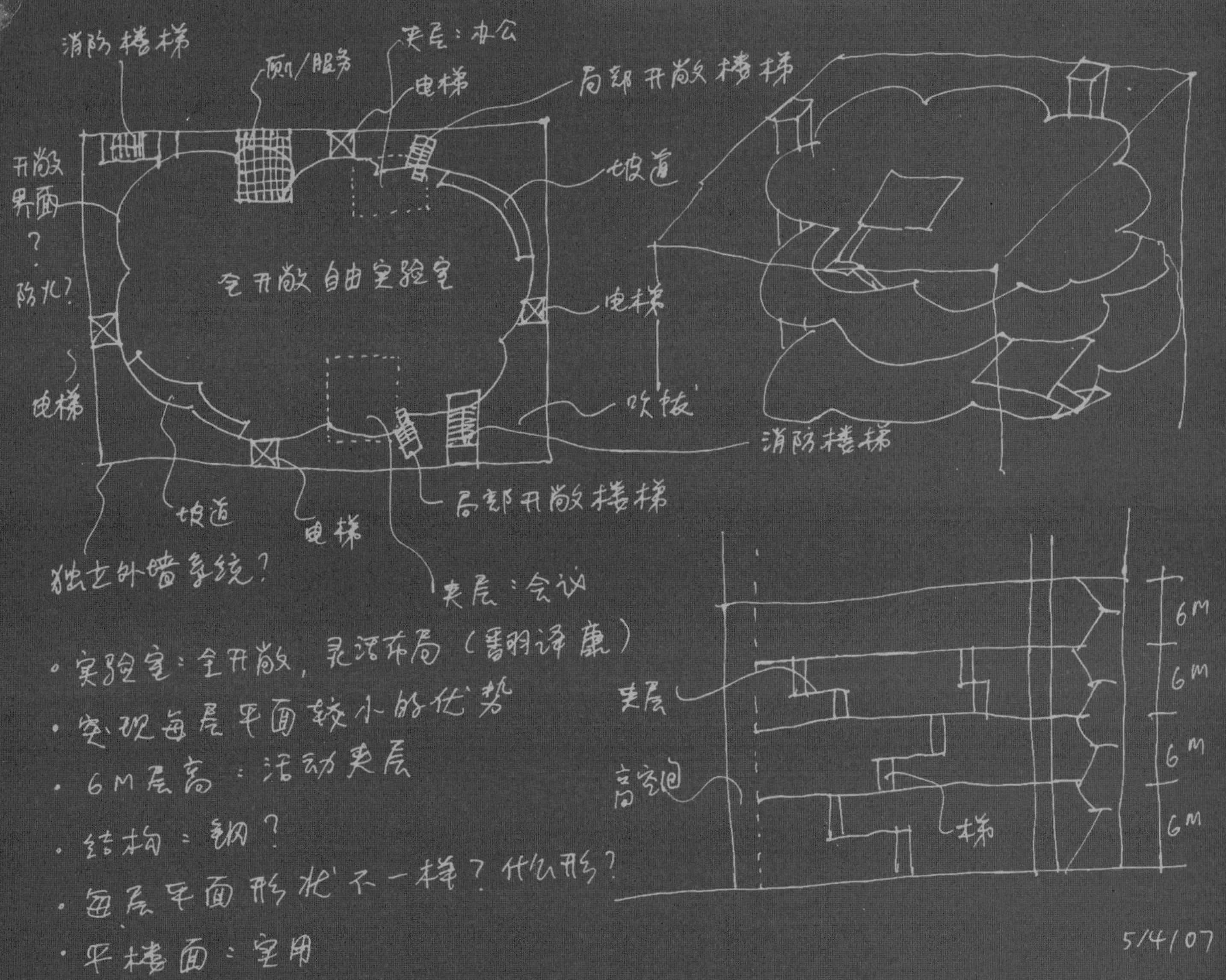
消防楼梯
厕/服务
夹层：办公
电梯
局部开敞楼梯
坡道
开敞界面？
防火？
全开敞自由实验室
电梯
吹拔
消防楼梯
电梯
局部开敞楼梯
坡道
电梯
独立外墙系统？
夹层：会议
夹层
梯
6M
6M
6M
6M
·实验室：全开敞，灵活布局
·实现每层平面较小的优势
·6M层高：活动夹层
·结构：钢？
·每层平面形状不一样？什么形？
·平楼面：实用
5/4/07

文
景

Horizon

社科新知　文艺新潮

Yung Ho Chang Draws

图画本

张永和

上海人民出版社

目 录

1980 年代

1990 年代

画图画

画画儿　我从小画画儿。喜欢，但画不好。其实，凡是动手的事儿，特别是使用工具，我都非常吃力。听父亲说，在我很小的时候，他把我的画儿拿给画家朋友张仃看了。张仃一看便说：这孩子这么小就匠气了。我当时应该是五六岁吧，据父亲讲是我上学前的事。在我成长过程中，对绘画的热情从未削弱，尽管似乎越画越差。在 1975 年到 1977 年之间，我跟表姐叶亮的同学胡清华学习油画，这是一种我完全无法驾驭的媒介：我的眼和手拒绝合作；趁我与色彩狼狈奋战之际，颜料在画面上失控地堆积起来。我对绘画的感觉被自己和泥式的油画习作彻底瓦解了。我面临着一个不可逾越的障碍组合：我匠气且缺乏技巧，不会艺术地调度和处理任何画面上的元素，只能尽量努力去笨拙又平均地记录我看到的世界。由于写实技巧的缺失，我始终与现实保持着一定的距离。

制图　1977 年我考上南京工学院（今东南大学）学习建筑学，也要学画素描、水彩和水粉，但我的绘画技巧没有明显改善。同时又面临着新的挑战：制图。我第一次注意到制图与画画儿的差异：制图需运用各种工具，如丁字尺、三角板、圆规、鸭嘴笔等，在纸上准确地留下痕迹。图，不是画。技术操作性强的制图，其困难程度对于我似乎比画画儿更甚。然而，制图背后理性的思维方式适合我。制图，理所当然地匠气。随着我对建筑兴趣的不断增进，我意识到制图是建图、造图，或图上建造，建造画中空间。我从 1980 年代中期开始，越来越少地画画儿；到 1990 年代初，完全放弃徒手画，直接用器械制作建筑设计图。同时，我对匠气的艺术家产生了浓厚的兴趣，从意大利文艺复兴早期到欧洲超现实主义的画家，特别是勒内　马格利特（Rene Magritte），以及法国理想主义时期建筑师勒克（Jean-Jacques Lequeu）等。我逐渐体会到匠气是一种严谨的力量，而自己还远不够匠气，进而有意识地努力把匠气推向极致。慢慢地，我的图获得了一种质量，是因其呆板而产生的一种陌生感，它帮助我想象另一种生活场景，一种与现实亦近亦远的生活场景。

想象　那会儿，我掌握了大部分传统的制图工具。制图成为我记录有关这个与现实略有偏差的世界想象的方式。这个世界既崭新又古老，既冷酷又温馨，有一点点像电影《银翼杀手》（*Blade Runner*，1982）和《妙想天开》（*Brazil*，1985）里的、比现实更破败也更肮脏的未来。这种想象是模糊的，需要比画画儿更精确的视觉工具去捕捉。作为建筑师，我必须清楚这个世界的尺寸、质感和光线。在 1993 年回国实践之前，我的图在一定程度上都在有意识或下意识地寻找这个想象中的世界。我或以某些概念设计竞赛为题或自己出题来推进寻找的工作；尽管建筑的类型经常变换，而反反复复描述的是同一个内容：居住，即生活场景。这也是我当时对建筑的定义：建筑设计居住。在《单身公寓》《日期变更线客栈》《线性城市》等设计图纸中，我好像短暂地进入了这个世界，体验到一种我以前不熟悉的理性的诗意。我几乎相信一旦找到了它，我会真正明白如何设计建筑。我在南京工学院的同学王群（现名王骏阳）曾对我说：你多幸运，你画不好。当我看到一些有点儿异样但对我来说又格外真实的空间在自己的图纸上出现，我禁不住有同意他的冲动。

透视　对画中空间的认识促使我对透视画法产生了浓厚的兴趣，但不是数学透视法。在意大利文艺复兴早期，由于可用数学方式求得的透视法这一绝对真理还没有出现，每张画中的透视或画中空间是根据需要塑造的，从而是动态的，充满了想象力。数学透视最终谋杀了自由透视。在中国，迟到的科学使画中空间的丰富性得以生存至近代，平行透视，散点透视，以及平远、高远、深远等空间概念得以发展。我注意到数学透视中缺乏时间相度，无法表达人在空间中的运动，曾试用局部数学透视的组合或多点透视来克服这一缺陷。

图与图　典型的建筑图中用不同的投形（传统称投影），如平面、立面、剖面，来分别描述建筑的各个相度。但这些图通常分别出现，之间缺乏有机的关联。受巴黎美术学院（Beaux-

Arts）绘图传统中所谓分析图（analytique）启发，我尝试将平、立、剖面依据某种逻辑组织在一起，进而添加立体的轴测和/或透视图，即设计图与图之间的对应关系，发掘建筑图作为研究工具的潜力。同时，反复的图图关系搭建练习使我的图纸的表达力也有所扩充，但这类图对于不熟悉建筑的人来说也变得有些晦涩。

光与影

制图时，我经常使用在南京工学院时掌握的古典渲染技法，因为光感和阴影有助于塑造空间、体积、材料、质感，是写实的有效工具。有时，我也会运用平涂阴影与线图结合，构成更多的是抽象性的分析图，而不是描述性的效果图。我感兴趣于古典和现代在图面上的矛盾统一。

标记

可惜，我没能够继续制图的状态和对那个想象世界的探索。也许因为我不知道如何缩短我的想象世界和我的现实世界之间的距离。多年来，在日常的建筑设计过程中，我不画画儿不制图，只是在身边随便一张抓到的纸上匆忙地做些简单的标记。我用这些标记把一些想法记下来，用它们与同事们交流。如果说，制图时拿铅笔在纸板上刻出一条沟，是一个物质性的操作过程，那么，这种用圆珠笔画出的线浮在信纸上，是抽象的。它使我离我的世界——想象的和现实的，越来越远。

画画儿与制图

这些年，我偶尔与我的想象世界相遇在绘本小说里。很多绘本处于想象与现实之间，它现实地构造空间，同时又对现实进行创造性的修改；它既是图又是画。法国的绘本常常出自建筑师之手。绘本提醒我画画儿和制图可以统一起来。它更提醒我绘画与制图过程的愉悦和我想象中的世界。我还要画。

1982

1983

1984

1985

1986

1987

1988

1989

1980 年代

自行车公寓

1982—1983

这些图描绘了夜晚中三个不同公寓楼的片段。自行车手的存在将这三个独立的建筑联系在一起。这几幅图着重表现建筑中重叠和变化的功能：从白天的住宅到晚上自行车游戏场，揭示了这是一个不寻常的公寓—自行车游戏场混合体。图中采用的绘图方法试图修正传统建筑图的局限：尤其是表达人在空间里动态和行为的不足。

这些是研究图吗？

是。可是我没有去画典型的平面、立面和剖面图。我使用彩色铅笔和一点水粉去描绘人的运动，去表现光的质量和材料的质感等。这样的表现方式富有真实感，让我的思路不会过于抽象。

图纸似乎表现不止一个场地……

这些很多是片段的建筑图，包括一座公寓楼以及邻近水池的纵向剖面，让车手在骑到阳台上时可以跳入水中。两画板结合形成一个大图面，图中两栋公寓楼之间有一个红色天棚结构，它是公共的户外建筑空间。平面和剖面图展现了三类不同的户型：第一类设有倾斜的地板，它的剖面是三角形的；第二类户型的地板是平的，但平面左右扭转；第三类有一系列平台。车手们可以在公寓的大门敞开时骑着车在各个单元之间穿梭。

你为什么会对自行车手那么感兴趣？你怎么会想到这类使用者和场景？

那时在美国鲍尔州立大学读书，罗德尼·普雷斯（Rodney Place）教授出了一个关于“使用”“错用”和“滥用”的设计作业。有一个晚上，我正坐在桌前彷徨，罗德尼来到工作室里把我叫了出去，让我看一群花式自行车手：他们利用台阶、长椅上下跳跃着，做出高难的动作。我后来想，他当时是否意识到自行车可能是我成长过程中重要的一部分？

平面，局部立面，剖面，剖面透视
制图要点：人、车运动，光与影，立面透视、剖面，不同投形局部重叠，多点透视

1982—1983
纸板，彩色铅笔，水粉，拼贴

2000mm × 740mm

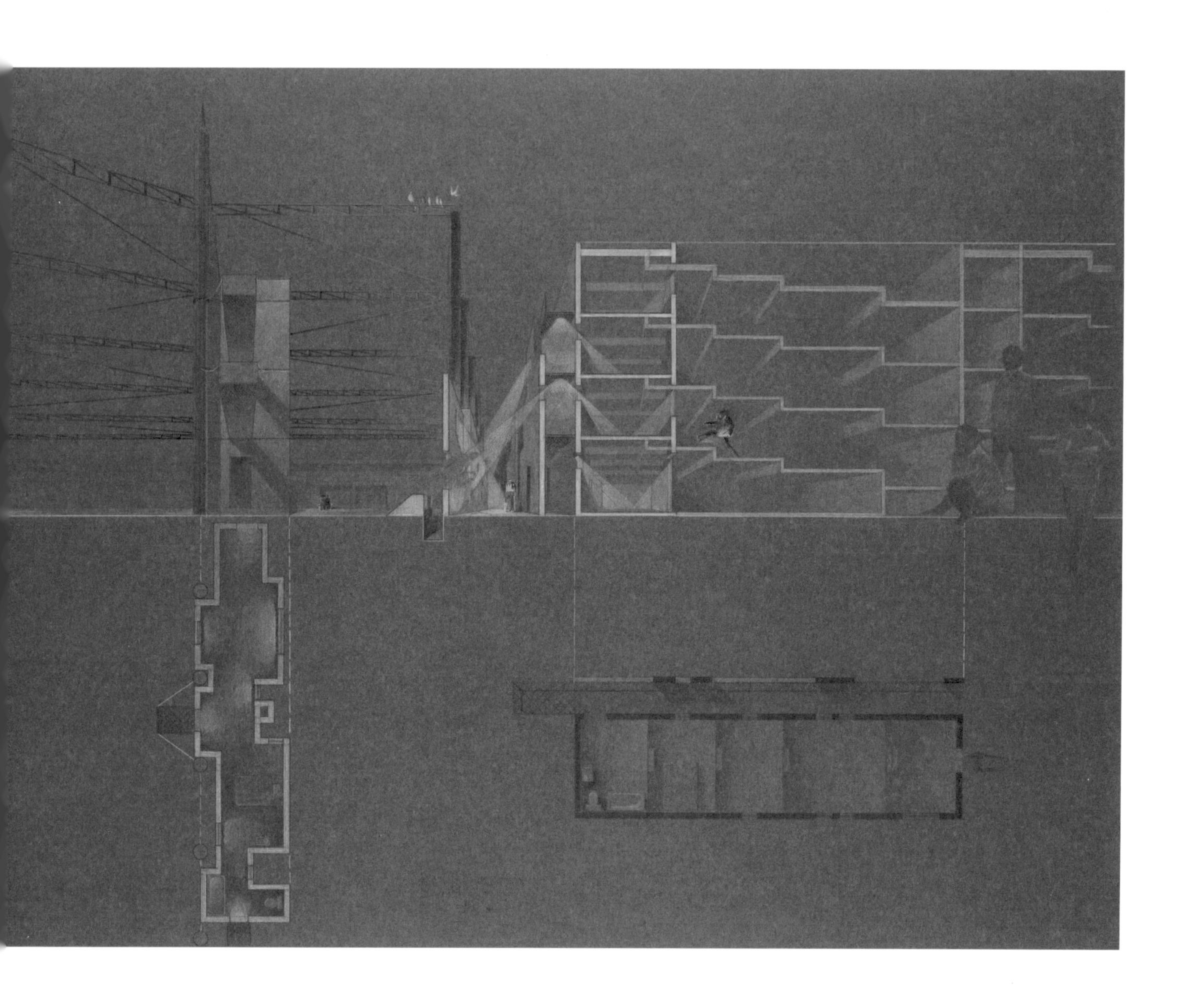

第九层宅

1984

这是作者在加州大学伯克利分校写的建筑硕士论文的第二部分，是一个将该校环境设计学院的顶层改造成住宅的设计。

“第九层宅”与论文有关文学与建筑的第一部分有什么联系？

没有直接的联系。第一部分更概念。第二部分里，我选择了环境设计学院的顶层作为设计基地，当时我的绘图桌就在那里，因此非常熟悉其环境。该空间没有吊顶，管道都是暴露的。我想利用它们来做新建筑，于是把这些管道当中有的弯到地面转化成了桌椅，同时还保留了原本的通风功能，有些则留在天花下的位置。

平面中的楼梯是通往哪里的？

这是一条跨越管道的大楼梯，同时是一个供人坐下欣赏表演的阶梯式剧院。改造后的空间里还有一个放有桌椅、让人可以工作的夹层。

这是一个不同的平面？

是一个更早的版本：直接把房子的立面，包括窗子和坡屋顶，做成了平面上的元素。

为什么？

（笑言）那时正值后现代主义的时代，我想把改造后的“房子性”强调出来。

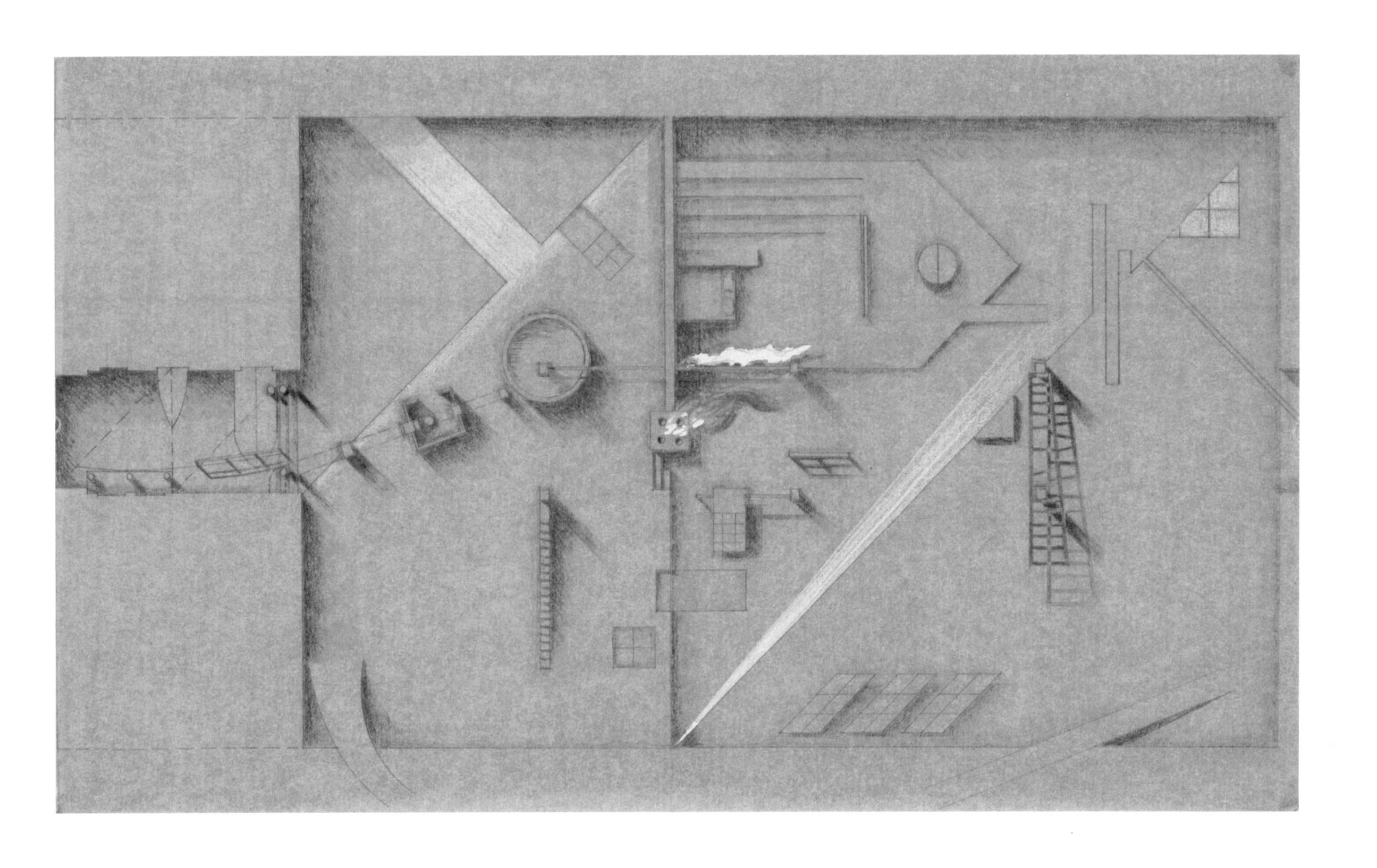

第一版平面：带烟囱的房子立面转化到平面上
制图要点：表现水、火、帘、灯光等软元素

1984
草图纸下衬深色彩纸，铅笔，彩色铅笔

682mm × 306mm

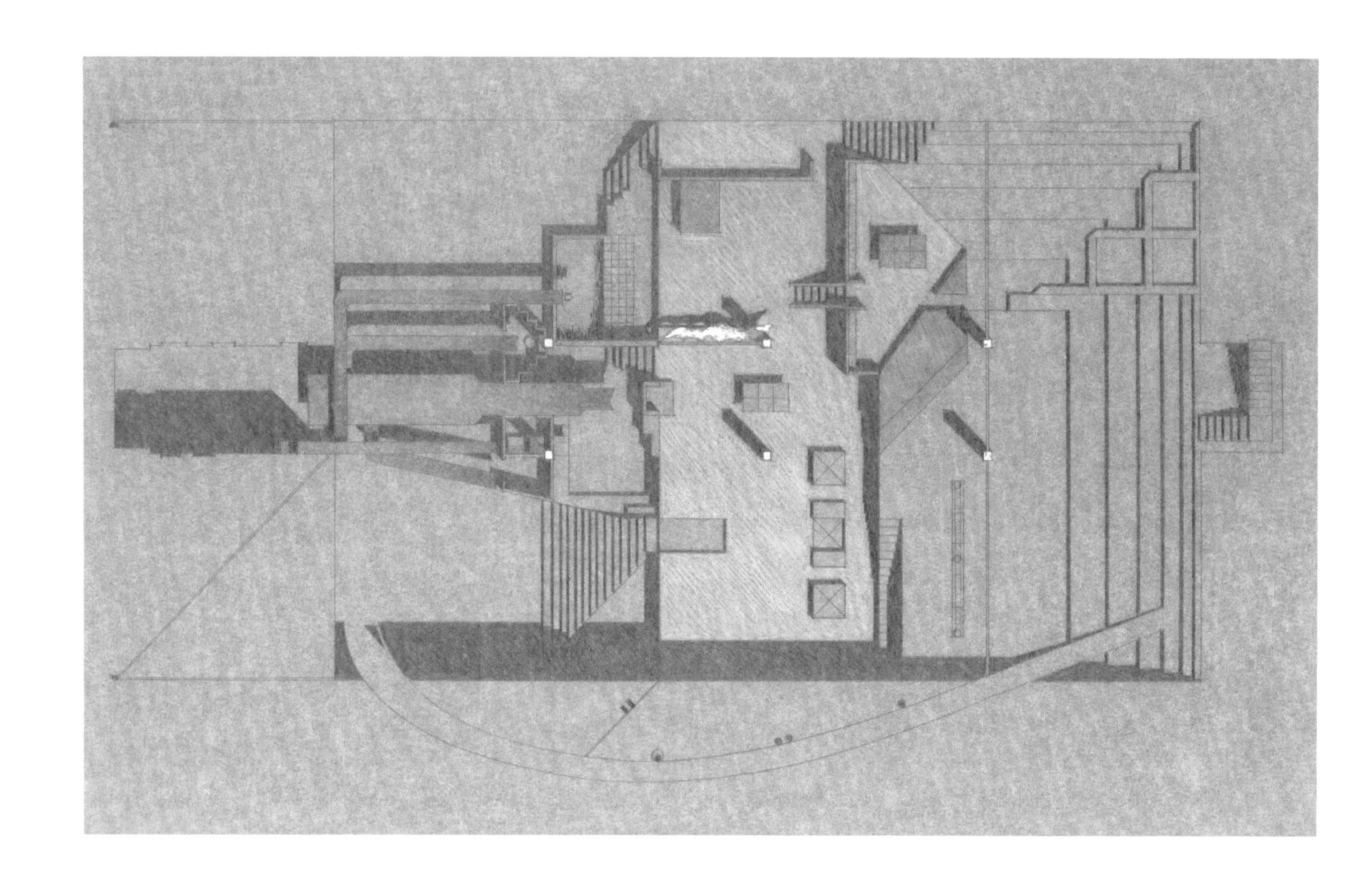

第二版平面：房子立面转化到平面上
制图要点：硬阴影营造空间

1984
草图纸下衬深色彩纸，铅笔，彩色铅笔

682mm × 306mm

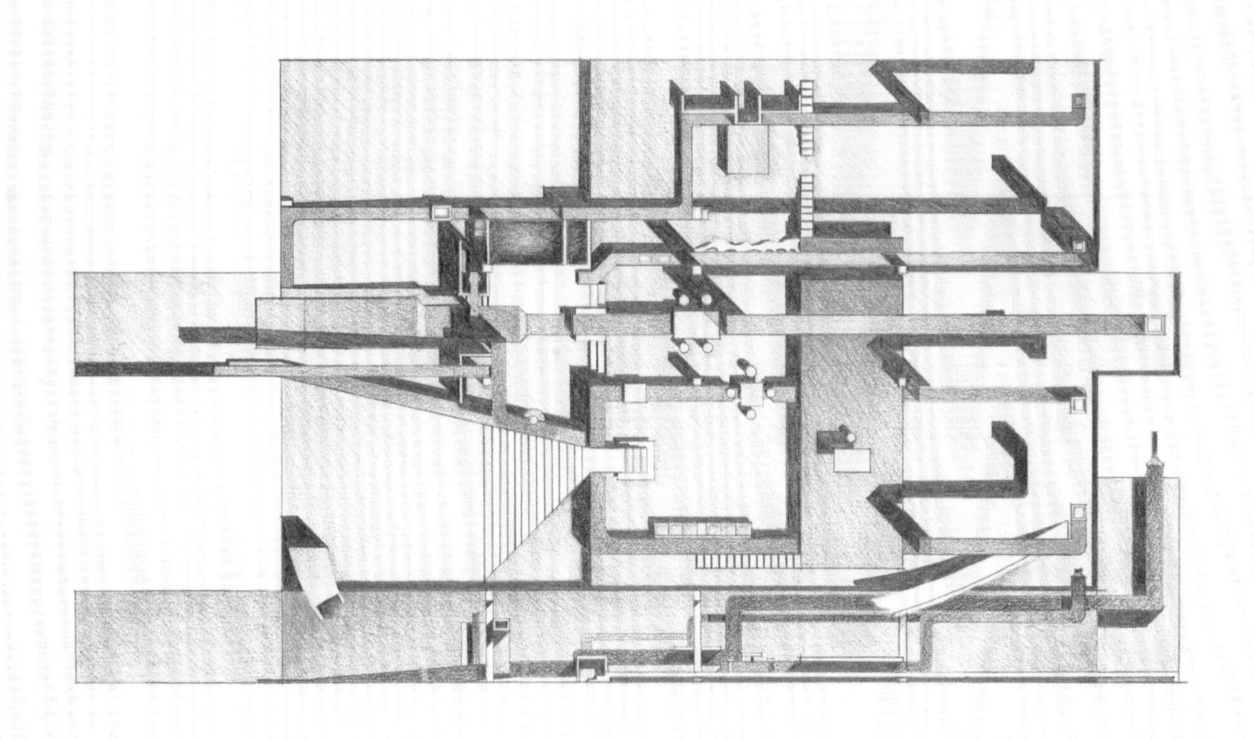

最终平面，剖面

制图要点：硬阴影营造空间，不同投形对应组合

1984

纸，铅笔，彩色铅笔

682mm × 306mm

窥视剧场

1984—1988

此研究是从建筑学的视角分析窥视剧场：其空间结构、空间系列体验，窥视窗与舞台幕布的关系，等等。

为何选择窥视剧场？

我在旧金山工作的时候，办公地点附近有很多窥视剧场。对我来说，窥视剧场很单纯，是一种基本的空间关系，就是关于“看”和“被看”。人类首先是靠视觉来理解空间关系的。另一方面，空间关系也在影响着我们的视觉体验。窥视剧场因此成了一个感官空间的实验室。

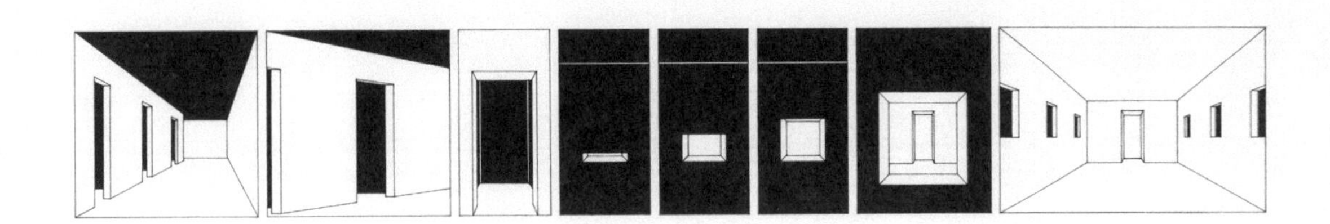

分析图：窥视剧场的典型空间序列
制图要点：电影式连环画

1984—1988
纸，钢笔

430mm × 279mm

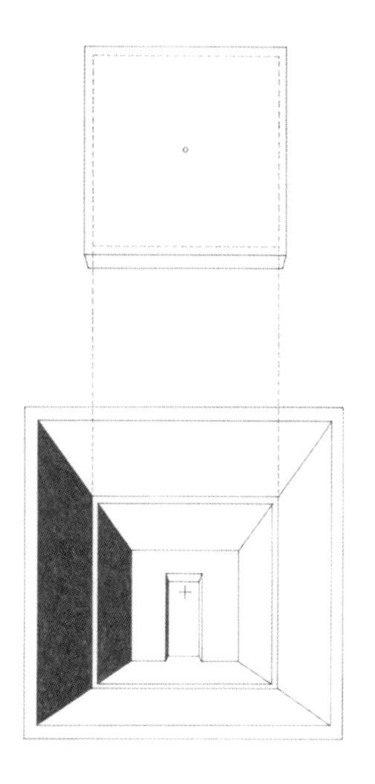

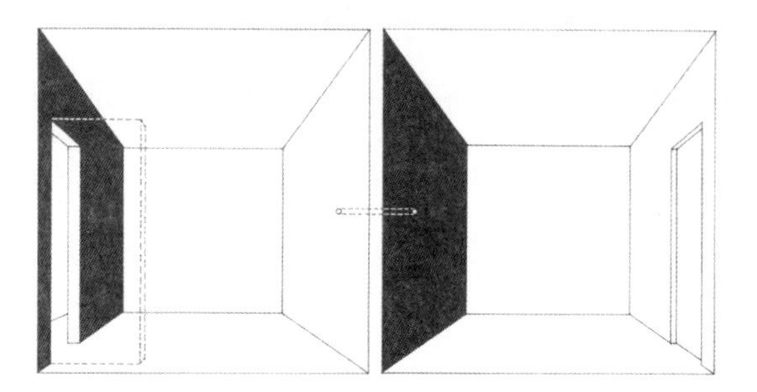

分析图：窥视剧场中看与被看的空间关系以及之间隔墙的意义
制图要点：一点透视组合

1984—1988
纸，钢笔

430mm × 279mm

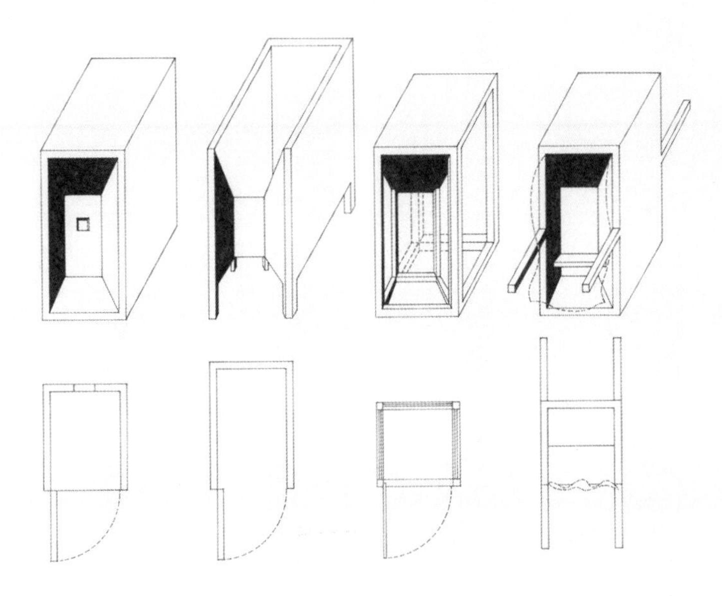

分析图：不同小室的轴测透视、平面，（从左至右）看厢、厕位、电话亭、轿子

制图要点：轴测与一点透视组合

1984—1988

纸，钢笔

430mm × 279mm

屋中屋

1985

这个作品的概念是来自你对“房子中的房子”的兴趣吗？

是的。它好像还跟一些我读过的文学作品有点关系，记不清具体是哪一本小说了。这也和我对居住状态的兴趣有关。我很想去探讨不常规的生活方式。

这张图属于一个系列的吗？

我的确是画了几幅，但不多。你可以看到我在画纸上做了一些版画的压痕；但这其实是水彩，不是印出来的。我假装自己在制作版画，因此画面的号码是一个日期，而不是一个印刷系列号。

为了玩儿吗？

带有游戏性吧：不确定的空间尺度，空间套空间的关系，消失在墙里的楼梯，还有非版画的版画，都很有趣。

画作
制图要点：多点透视与平行透视组合

1985
纸，水彩，铅笔，压痕

227mm × 303mm

根宅

约 1985—1988

一幅手绘的画？

这是我很少的几幅画作之一，内容又属于超现实的。画中描绘了一个平静的景观，其中种着一棵棵小树。可能没有人会想到这些小树长着巨大的根系。景观下面藏着一个地下室，一个建筑空间，一个住的地方：里面有床、老式五斗柜和双悬窗。因此它一点都不抽象，而是一个能居住的空间。

这是个池塘？

这是个湖，湖水中映着山的倒影。

树根看起来既危险又恐怖。这不是一个舒适的地下住宅。

画中宁静的风景和令人不安的地下空间显然存在着强烈的反差。

画作

制图要点：自由透视

约 1985—1988

纸，钢笔

303mm × 303mm

塔吊之屋

约 1985—1988

我对在非常规建筑里生活感兴趣，比如工厂。

床是肯定会出现的——它可能是能够把任何空间转化为居住环境的一件家具。

木版画

约 1985—1988

木版印刷

615mm × 450mm

20 世纪纪念碑

这是一个奇怪的想法，但是与我对视觉的兴趣有关。有很多方法可以给某个世纪定义，可最终，我以为 20 世纪就是又一个人们生活的地方。于是，20 世纪被呈现为一个满是灰尘、置有桌椅和床的小房间，动的物件，如门、床单等，刻画在不同的玻璃层上。所以当你看穿所有玻璃的时候，我们过去生活的地方就在重叠的玻璃层中出现了。

约 1985—1988

这是什么时候做的？

是我在美国印第安纳州鲍尔州立大学的时候，当时我做的大部分工作都很概念，所以这里连床都是倾斜的，不能让人睡的。我到密歇根大学后开始改变了一些，我开始关注材料，因为密歇根建筑学院和艺术学院共同享有木工、金工和陶艺车间。我的陶烟斗就是在那儿做的。在伯克利，我画的是更完整的房子，用的是建筑师专用的针管笔。所以，我在八年间经历了三个不同的阶段。

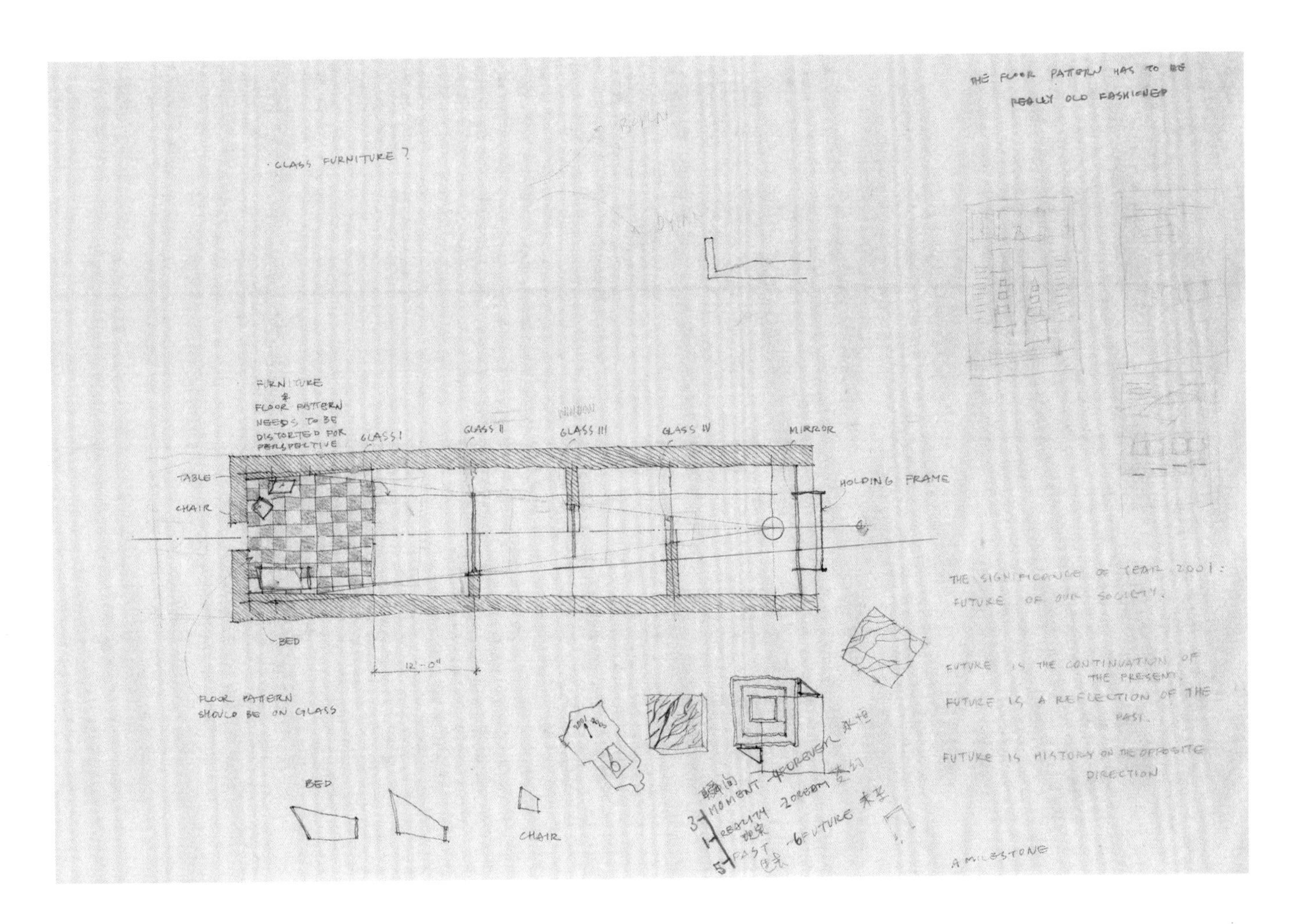

平面

约 1985—1988
草图纸，铅笔，钢笔

305mm × 460mm

图面文字：玻璃家具？生；死；家具 + 地面图案需根据透视变形；桌子；椅子；地面图案应是在玻璃上；玻璃 1；玻璃 2；窗户；玻璃 3；玻璃 4；镜子；固定框架；床；12’— 0’；床；椅子；3 瞬间，4 永恒；1 现实，2 梦幻；5 过去，6 未来；地面图案必须是老式的；2001 年的意义；未来是现在的继续；未来是过去的反映；未来是历史的反向；一个里程碑

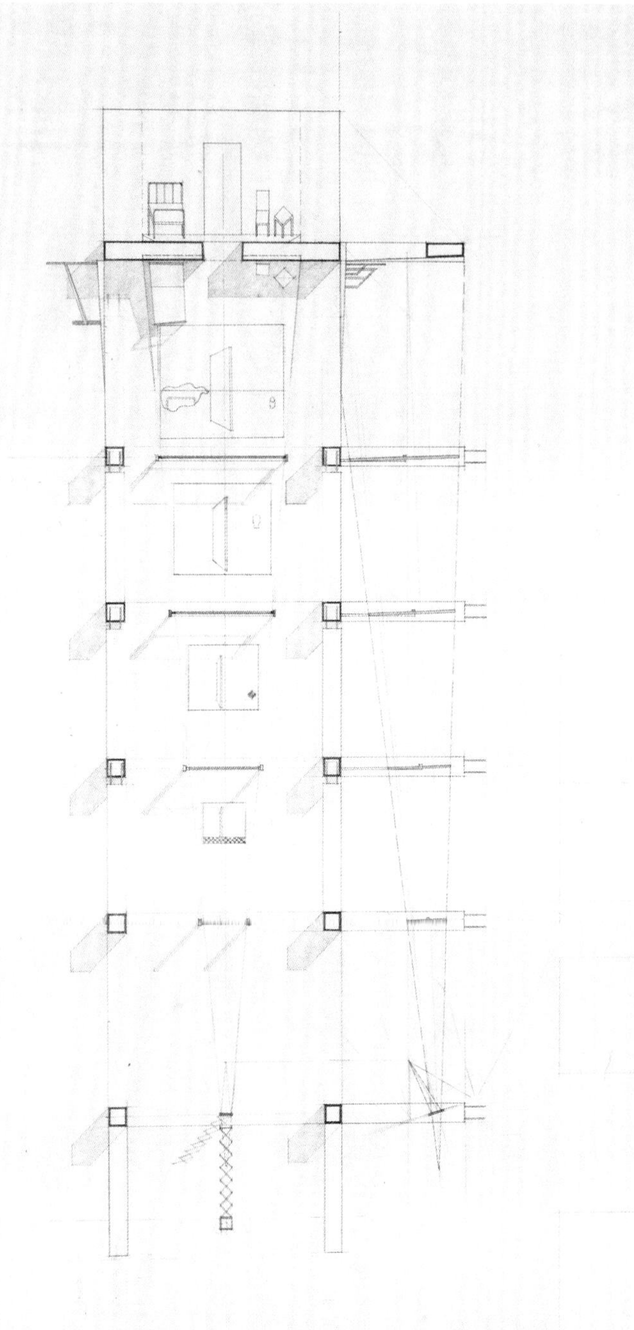

平面，（平面左侧）床立面，（平面中）取景器立面、四个玻璃立面、尽端墙立面，（平面右侧）纪念碑剖面
制图要点：不同投形对应组合

约 1985—1988
纸，铅笔

735mm × 560mm

正轴测：尽端墙及家具

约 1985—1988
纸，水彩

304mm × 230mm

单身公寓

1986

以“300/300/300 英尺”为主题的《新建筑》住宅设计竞赛获奖设计的几幅研究图，尝试把城市住宅的灵活与稳定、变异与统一等矛盾的需求结合起来。

设计的概念是让使用者在搬入公寓之前，先选择四个可以互换的房间，让他们参与设计的过程。他们可以通过自行布置一组家具来设定房间的功能以及空间的序列，比如使用者从大门进入后，先更衣、淋浴，再去厨房吃晚饭，然后进入一个摆有一桌两椅的客厅，最后抵达寝室。

此设计探讨且试图并置东西方住宅的差异：前者以严格的空间划分为特色，而后者因使用木框架结构，而导致了房间与家具之间更开放的关系。

有柱、空置四房公寓的平面
制图要点：拼贴

1986
纸板，钢笔，报纸拼贴

225mm × 305mm

图面文字：四房单身公寓；无家具

平面：（左）概念性家具，（右）设有设备洞口的四个空房间及入口走廊
制图要点：家具、房间对应

1986
纸板，钢笔

225mm × 305mm

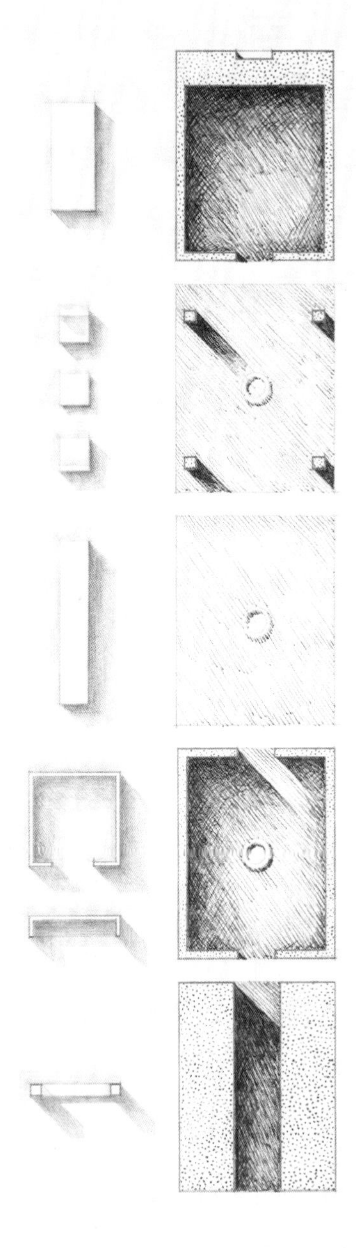

图面文字：东逢西单身公寓

（左）带家具剖面，（中）带家具平面，
（右）空置平面
制图要点：不同投形对应组合

1986
草图纸，钢笔，铅笔

225mm × 305mm

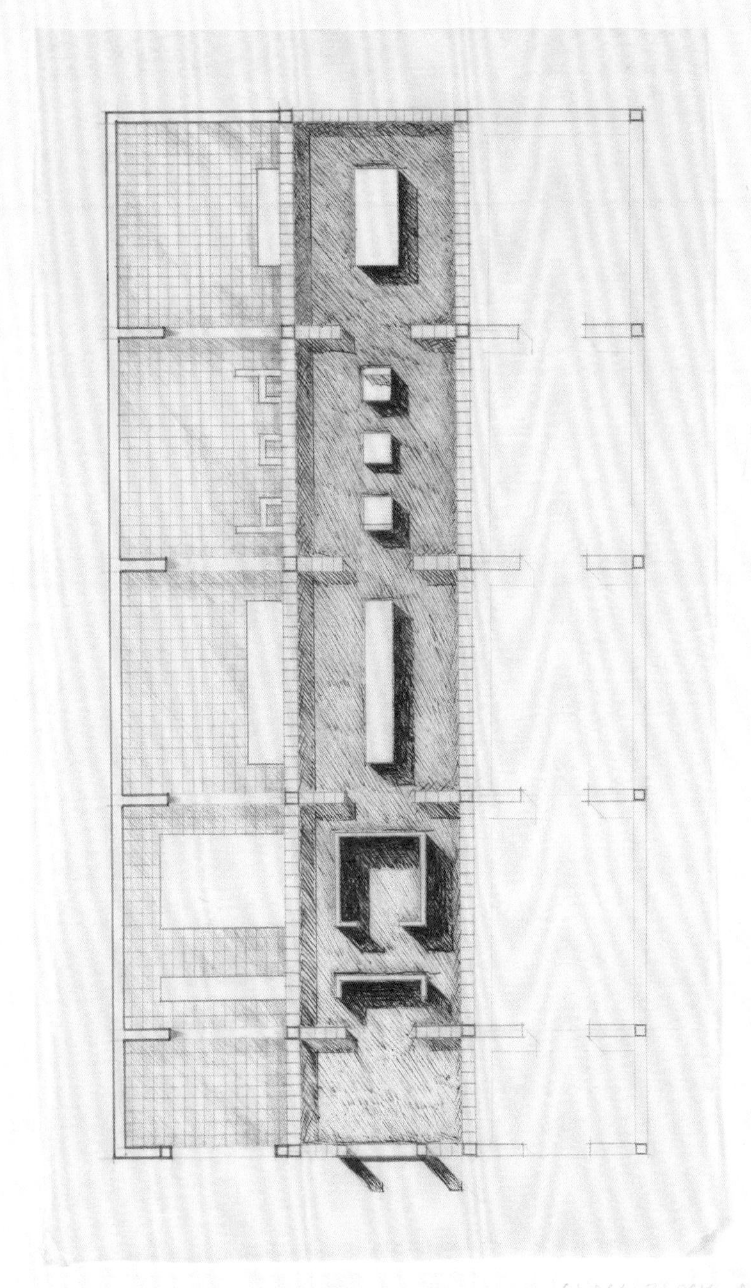

图面文字：玻璃砖单身公寓

超现实街道

约 1986

我看到一个车轮，还有水道？

这里参考了很多欧洲的艺术和建筑。在后面的建筑物是法西斯罗马的四方竞技场（Colosseo Quadrato），它有很多拱门。另外，在左边的一个可能是马里奥・博塔(Mario Botta)。还有杜尚（Marcel Duchamp）的自行车车轮。

我个人对这些出格式的画很感兴趣。

我也是。我觉得它们有意思是因为它们不循规蹈矩。它们是好奇心瞬间自然的流露。虽然如此，你还是能从这些画中看出一些连贯的元素，比如城市景观和超现实主义。

这反映了当时的状况吗？或是这是你对未来的设想？

其实我从来都不太关心未来；我反而对过去更感兴趣。我指的过去也可以是很近代的，比如 1960 年代的文学、电影和现代艺术。

画作
制图要点：自由透视

约 1986
色纸，钢笔，颜色铅笔

302mm × 225mm

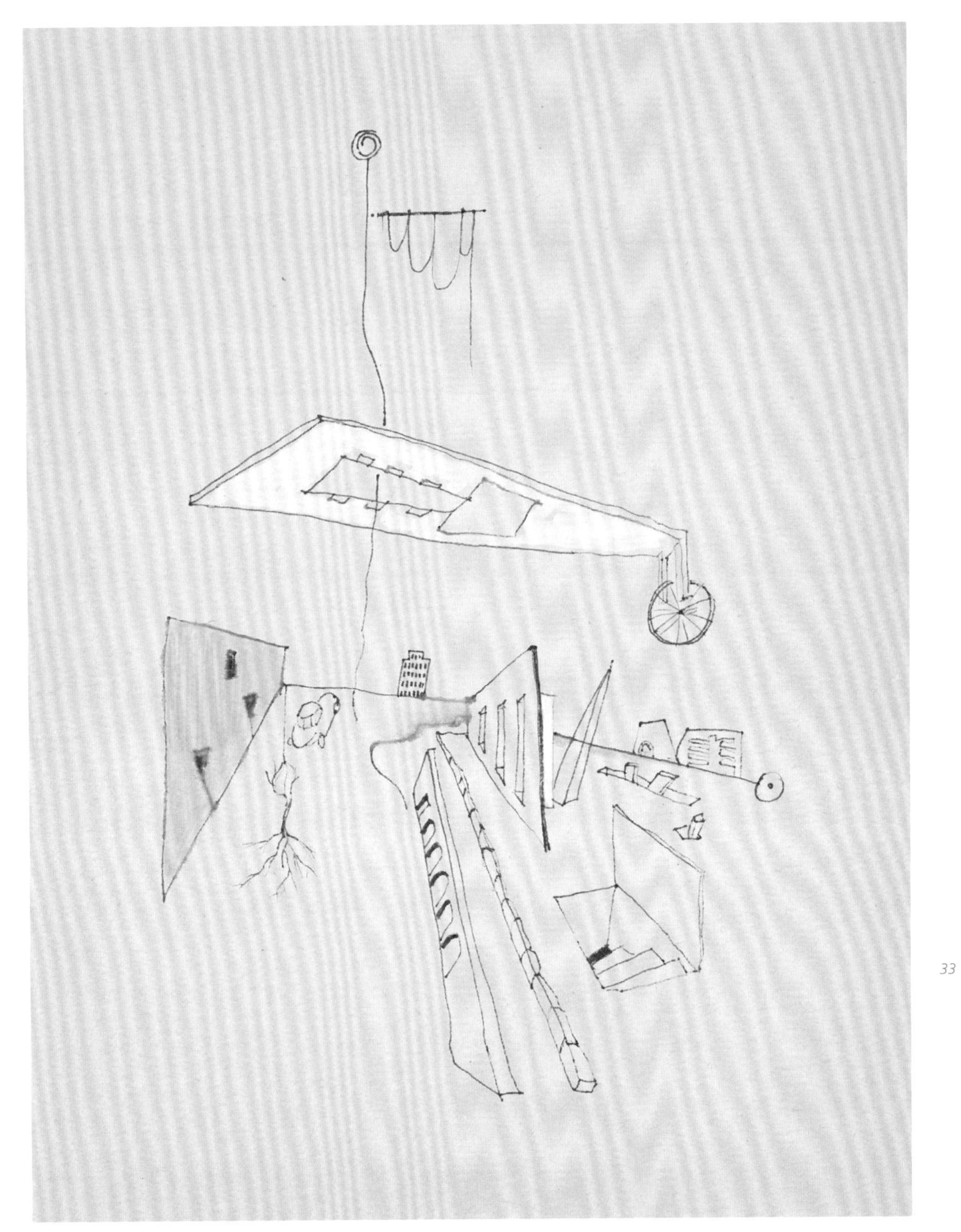

家居电影故事板

约 1986—1988

在鲍尔州立大学教书时，我跟两个朋友达尼埃尔·多兹 (Daniel Doz) 和弗兰克·福斯特 (Frank Foster) 试图一起拍电影。达尼埃尔是一个修过电影和建筑的法国人，而弗兰克是一个美国的摄影师。电影是我们的共同爱好。我们录制了长达五个小时的录像带，却一直都没有时间和耐心去剪辑，影片最终也未完成。但是我开始了画故事板。

只有这么几个场景吗？

好像是。这些场景像一个个舞台。“舞台”这个概念一直在我脑子里。

图下面有一个剧本。

是的，是一个男人和女人之间的对话。

为什么再次选择“客厅”这个场景？

我当时很想探索日常生活的仪式性和戏剧性，我现在也仍有这个兴趣。在这个故事板上，能看到背景和前景的元素，尽管是一个很简单的背景。可我觉得最有趣的还是里面的透视（指着右下方的画框）。如何通过楔形的墙和变形的家具暗示出空间透视；你可能察觉到了，这个透视是扁平的，它没有消失点。

电影不是更难表现这一点吗？

是的。还有，如果你看这样的一部电影，可能会觉得很沉闷，因为电影是用来表现动感的。但是平面图像中的特殊透视却能带来强烈的效果。

这儿还有重复出现的简单家具。

对，作为居住的迹象。我希望通过设计来介入日常生活。

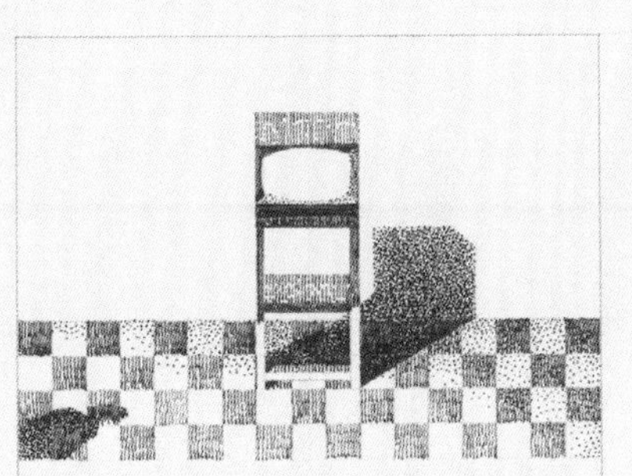

电影故事板　　约 1986—1988　　305mm × 305mm

制图要点：自由透视，家具变形　　纸，钢笔

图面文字：

H. 谁呀？（放下电话）什么事啊？

S.（静静地 慢慢地）我现在不想讨论这个。

S. 你真的不觉得这个好笑，看，你又开始了。

H. 你怎能这样平静地对我说话，我讨厌这样！

我必须知道这是怎么回事。

S. 不……不，不是现在！我不能。（准备离开）

H. 等一下，你要走？（原图面文字无法识别）

信息中心

约 1986—1988

这些是参加一个信息中心设计竞赛的构思图纸。我把数据库想象成一组阵列，高耸的书塔，每个塔中有一部电梯，一次可容纳一位访客进出。它既是功能性的建筑，同时也是对我们以往获得信息方式——阅读——的纪念。

当时，我更多地关注过去而不是未来；我把这建筑想象成某类原始的计算机，即这些可以乘着电梯去阅读书籍或寻找资料的微型摩天楼构成的一种机械。

你对垂直性感兴趣？

是的。垂直的形式有一种中世纪的特质，像意大利古老的城镇，如圣吉米亚诺或波隆尼亚。可是，在这个项目中，中世纪的特点也同时可以被看作是工业时代的特征：塔像一根根烟囱。这个建筑群还呈现出某些美国郊区的状态：它不在城市里，而在高速公路的出口处，只有驾车才能到达的地方。这些联想全都混在一起。我对“关口”这个概念也感兴趣：人们必须通过一个关口才能进到里面的各塔楼，并且要支付通行费。

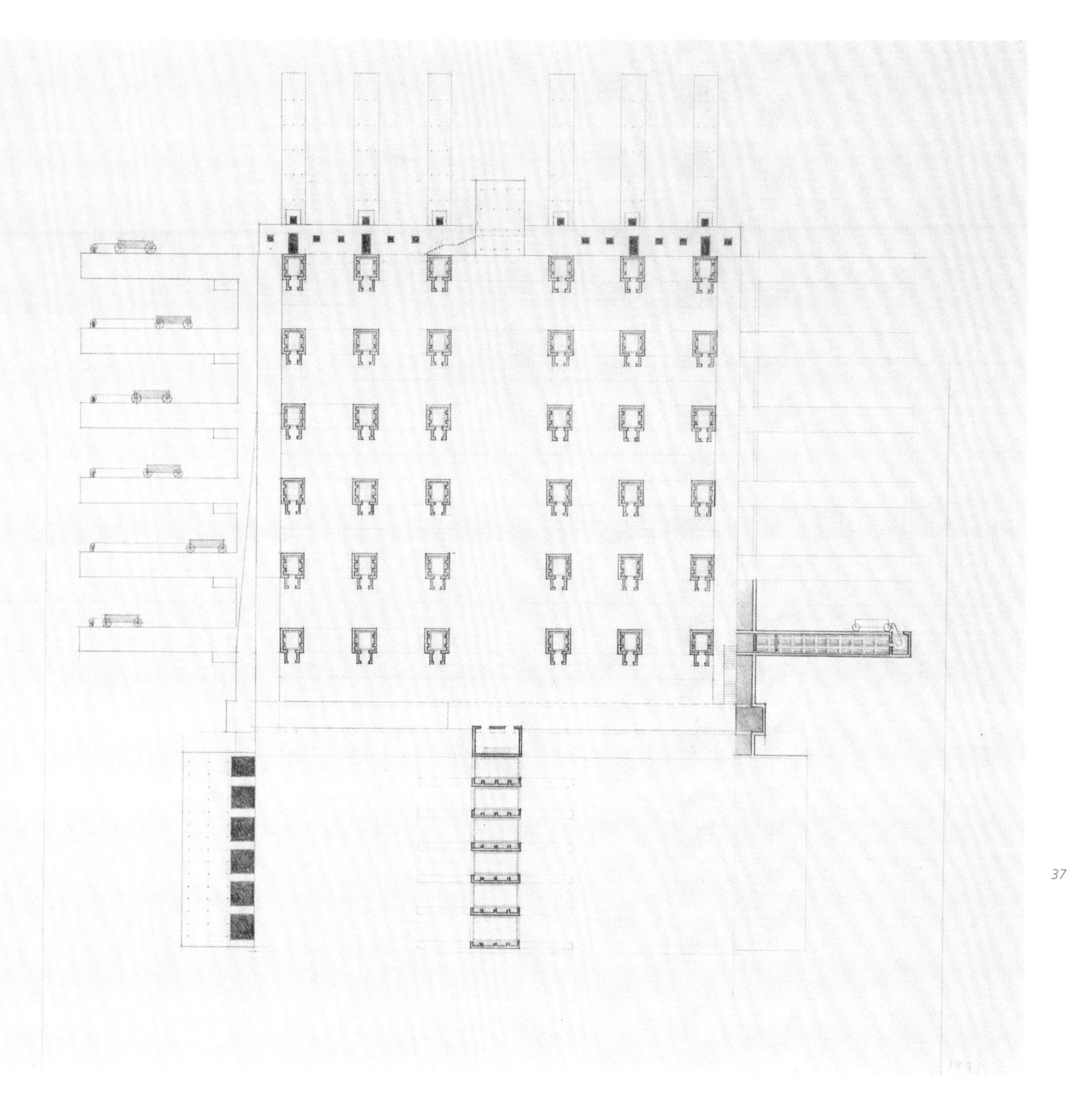

平面、立面、局部剖面
制图要点：不同投形对应组合

约 1986—1988
纸，铅笔

227mm × 302mm

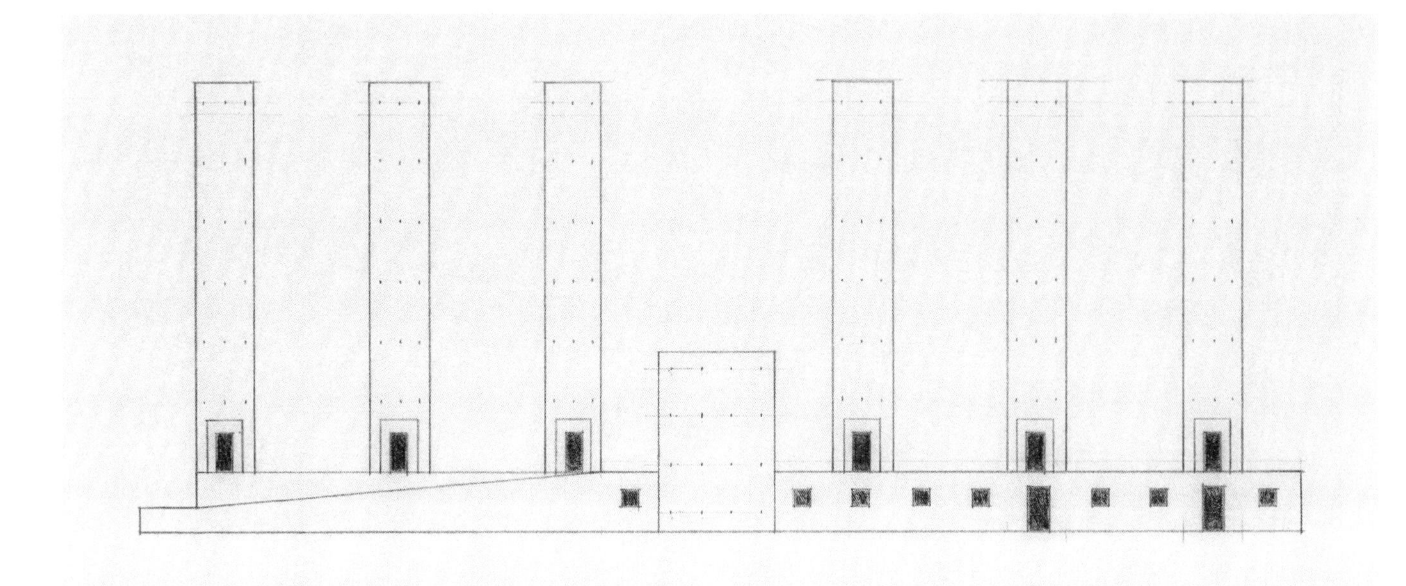

正立面

约 1986—1988

纸，铅笔

103mm × 300mm

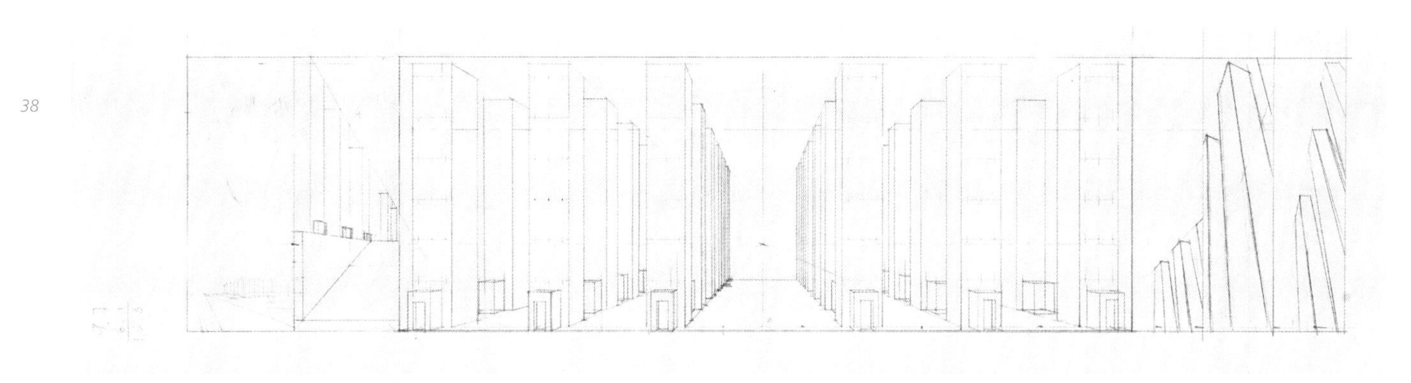

书塔群透视草稿

约 1986—1988

纸，铅笔

220mm × 610mm

侧立面

约 1986—1988
纸，水粉

227mm × 302mm

单个书塔的平面、立面、剖面，以及三个电梯入口设计方案

约 1986—1988
纸，水粉

227mm × 302mm

正轴测

约 1986—1988
纸，水粉

227mm × 302mm

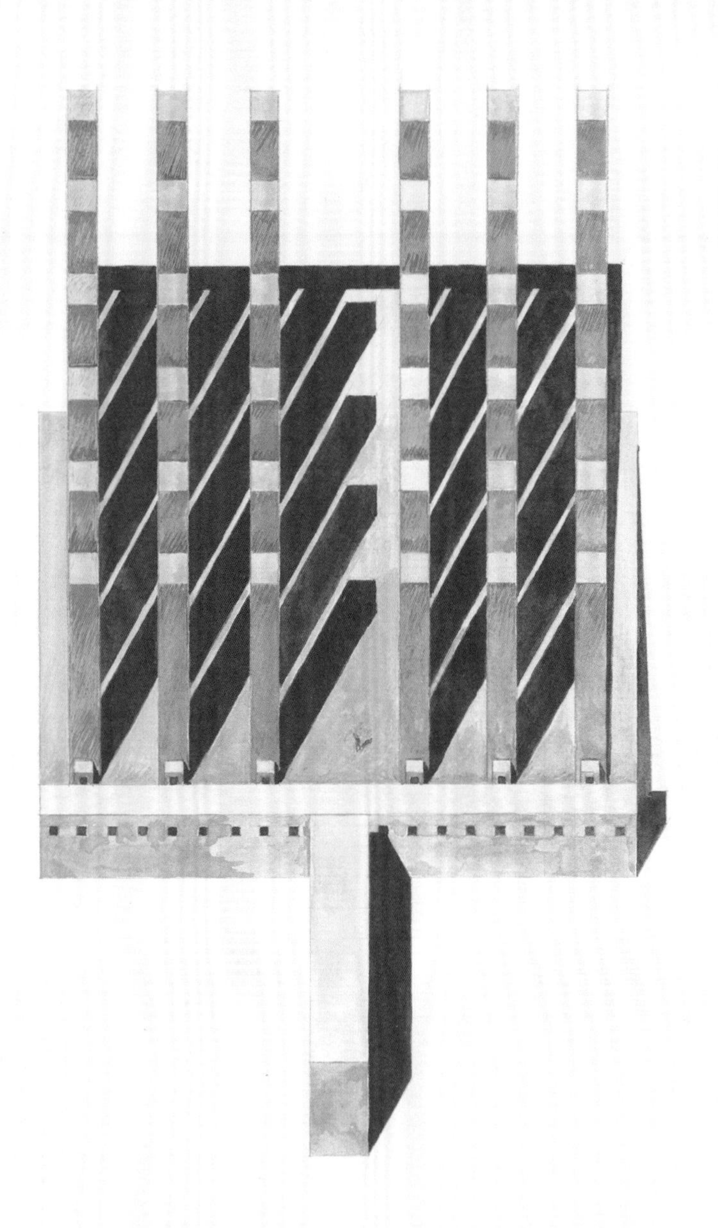

线性城市

这一系列狭长的建筑，是作者在鲍尔州立大学教书时，为了一门探讨线性建筑及居住空间极限的设计课而画的示范作品。这组设计试图表明：建筑形式产生于使用者在空间中的运动与活动。

狭窄的建筑对我一直有吸引力。我曾在洛杉矶见过一栋很薄的建筑，尺寸不记得了。我当时想："窄"能否成为一个建筑研究题目？因此，《线性城市》是关于"狭窄"和"线性"的。

1987

除了窄长的形式以外，还有其他贯穿整个项目的主题吗？

这还是跟日常生活有关。公寓楼是以希区柯克(Hitchcock)的电影《后窗》(*Rear Window*)为基础的。银行的设计意念是来自卡夫卡(Kafka)笔下的故事。至于时装小店则要求你爬过一段室外楼梯才能到达更衣室，似乎要逼你成为一个表演者。所以，在这里面你能看到电影、文学与时装的影响——这都是一些我喜欢的东西。

你的一些初衷在这些图纸上不是非常明显。那么，时装小店的招牌"罗密欧·吉利"（Romeo Gigly）有特别的意思吗？还有书店上面的"新小说"呢？

那时候我已经开始留意服装设计了。罗密欧·吉利是1980年代一个很有趣的设计师，他的设计很喜欢模仿二手货。"新小说"指的是法国新小说，有阿兰·罗伯-格里耶(Alain Robbet-Grillet)和玛格丽特·杜拉斯(Marguerite Duras)等参与的文学运动。

还有像排水管道的细部呢？（指出一幅名为"画室"的图纸）

我对排水管道很着迷。对我来说，它是一个很城市的东西，其自然状态就很建筑。

还有建筑事务所的屋顶是怎么回事？

我设计的时候是想，业主可以指定自己想要的屋顶——就像从一本屋顶目录里挑选一样。这想法很后现代。（笑）

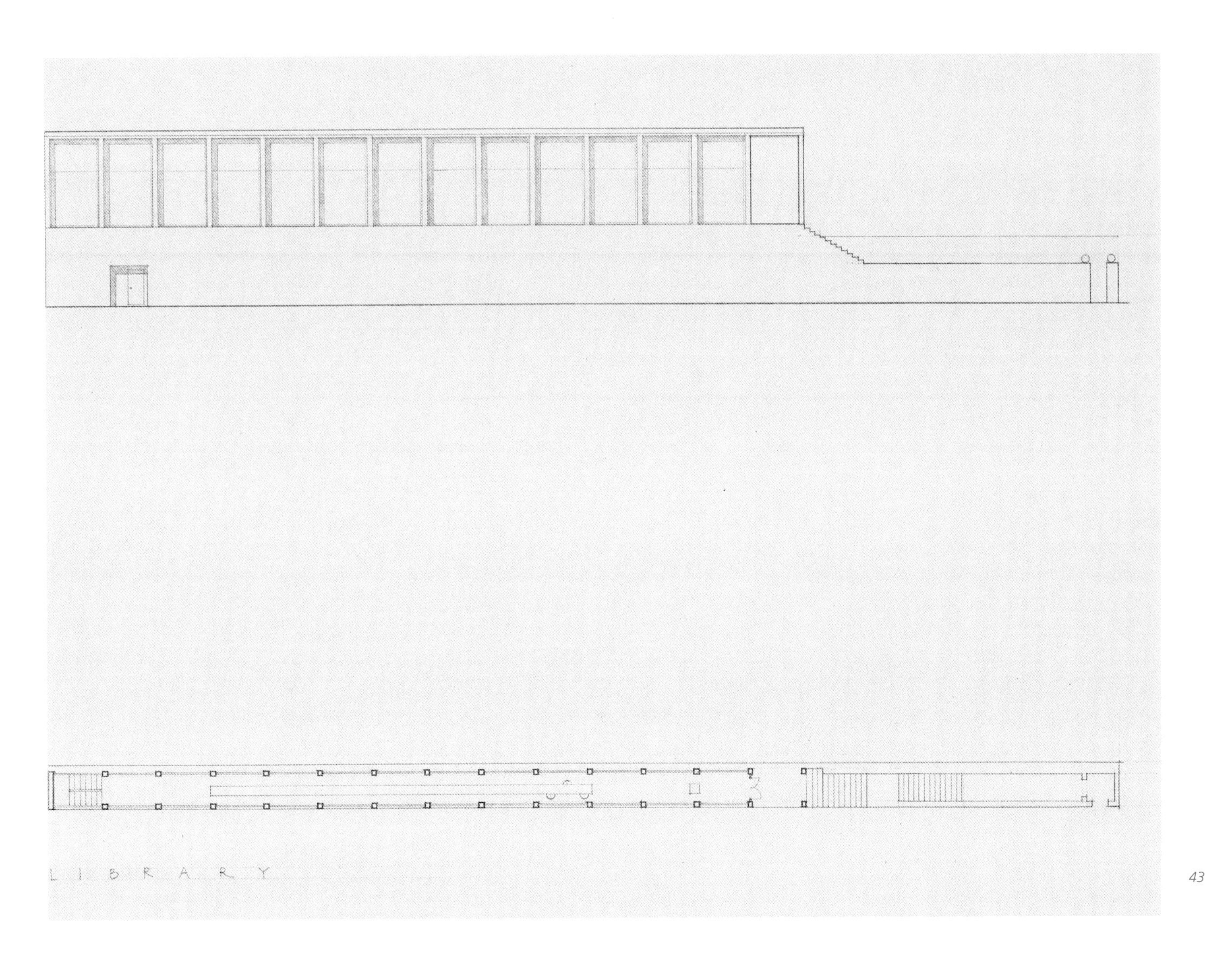

公共图书馆的立面、平面
制图要点：不同投形对应

1987
纸，铅笔

215mm × 278mm

图面文字：图书馆

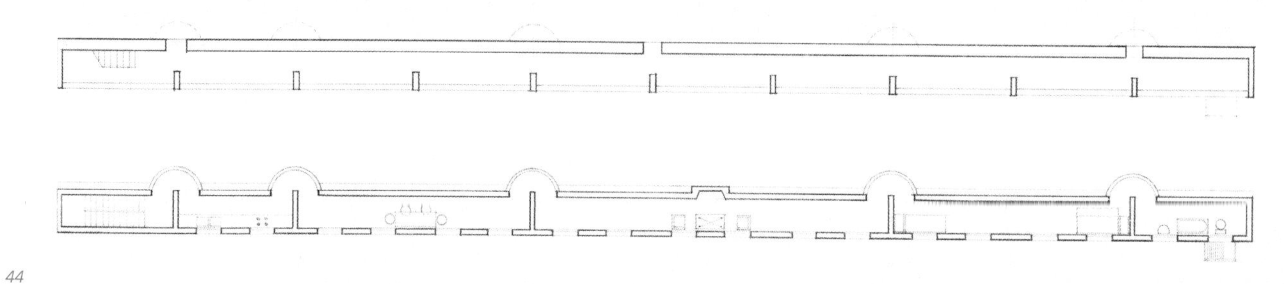

公寓楼的立面，(上)首层、(下)标准层平面：一层——柱廊，标准层——公寓单元——（从左至右）厨房、饭厅、卧室、卫生间

1987

纸，铅笔

215mm × 278mm

图面文字：个人拥有公寓

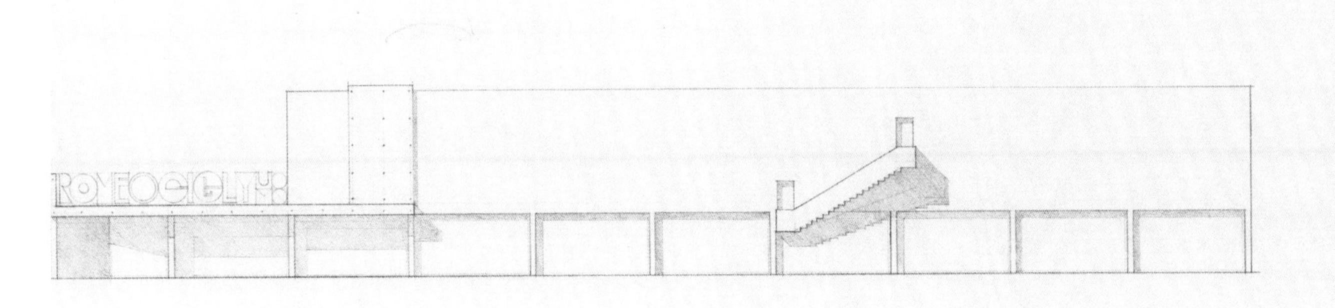

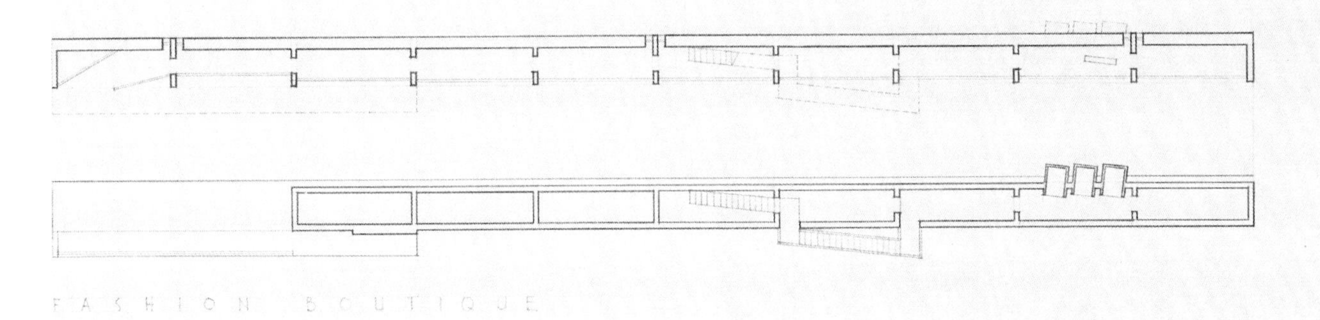

时装小店的立面，（上）首层、（下）二层平面

1987

纸，铅笔

215mm × 278mm

图面文字：时装小店

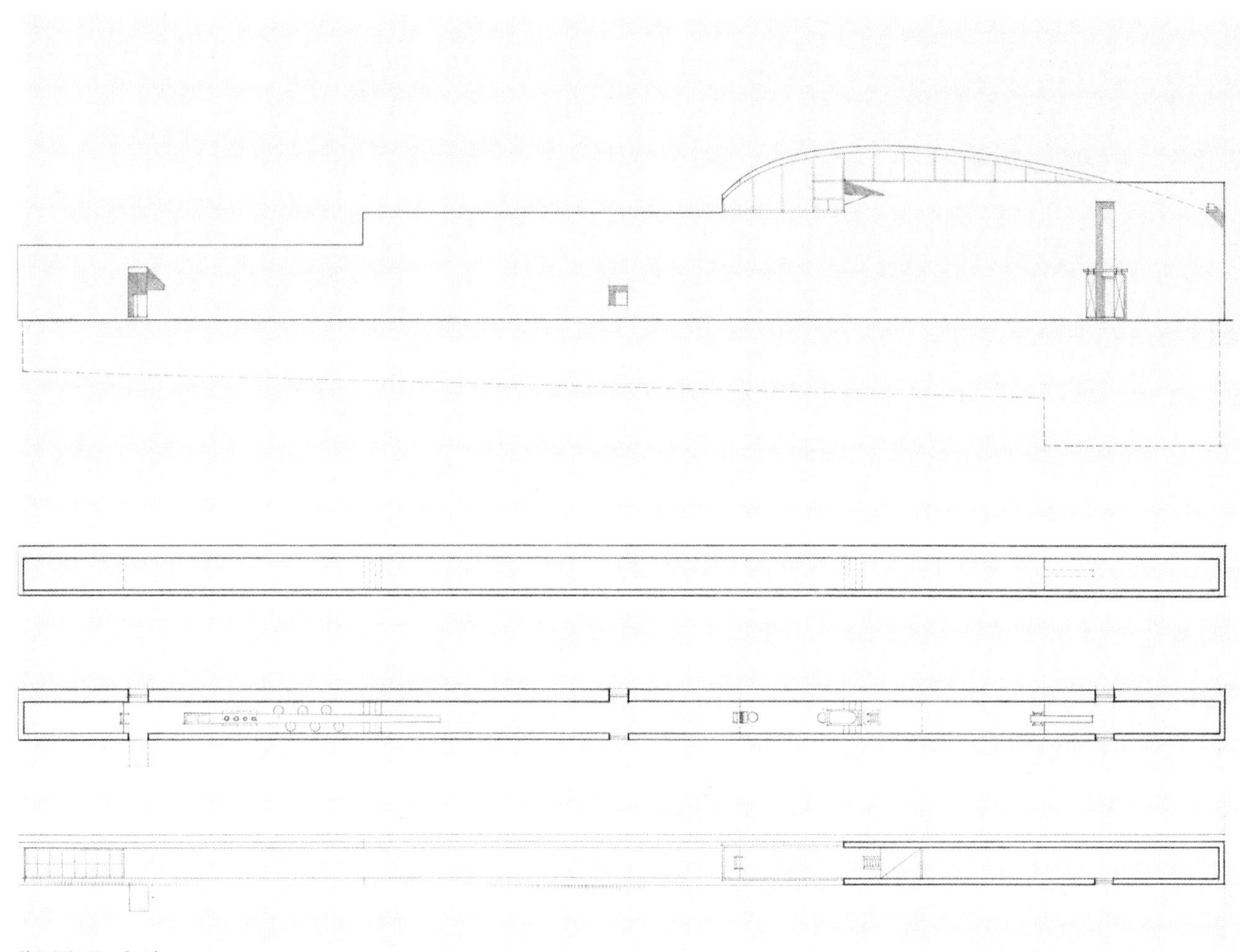

独栋住宅的立面，（上）地下层、（中）首层、（下）阁楼平面

1987

纸，铅笔

215mm × 278mm

图面文字：住宅

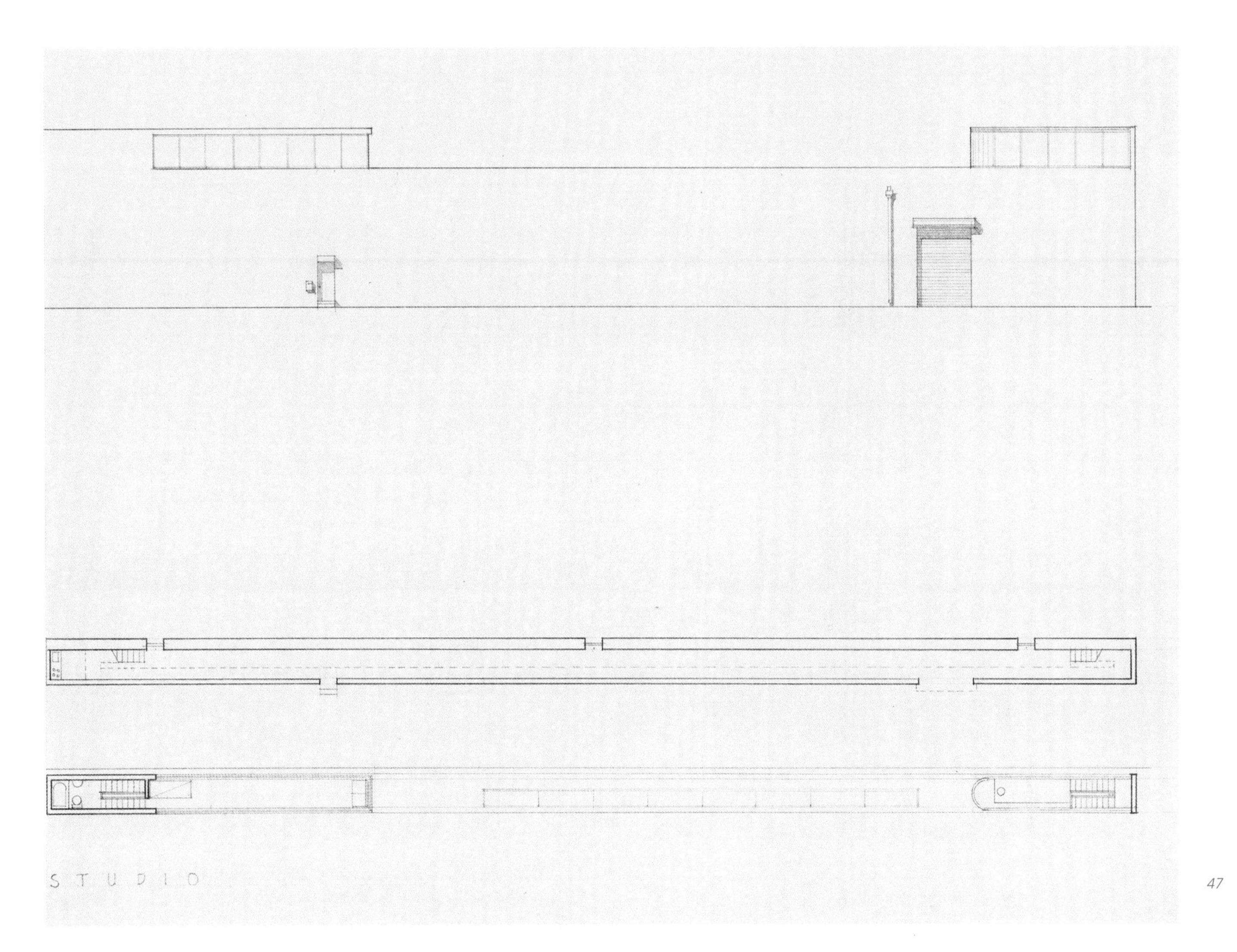

画室的立面，（上）首层、（下）二层平面

1987
纸，铅笔

215mm × 278mm

图面文字：画室

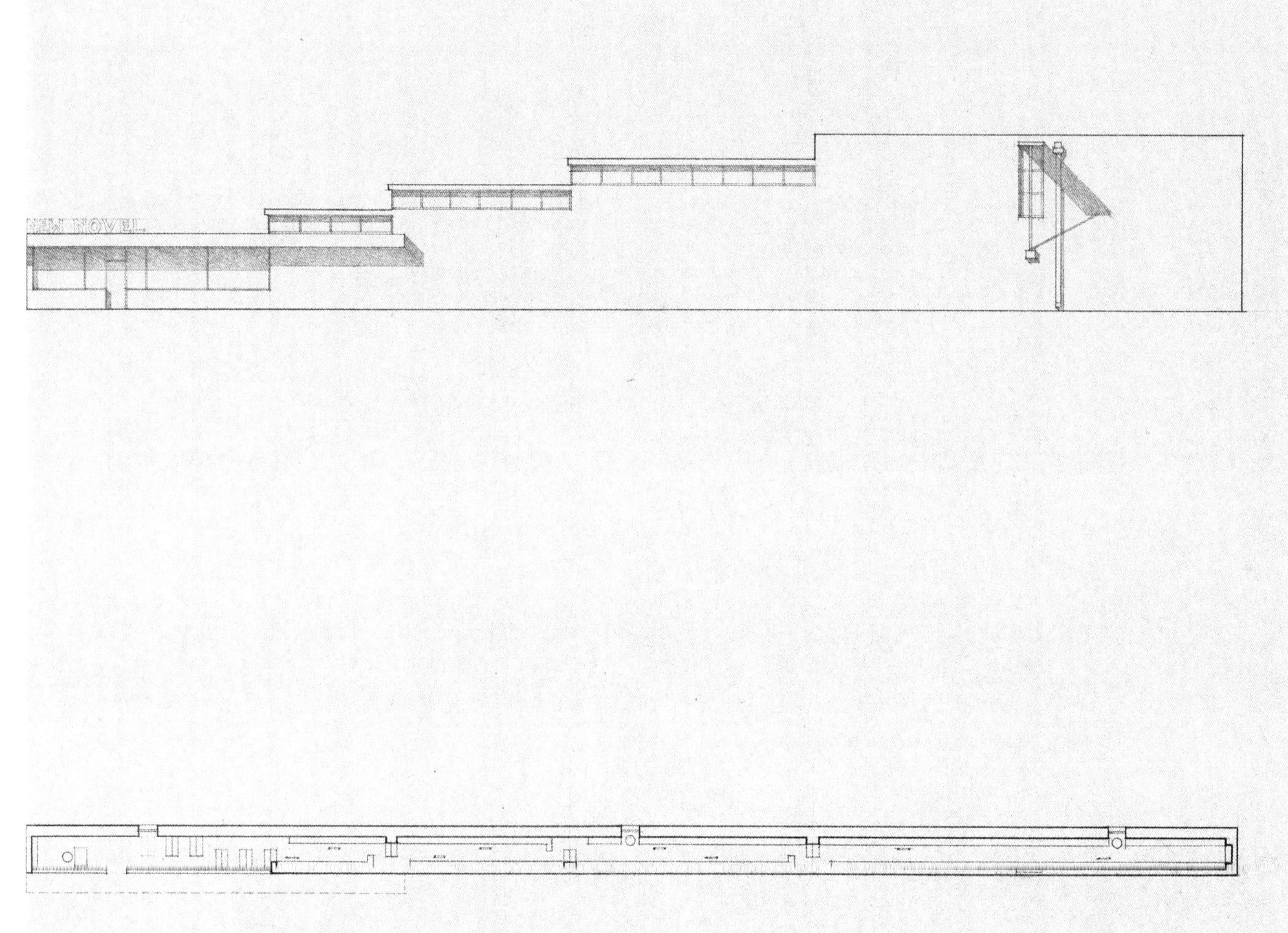

书店的立面、平面

1987
纸，铅笔

215mm × 278mm

图面文字：旧书店

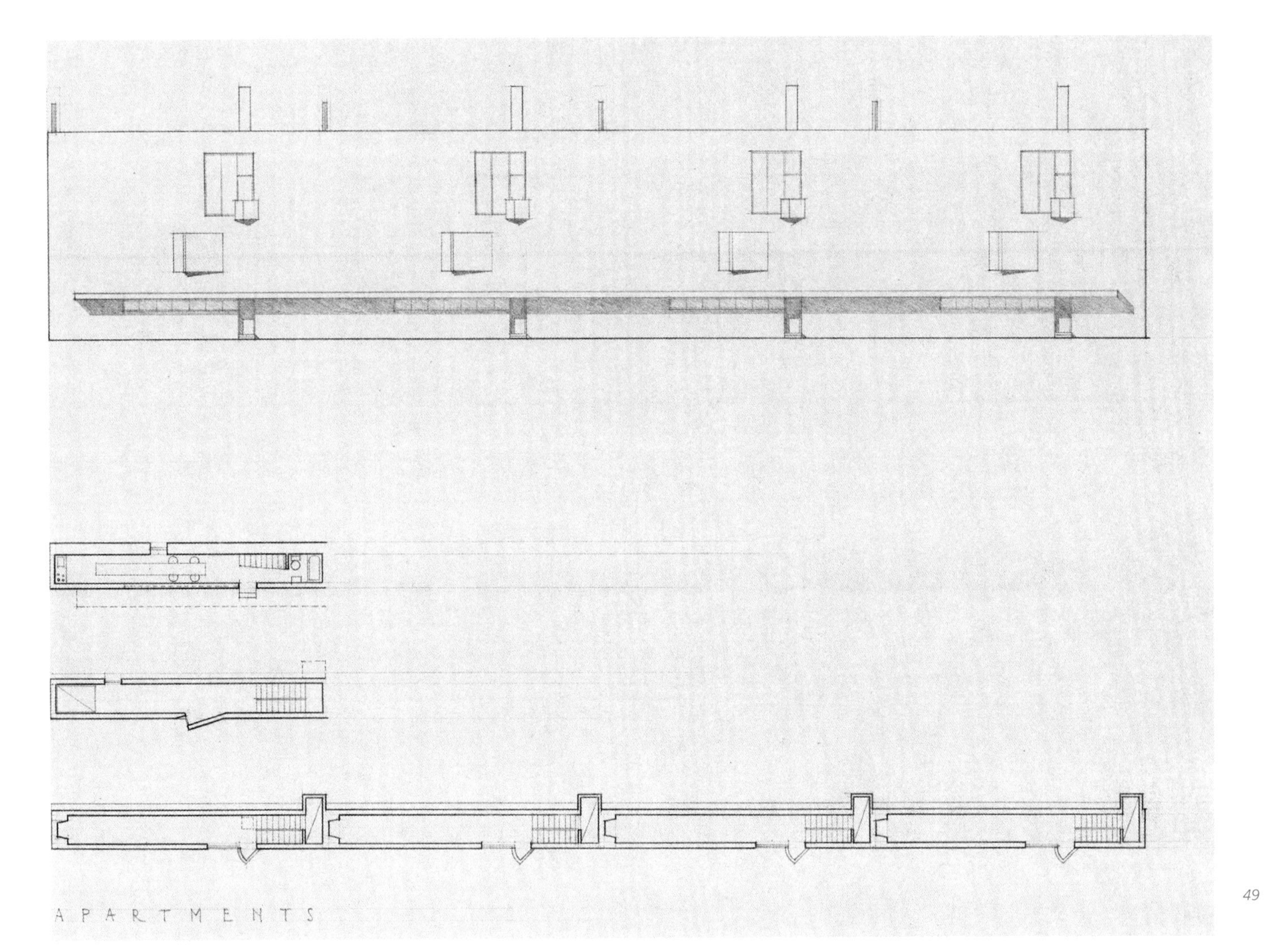

四户联立式住宅的立面，其中一户的（上）首层、（中）二层平面，（下）三层平面

1987

纸，铅笔

215mm × 278mm

图面文字：公寓

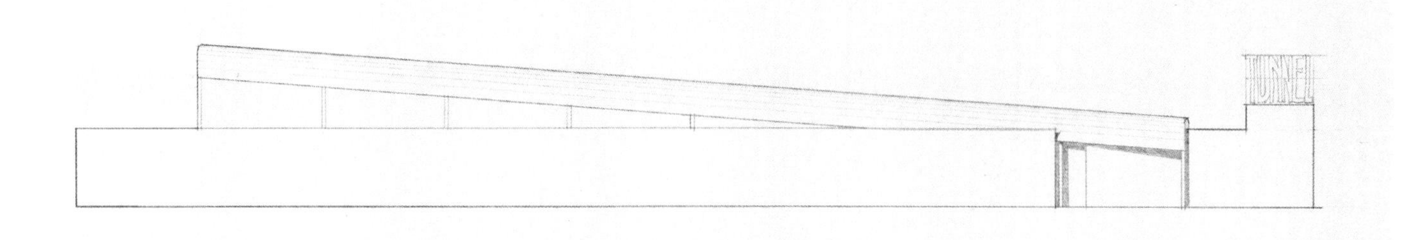

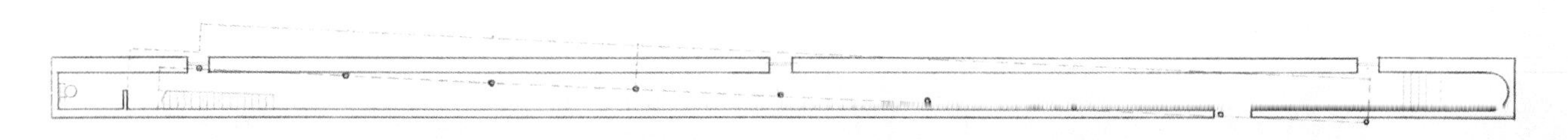

夜总会的立面、平面

1987

纸，铅笔

215mm × 278mm

图面文字：夜总会

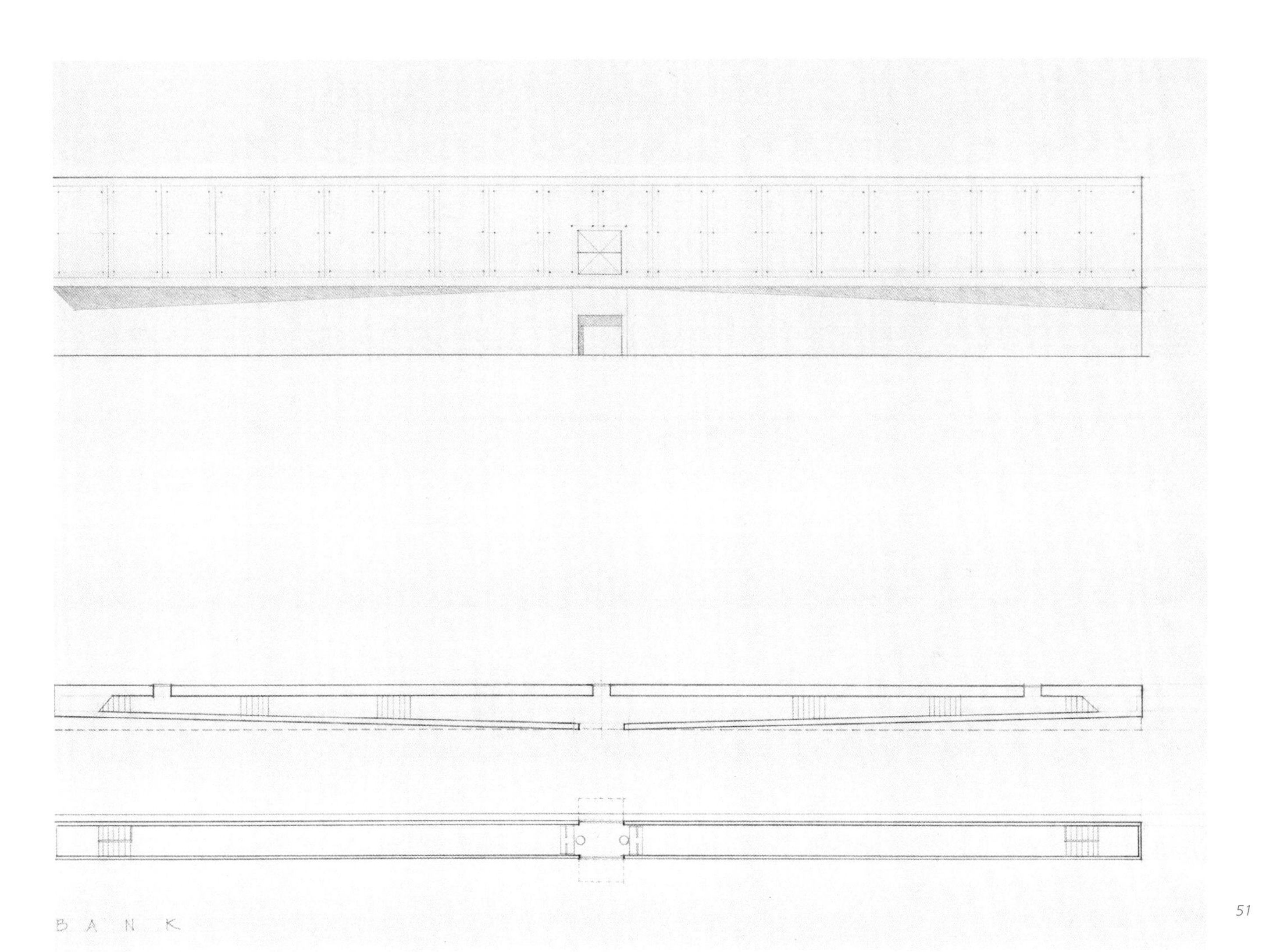

银行的立面，（上）首层、（下）二层平面

1987

纸，铅笔

215mm × 278mm

图面文字：银行

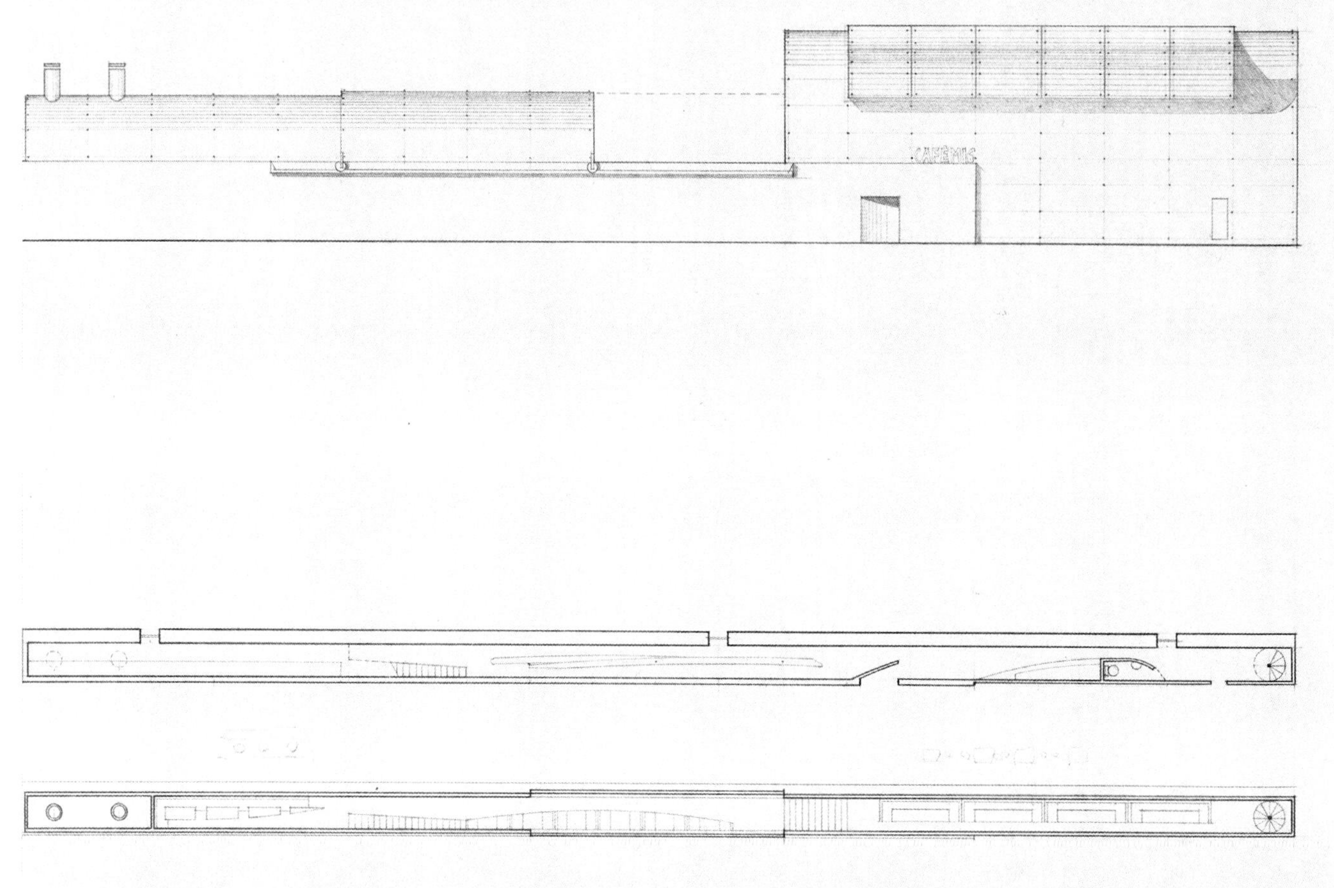

餐厅的立面，（上）首层、（下）二层平面

1987

纸，铅笔

215mm × 278mm

图面文字：咖啡馆

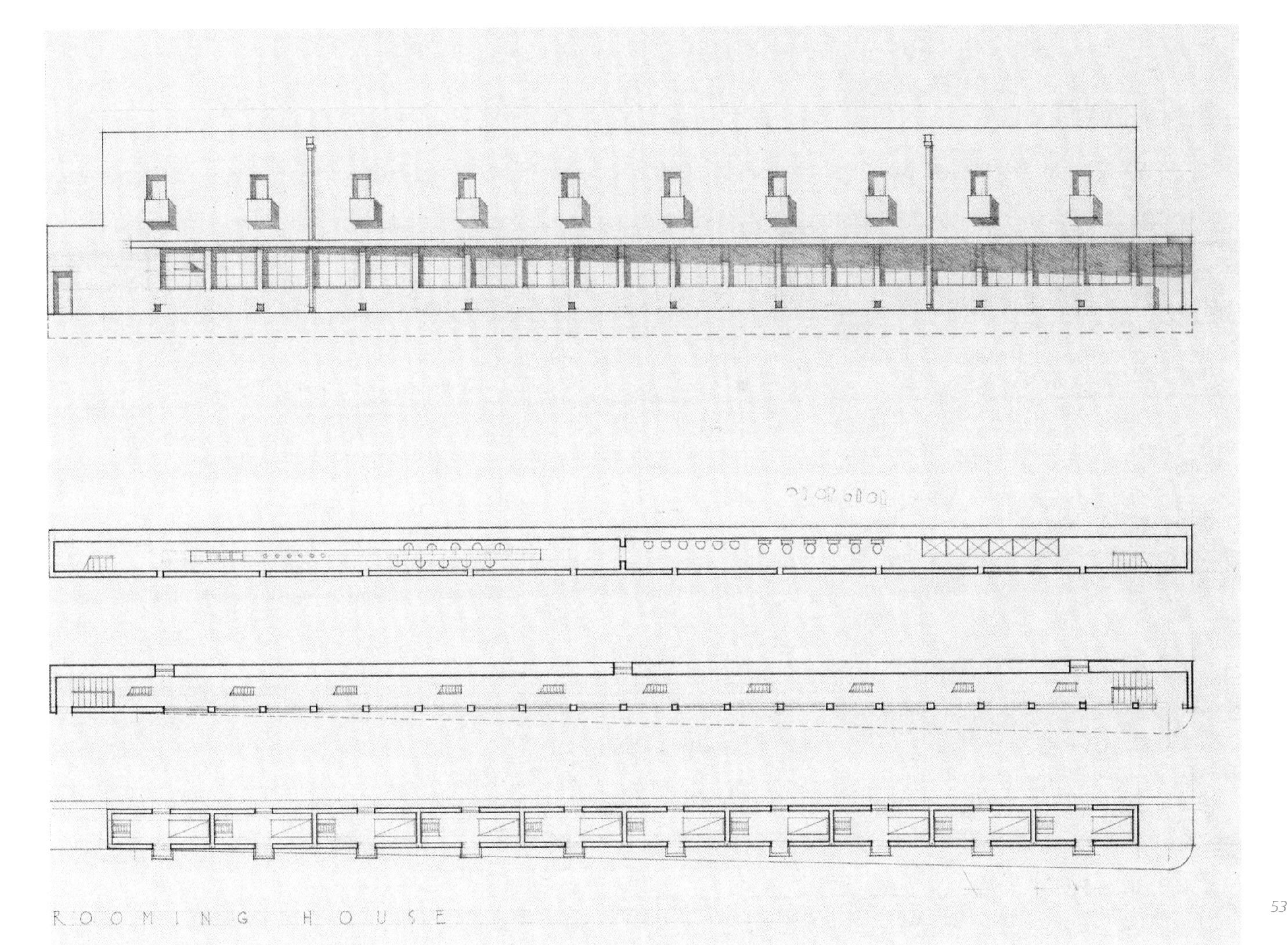

社区宿舍的立面，（上）平面：半地下层——公用厨房、饭厅，（中）抬起的首层——公用活动空间，（下）卧室

1987

纸，铅笔

215mm × 278mm

图面文字：宿舍

D I N E R

餐馆的立面、平面

1987

纸，铅笔

215mm × 278mm

图面文字：餐车式餐馆

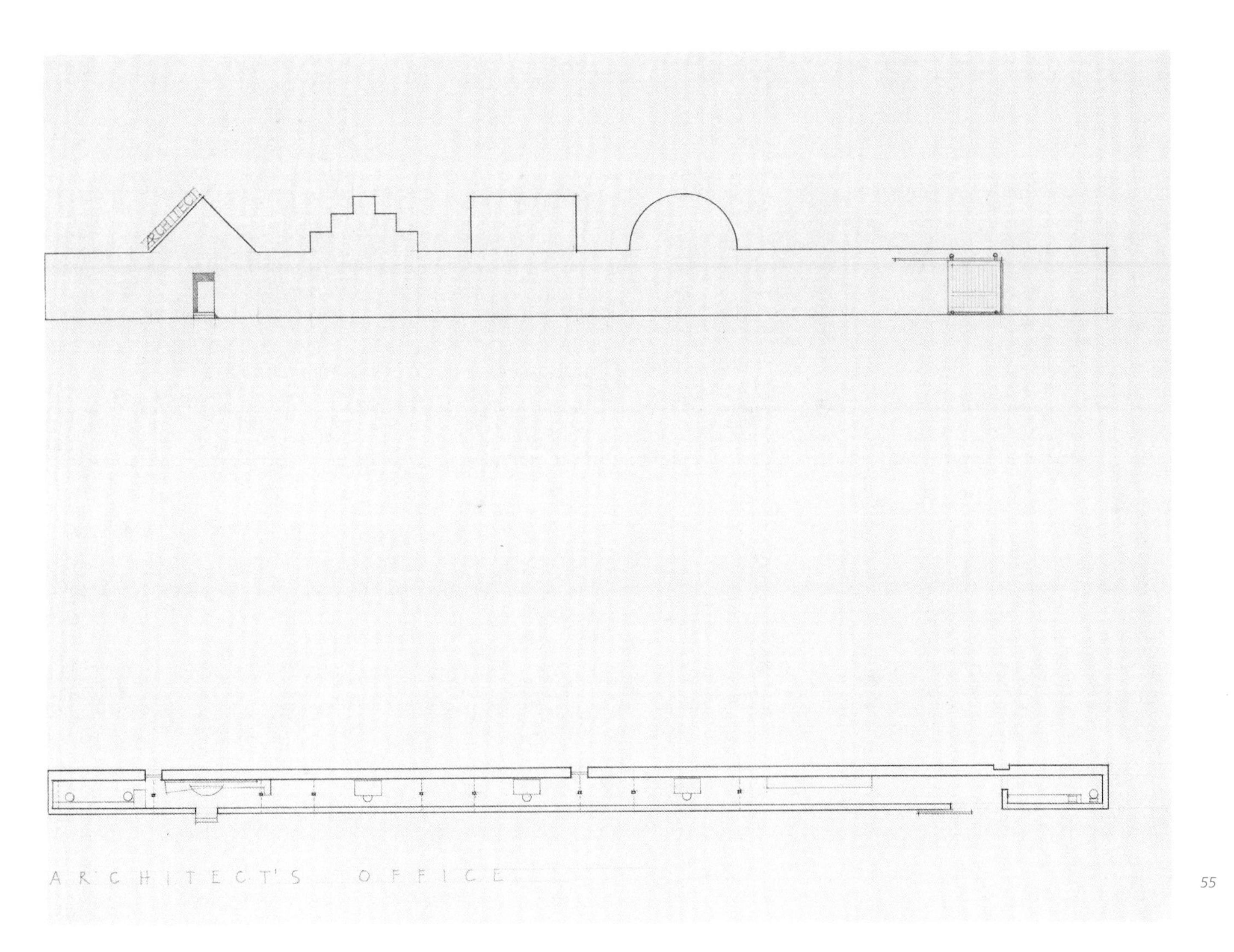

建筑事务所的立面、平面

1987

纸，铅笔

215mm × 278mm

图面文字：建筑事务所

水边宅

1987

位于佛罗里达州某湖边的一所住宅，它的设计理念是创造多层次的空间体验。对作者来说，这种空间体验是在北京的传统四合院里感受到的。

为何用水彩？

这种表现方法要追溯到我的巴黎美术学院式的建筑教育背景。但也是由于项目基地安详宁静的特质吧——还不只是物理性的安静。正如嘈杂、不和谐音能跟夜总会扯上关系，在这里能找到的是安详和缓慢的节奏。我想表现出这种质量。

平面研究

1987
草图纸，铅笔，彩色铅笔

280mm × 180mm

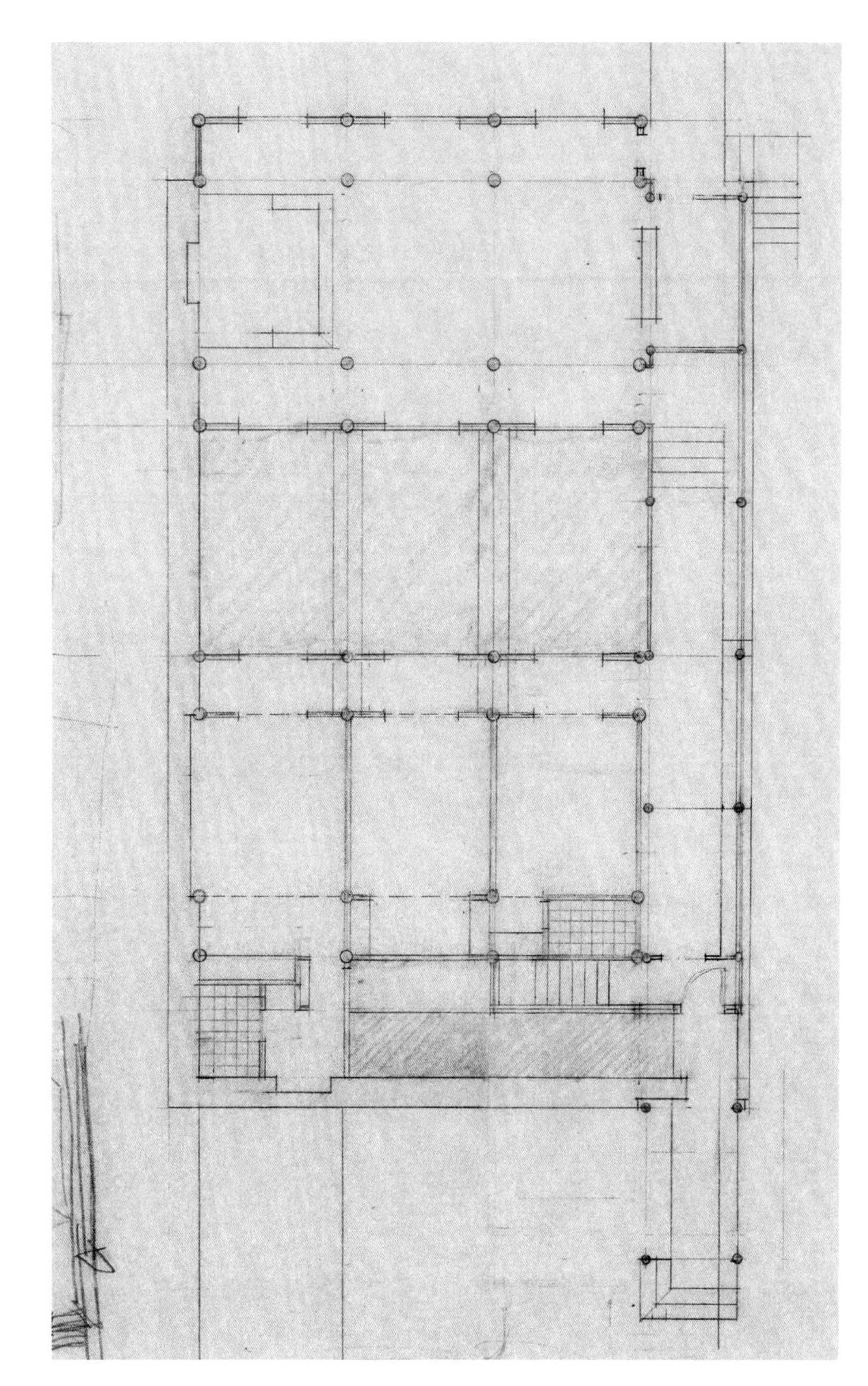

平面

1987
纸，水彩

515mm × 620mm

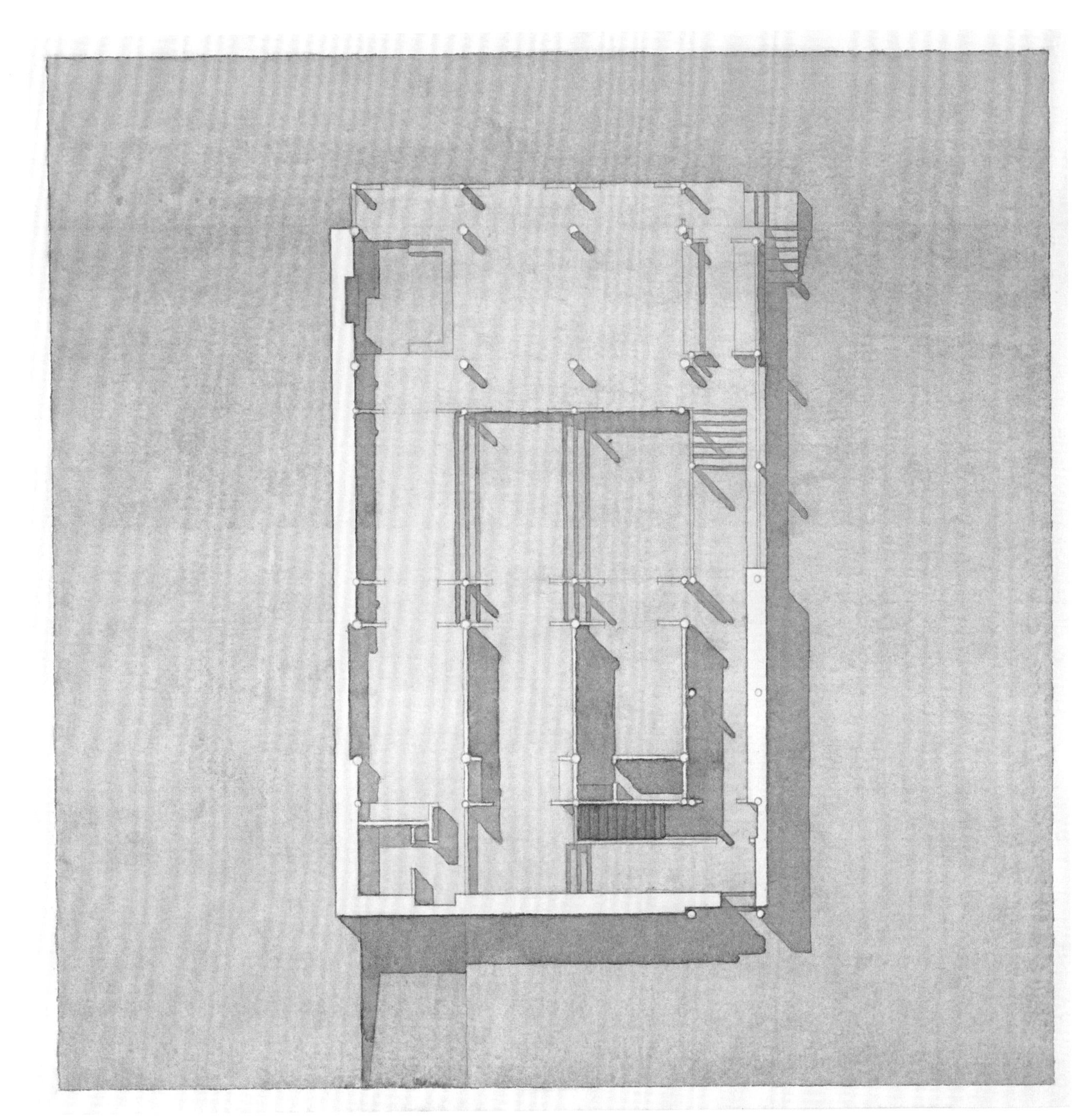

纵剖面，横剖面　　1987　　775mm × 520mm

制图要点：两剖面并列　　纸，水彩

轴测

1987

纸，水彩

775mm × 520mm

圣人书房

1987

这个设计受了安东内洛·达·梅西纳（Antonello de Messina)的《书房中的圣杰罗姆》（*Saint Jerome in his Study*）启发：关注点是建筑在家具与房屋之间的状态，也可以说是房子中的房子。它是圣路易斯华盛顿大学（Washington University in St. Louis）举办的“斯戴德曼奖学金国际设计大赛”（Steedman Fellowship International Design Competition）的参赛作品，该竞赛要求设计一个“建筑师协会”方案。由于我对文艺复兴早期绘画的兴趣，最后的表现图用了三联画形式以及非数学透视，即图中同时存在多个灭点，也有的局部无灭点。

为什么给这个项目另取名字？

我对《书房中的圣杰罗姆》一直着迷的是其背后的一些东西，主要是巨型家具和房中房。在有机会参加这个竞赛之前，我已对这幅油画琢磨很久，我把参赛设计当作我对圣杰罗姆书房研究的延续。我满足了建筑师协会的功能要求，但在规定的图纸中间只画了窄窄的一条，并用了非常规透视。那次我获得了荣誉奖——我后来以《汽车快餐店》(1992) 再次参加了斯戴德曼竞赛。

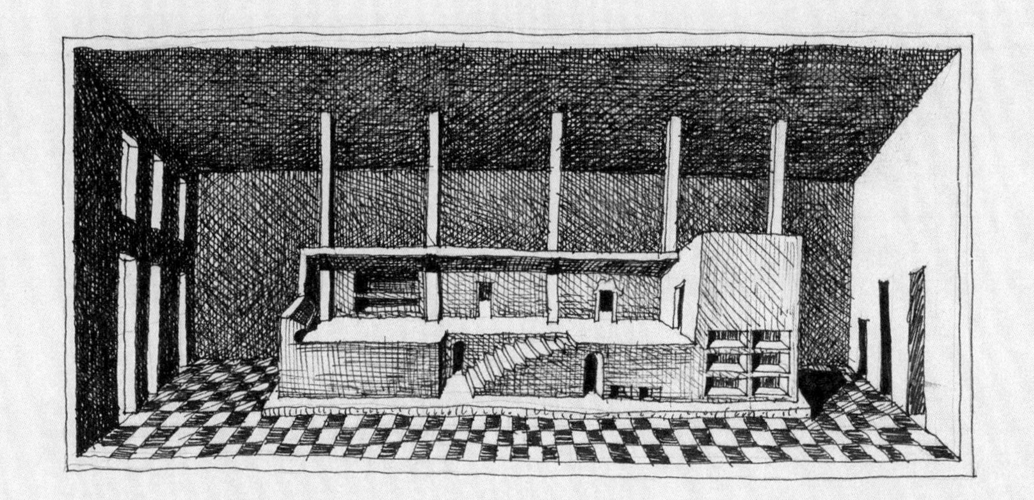

透视研究　　1987　　305mm × 220mm

纸，钢笔

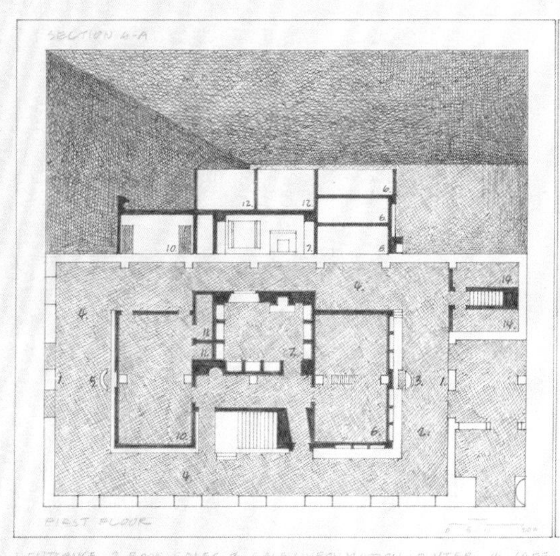

（左上）剖面，（左下）首层平面，（中）透视，（右上）侧立面，（右下）上层平面

制图要点：三联画构图，自由透视

1987

纸，钢笔

910mm × 280mm

图面文字：剖面 A-A；一层；建筑师协会；街区中的建筑，城市里的街区；立面（书店侧）；二层；1. 入口；2. 书店；3. 售货 / 讯息柜台；4. 咖啡厅 + 展览；5. 客户服务柜台；6. 书架；7. 斯戴德曼图书馆；8. 阅览；9. 工作；10. 会议；11. 储存；12. 研讨会；13. 办公处（两层）；14. 卫生间

EETING 11. STORAGE 12. SEMINAR 13. OFFICES (2 LEVELS) 14. TOILETS.

红色室内建筑

1988

这张图是更早的作品吗？

这张也与圣杰罗姆的书房有关：都是研究一个室内环境里放置的大家具或微建筑。那时我在美国，正沉浸于文艺复兴早期绘画，但在这张图中放入了一张来自北京的红板凳——作为对另外一个现实存在的提醒吧。板凳脚下的地面可能也是北京。

画作
制图要点：自由透视

1988
纸板，水彩，彩色铅笔

230mm × 305mm

蒲公英

1988

参加富美家(Formica)公司举办的“从桌子到桌景”设计竞赛获奖作品的几幅设计图纸。设计以日本电影《蒲公英》(*Tampopo*，1985)里拉面店的场景为基础，将柜台进行变形和雕刻，试图表现女厨师和男顾客之间在美食和爱情上的交流和互动。

富美家研发的这个材料最有趣的一点是它不只是防水耐热的面层材料，而是一块可以用来制作整个厨房台面的厚板。我们在设计《厚薄折》屏风(2009)的时候，使用了一种比这材料更新的、名叫 Surreal 的人造石材，同样是富美家研发出来的。

《蒲公英》是怎样成为参赛作品的灵感的？

我一直都热爱电影。当我知道这材料是用来做厨房台面的，我立刻就联想到——餐厅、食物、厨房、柜台。我当时的想法就是“直译”这部电影。

最早的笔记和草图

1988
纸，钢笔

75mm × 121mm

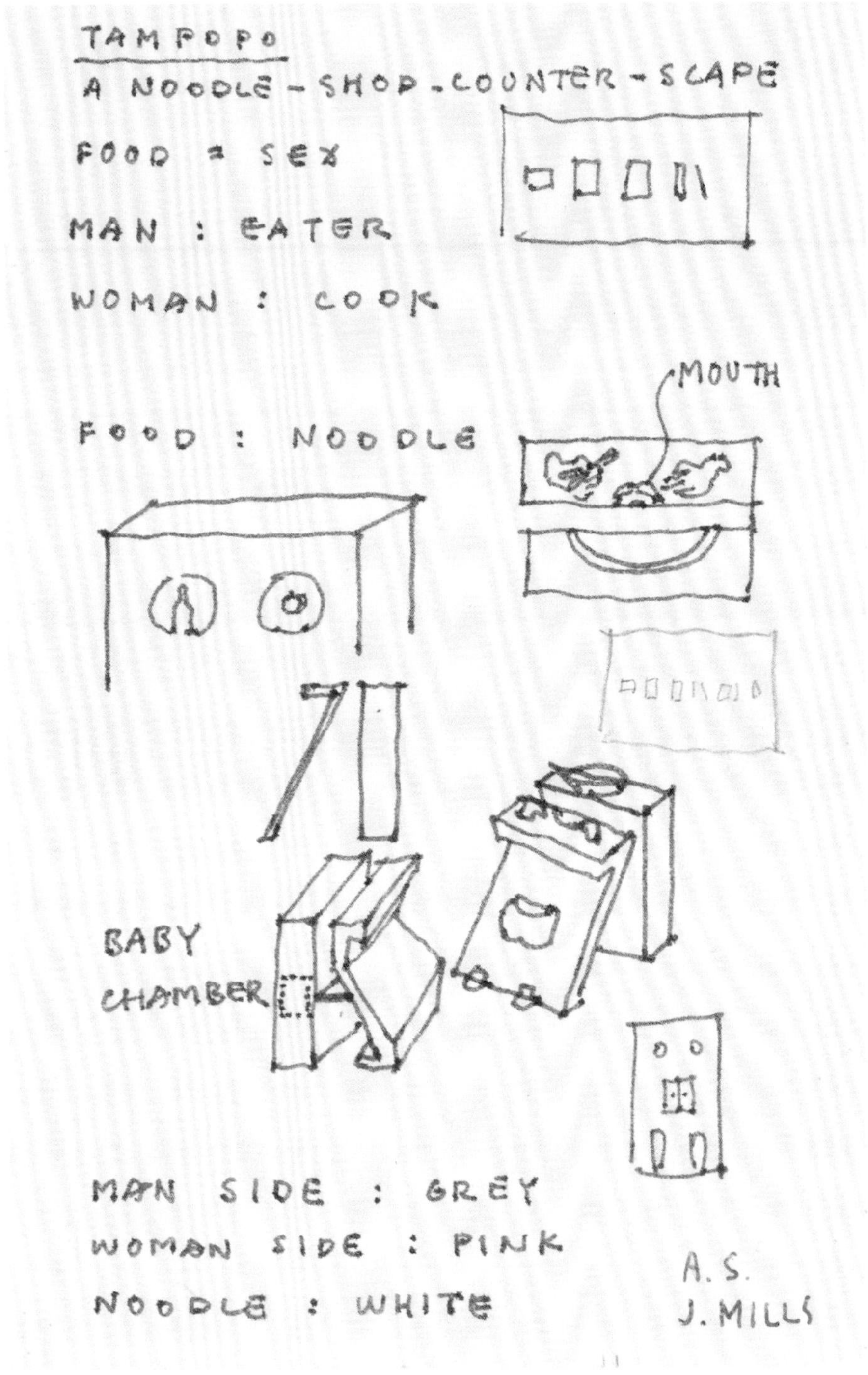

TAMPOPO
A NOODLE-SHOP-COUNTER-SCAPE
FOOD = SEX
MAN : EATER
WOMAN : COOK
MOUTH
FOOD : NOODLE
BABY
CHAMBER
MAN SIDE : GREY
WOMAN SIDE : PINK
NOODLE : WHITE
A.S.
J.MILLS

图面文字: 蒲公英; 面店一柜台一景观; 食 = 色; 男：食客；女：厨师；食物：面，嘴；婴儿室；男方：灰；女方：粉；面：白；A.S.，J. MILLS

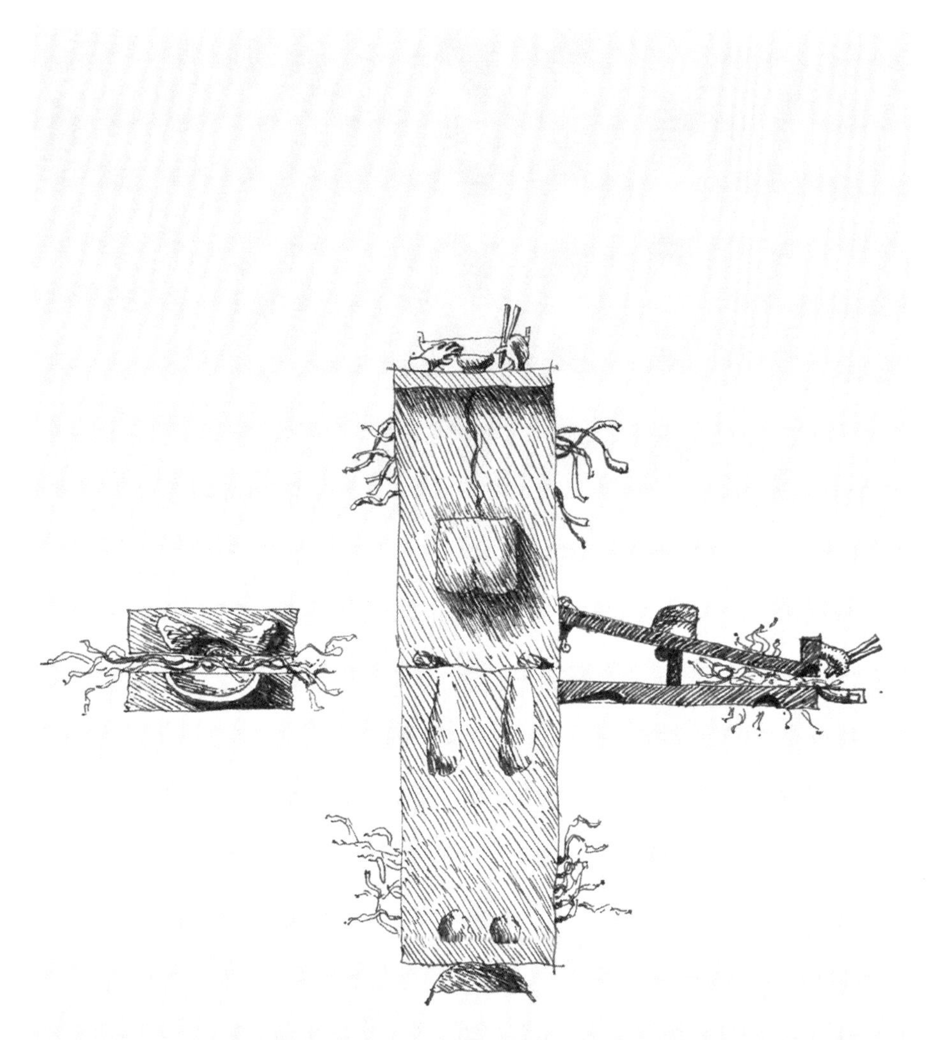

草图：平面，两个立面，剖面

制图要点：不同投形对应组合，以地面为对称轴对置两个立面，平面、剖面位于轴上

1988

纸，钢笔

305mm × 225mm

平面，女方的轴测，立面
制图要点：平面对应轴测和立面

1988
色纸，铅笔，钢笔，水粉

305mm × 225mm

图面文字：蒲公英；女厨师 / 火炉

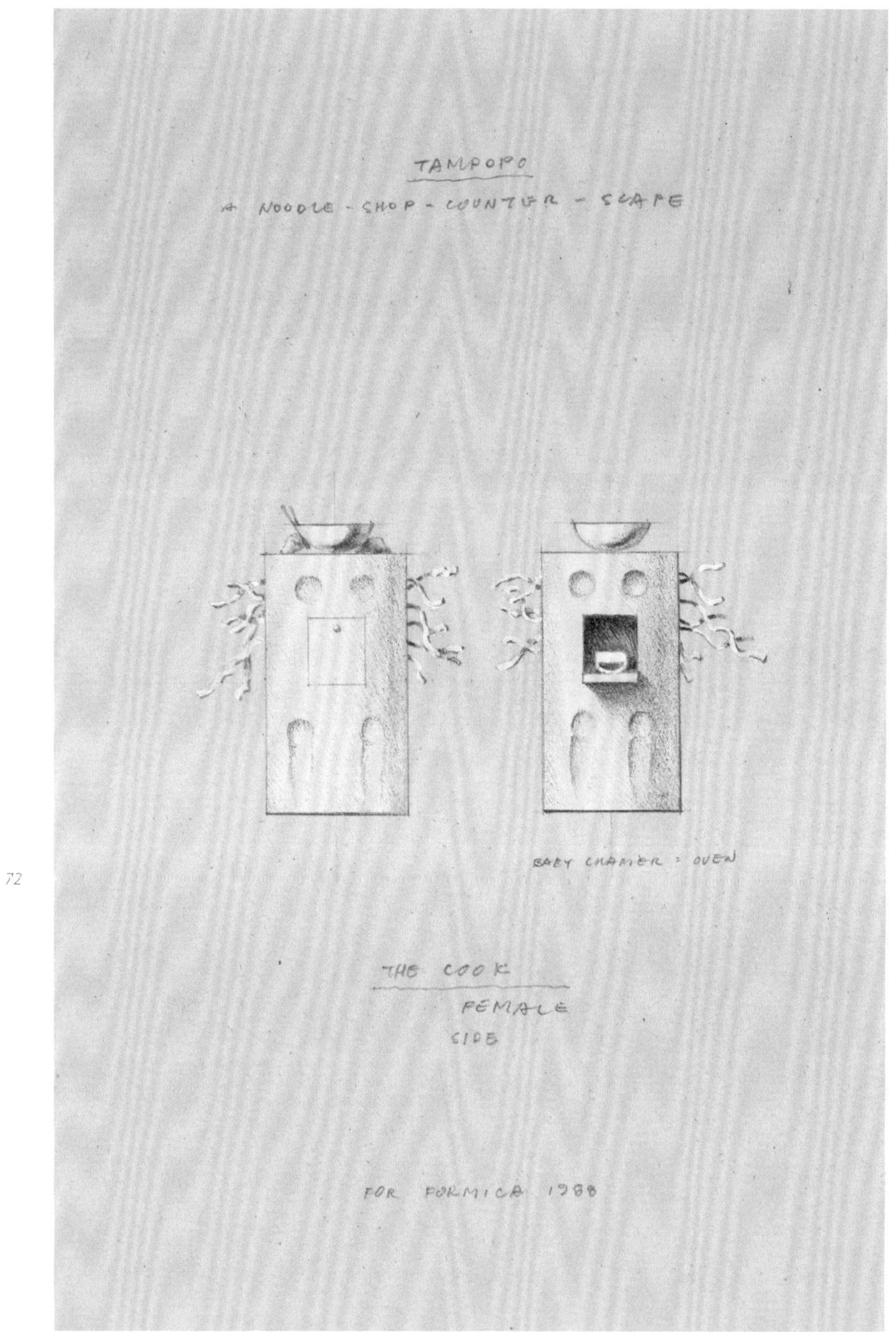

两个女方的立面

1988
色纸，铅笔，钢笔，水粉

305mm × 225mm

图面文字：蒲公英；面店—柜台—景观；婴儿室 = 烤箱；厨师，女方；为富美家作，1988

男方的立面

1988
色纸，铅笔，水粉

305mm × 225mm

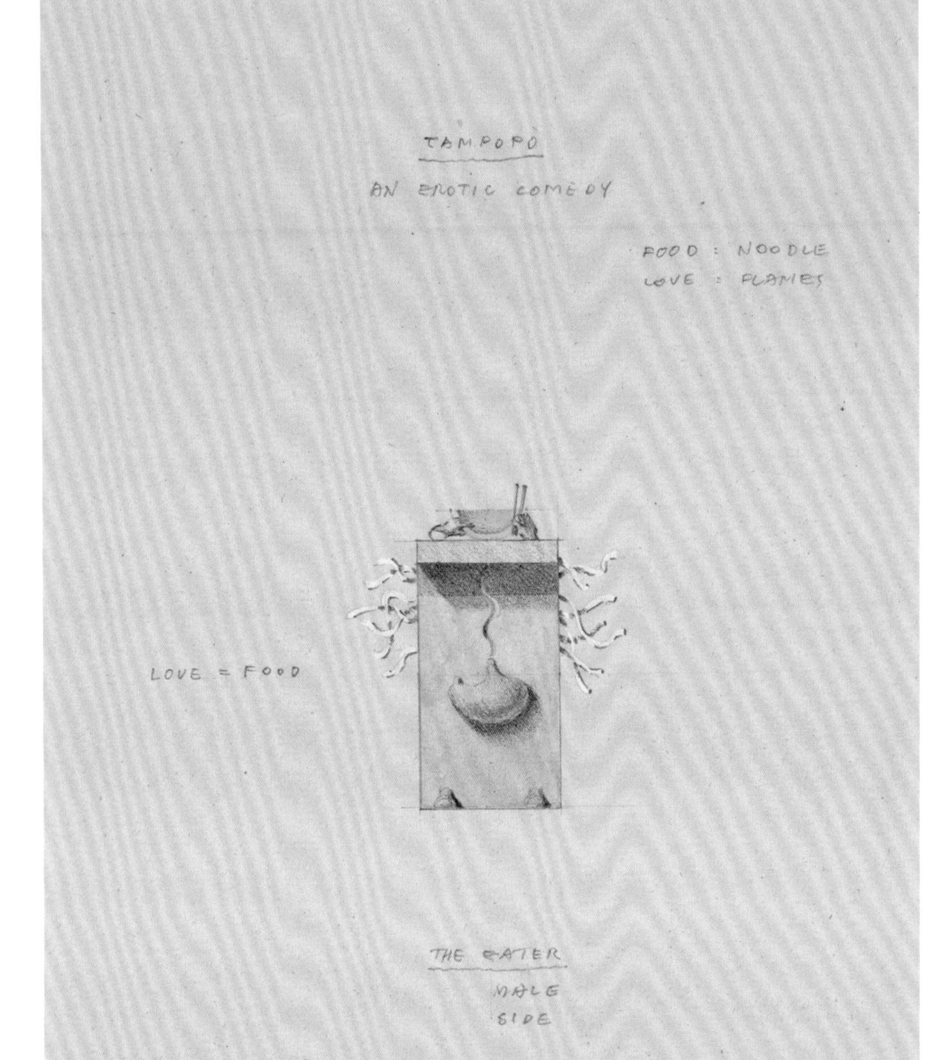

图面文字: 蒲公英; 情色喜剧; 食物: 拉面;
爱情：火焰；爱情 = 食物；食客，男方；
两条腿上一个胃；自画像

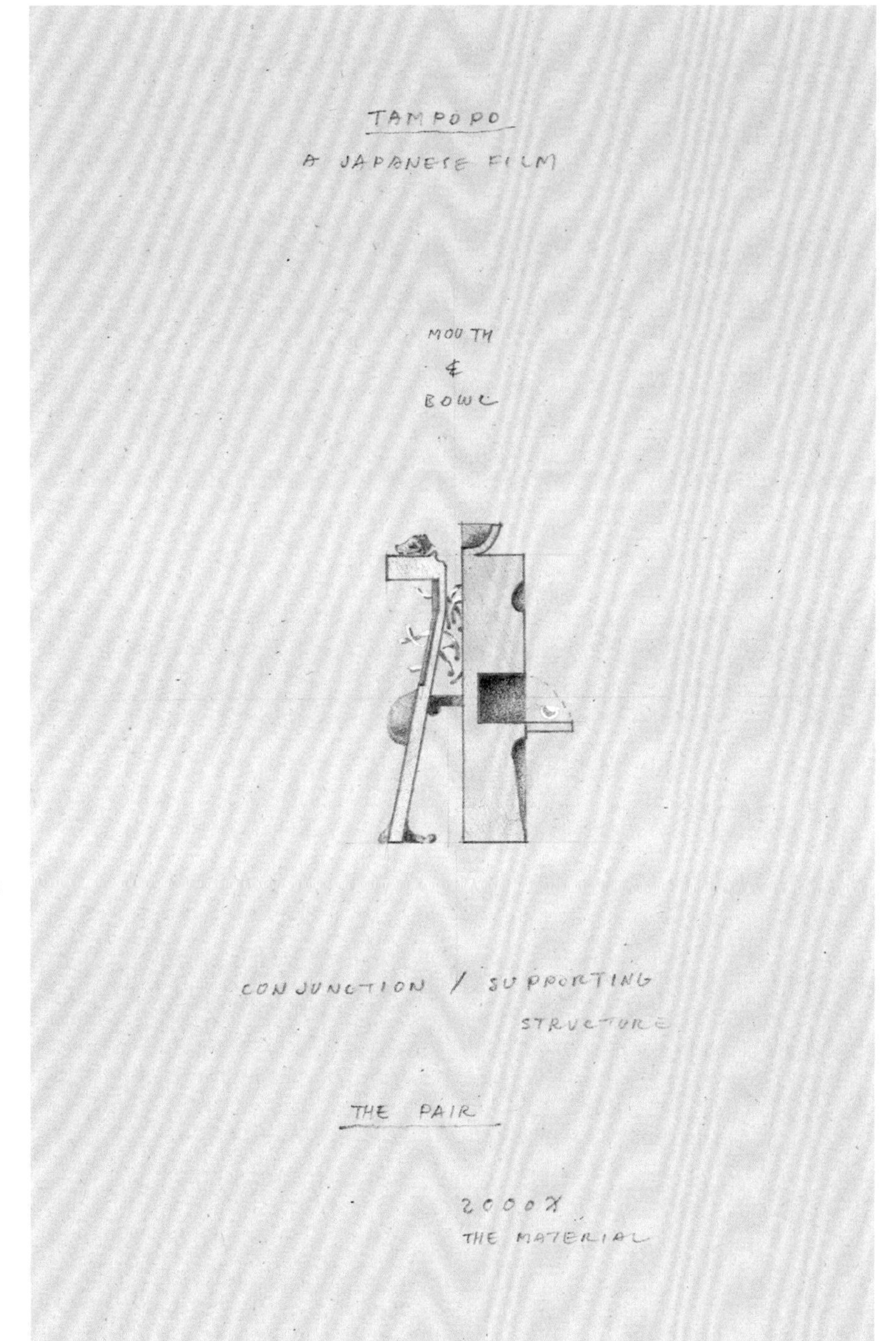

剖面：面条状物体暗喻热情火焰，烤箱暗喻子宫

1988
色纸，铅笔，水粉

305mm × 225mm

图面文字：蒲公英：日本电影；嘴和碗；结合点：支撑结构；一对；2000 × 材料

两个水平剖面，一个垂直剖面

1988
纸，钢笔

430mm × 280mm

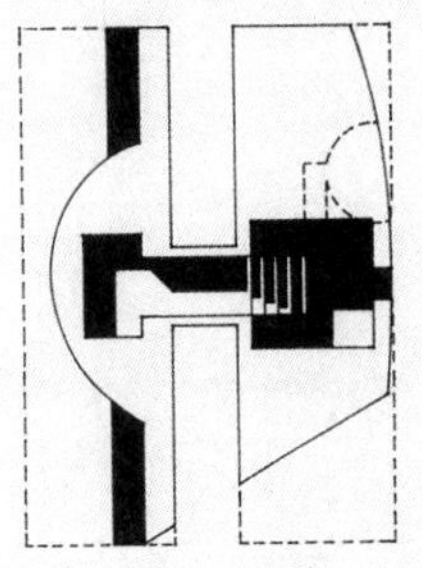

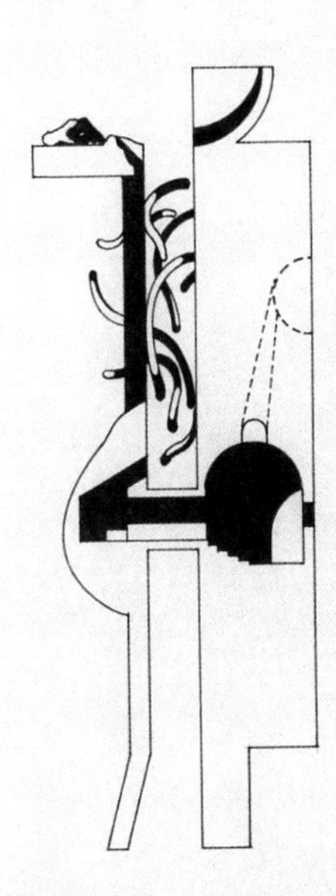

1988

这是一个虚构的项目吗？

是的，一个汽艇旅馆设计。基地位于白令海峡内，离日期变更线最近的一个名叫代奥米德（Diomede）的小岛附近。

你对这些介乎于幻想和现实之间的设计有什么看法？

我当时制图比画画多。可在另一方面，我不太关注设计的实际性：旅客怎么上去？这是鸟舍吗？需要乘直升机吗？反而诗意才是整个项目背后的推动力。尽管没画出访客来旅馆住宿的过程，但我能想象一系列生动的、电影般的连续画面：你在夜幕下乘摩托艇到来，爬小梯到房间，睡一晚，翌日早上爬楼梯到屋顶，遇到太阳和邻居，等等。有一条日期线标在屋顶平台上和床的正中间，并印在床单上。

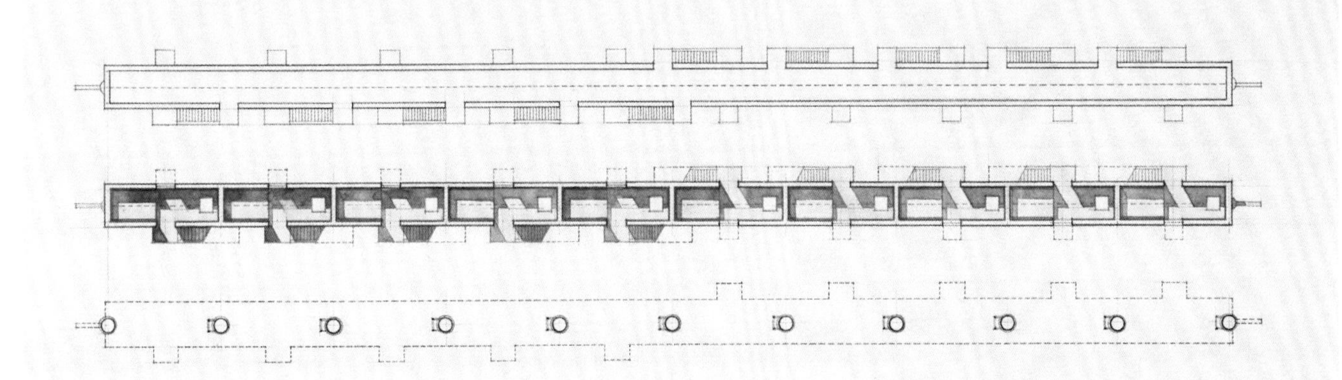

单层旅馆平面：（上）地面上有日期线的屋顶平台，（中）房间层，（下）带爬梯的高桩

1988

纸，铅笔，水彩

216mm × 280mm

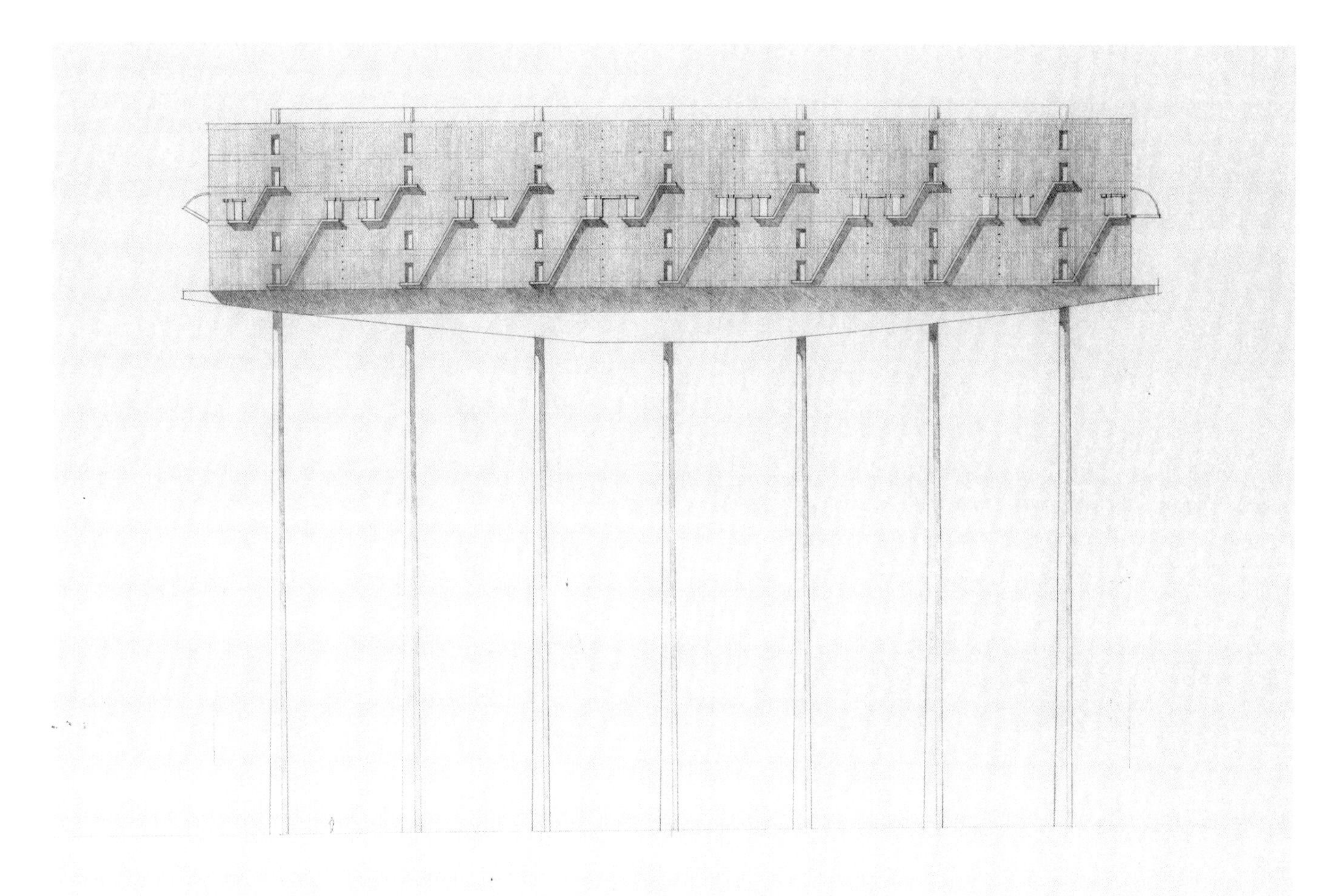

建在高桩上的多层旅馆立面

1988
草图纸，铅笔

605mm × 382mm

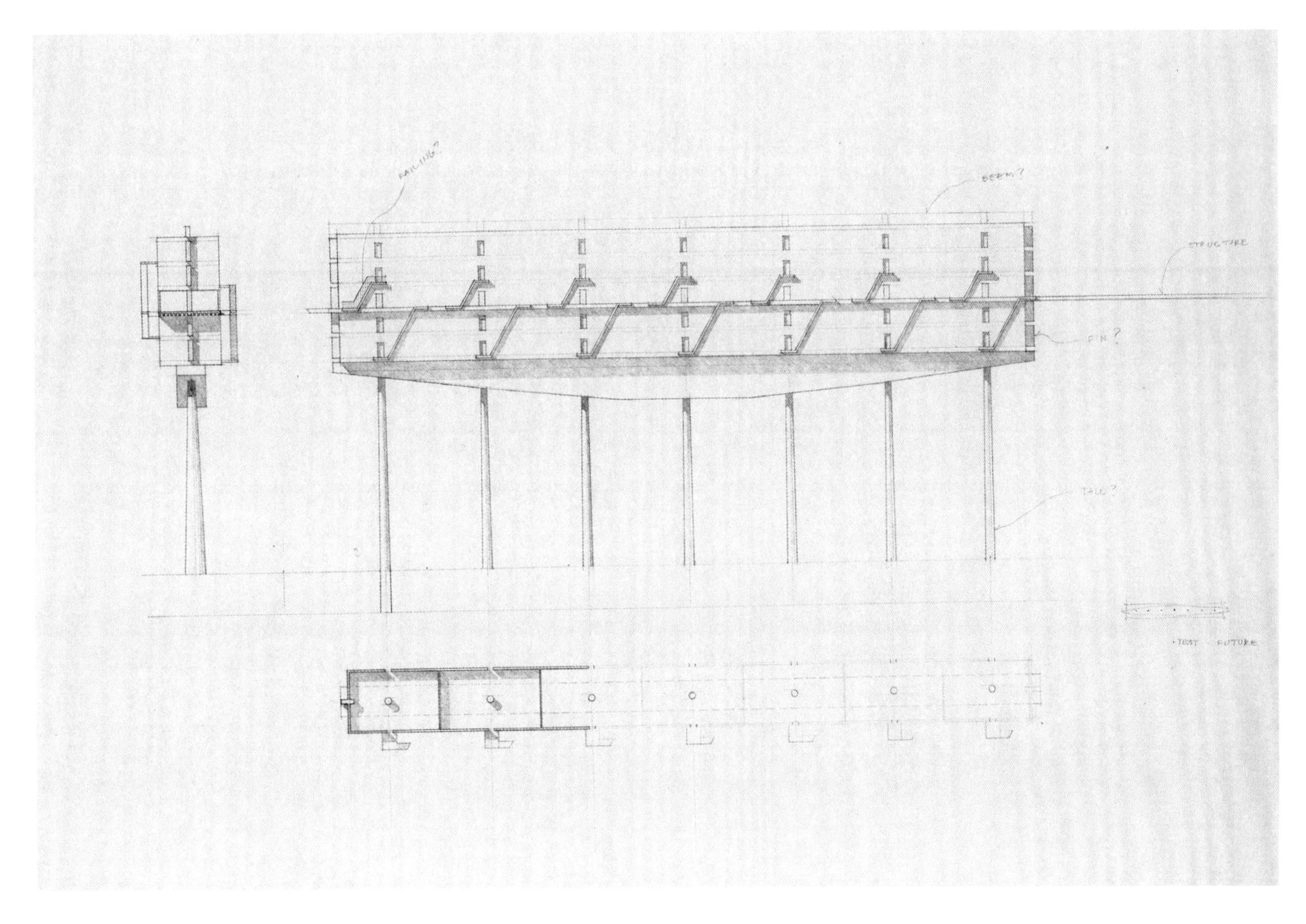

建在高桩上的多层旅馆带外廊版，短轴立面，长轴立面，局部平面

1988

纸，铅笔

605mm × 382mm

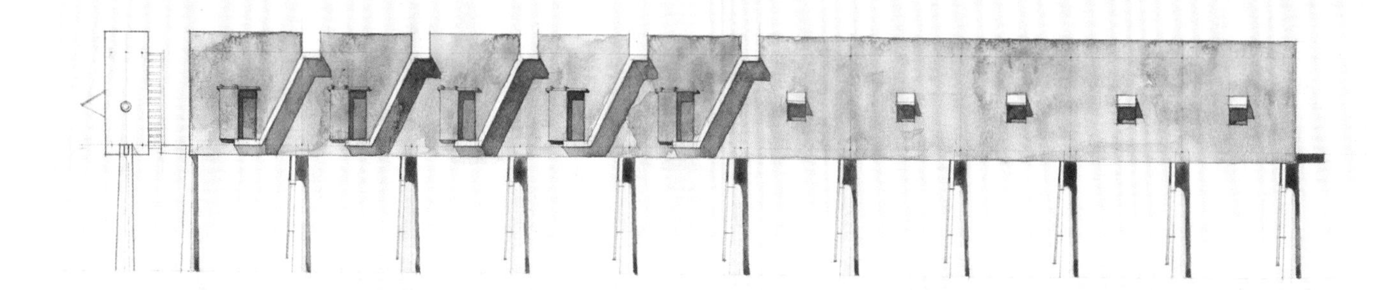

单层旅馆短轴立面，长轴立面

1988
纸，钢笔，水彩

216mm × 280mm

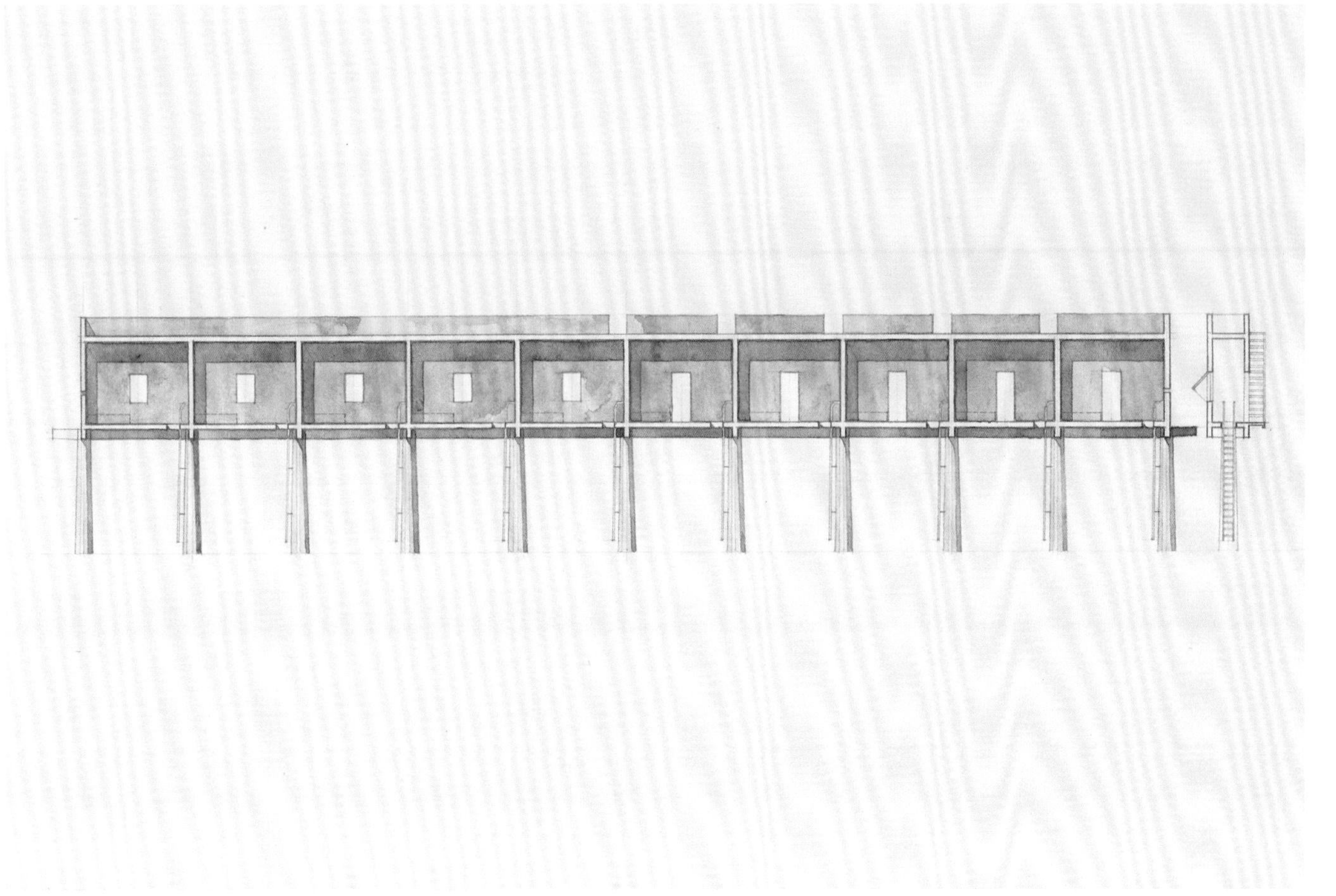

单层旅馆纵剖面，横剖面

1988
纸，铅笔，水彩

216mm × 280mm

伯克利大门

1988

参与加州大学伯克利分校北校门设计竞赛的过程，使我发现大门需要的不一定是稳重和雄伟，因为它就是校园种种活动的一个交汇点。而且伯克利的精神就是人们在广场打鼓，到处跑着小孩儿和小狗、小猫。我的大门设计就是要反映这种状态。所谓的大门便成为一系列的城市家具、物体，如电话亭、广告栏、路椅等的抽象与并列。它也反映了我对极小空间的兴趣。我认为这种极小建筑最纯净：因为它们太小，不可能有多余的设计。

这是从纪念性大门那一版的一大发展。还有个第三版本吧？

这是另外一个重要的版本：还有大门的整体框架结构，但表现不同活动的物体已放在框架中。

你为什么选择用这样的方式去表现你的最终设计？

最终设计图有三个地方值得一提：一、立面在平面图的两侧，使大门的里外的关系很直观；二、做一个菜单，逐一表现每个物体；三、电影般的连续画面描绘人到达及穿越大门的过程。而且我把大门的场景设定在晚上，进一步加强画面的电影性。

早期纪念性大门方案：立面，平面，剖面
制图要点：不同投形对应

1988
纸，水彩

560mm × 380mm

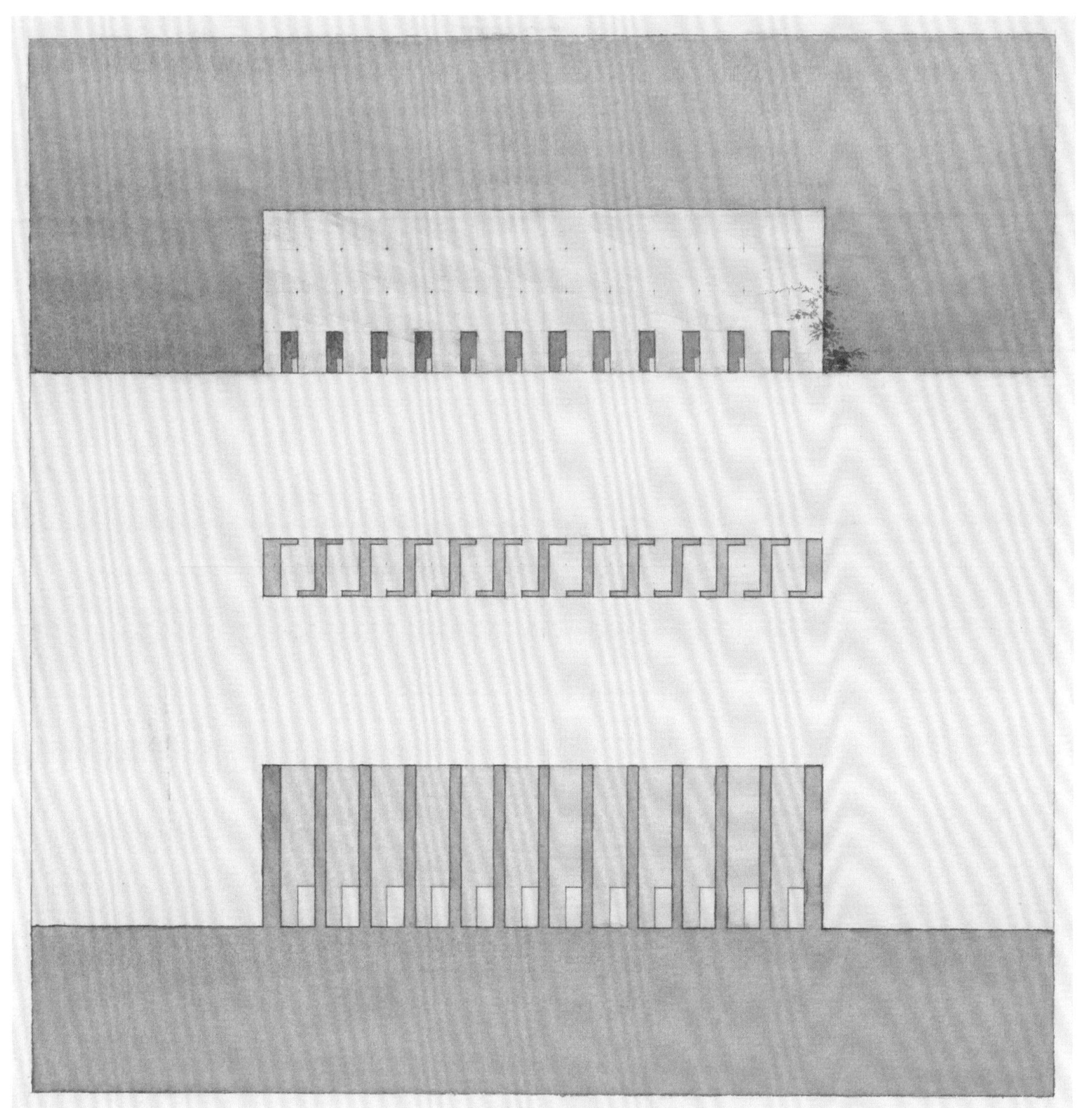

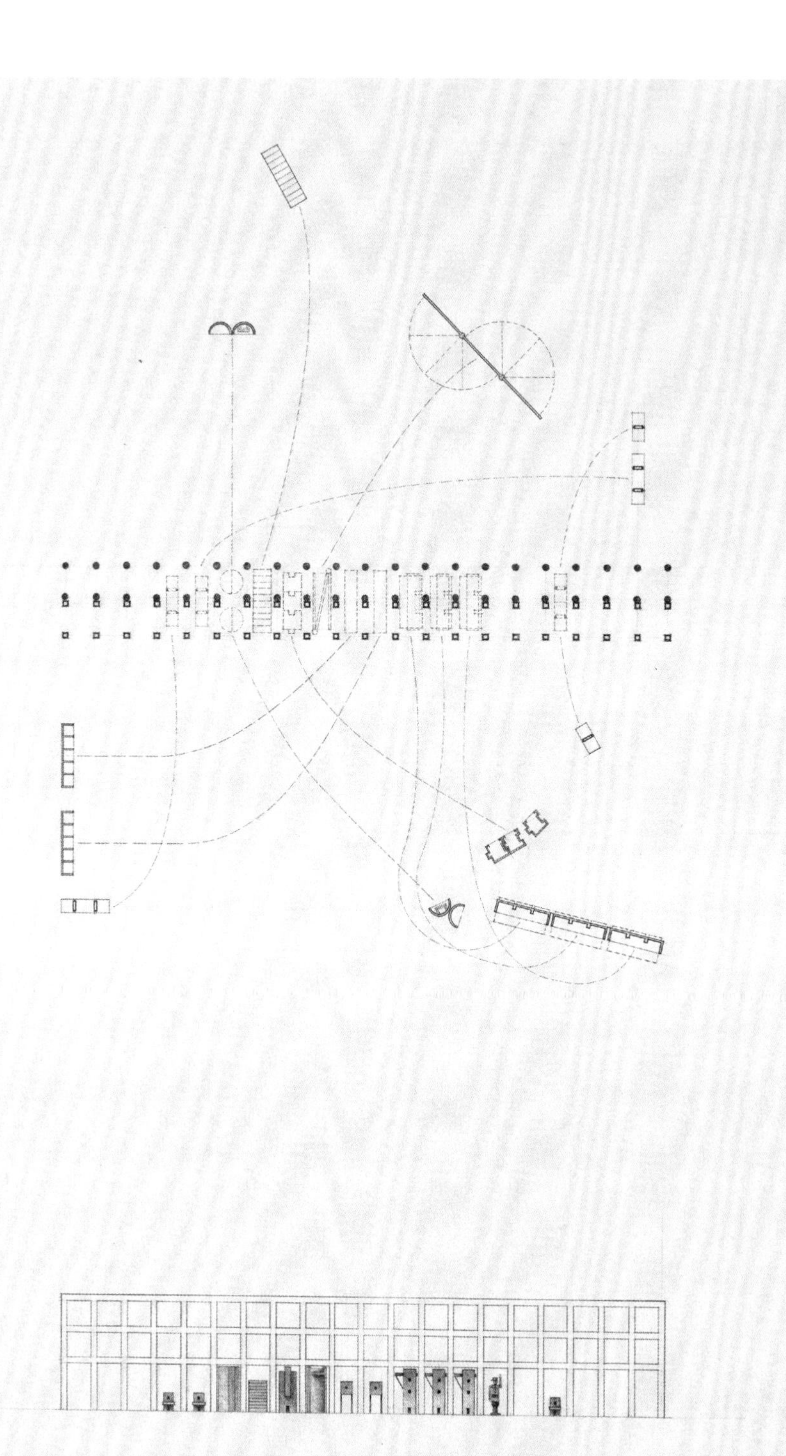

城市物体置于构架中的大门方案：平面，建立实用物体与抽象物体之间的关系；立面
制图要点：不同投形对应

1988
纸，铅笔

305mm × 305mm

城市物体置于构架中的大门方案：平面，门区广场铺地体现人流以及周边实用物体与大门内抽象物体之间的关联

1988
草图纸，铅笔

230mm × 350mm

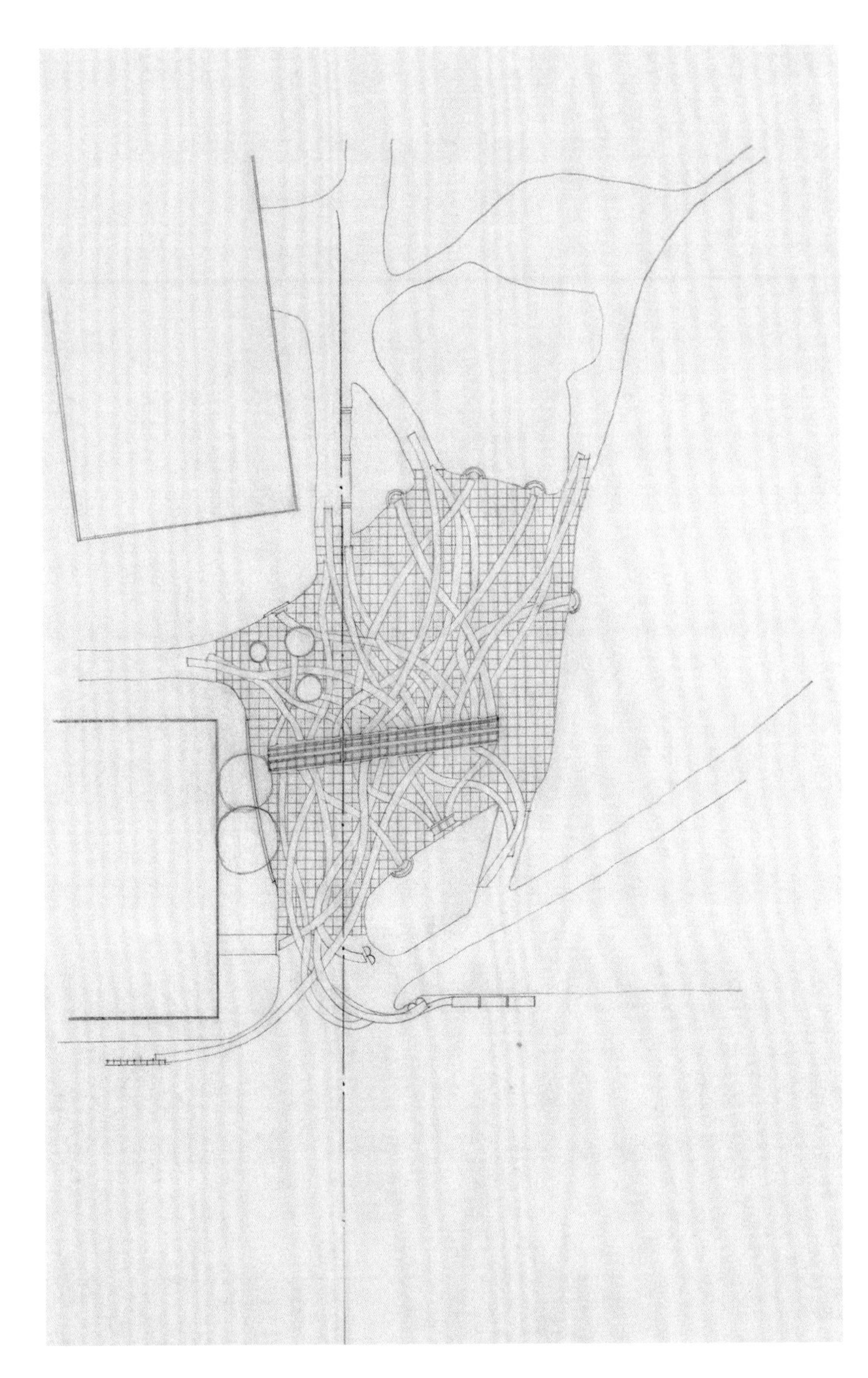

城市物体大门方案：平面，内外立面：城市物体本身就是门
制图要点：不同投形对应组合

1988
草图纸，铅笔

315mm × 250mm

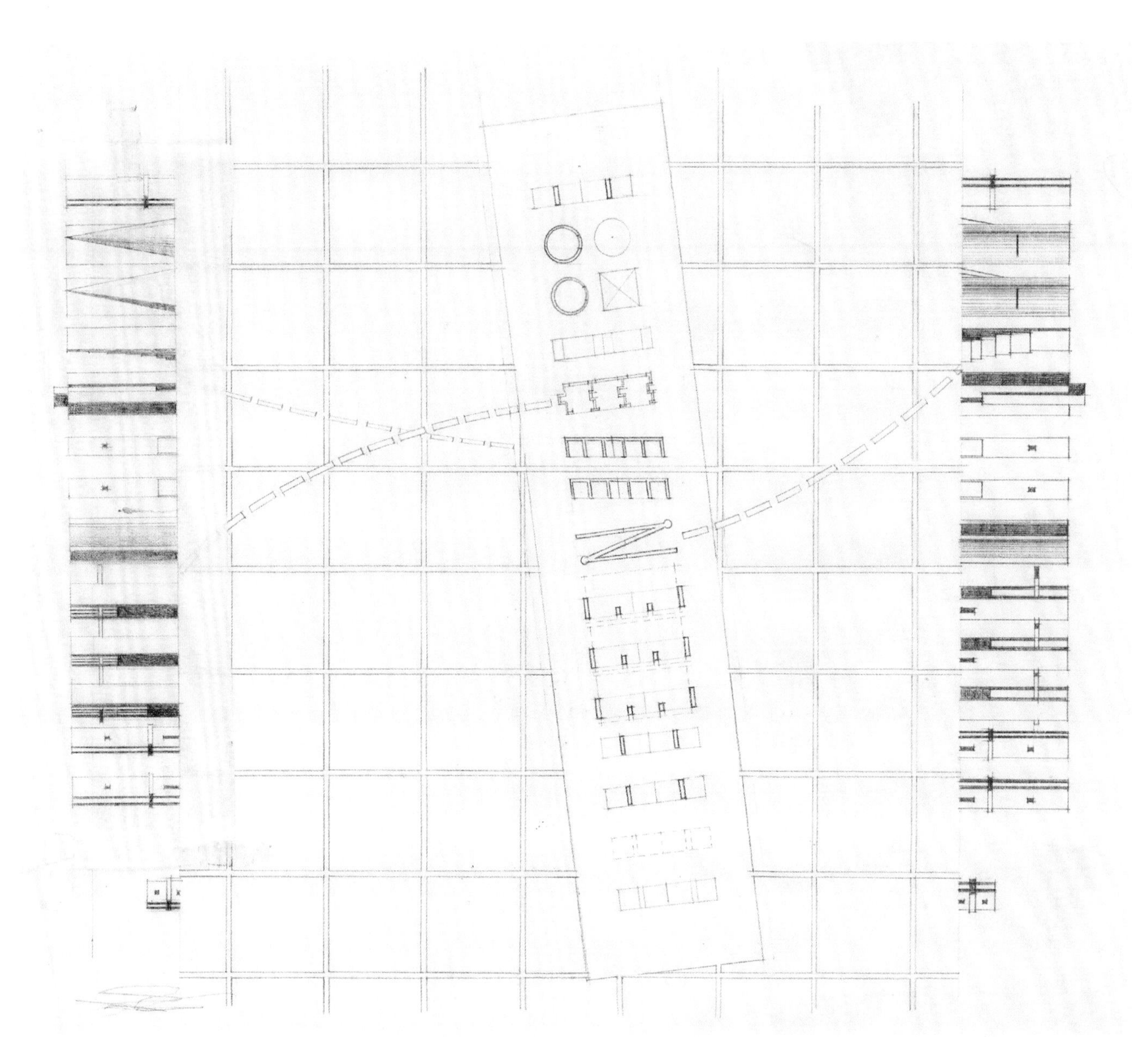

竞赛提交图一：环境平面、剖面，门区平面，大门剖面
制图要点：不同投形对应组合

1988
纸板，铅笔

760mm × 1015mm

图面文字：1954 届毕业班；伯克利步行大门设计竞赛；长椅，信息，树，台阶，电话亭，报摊，通告栏，公交站；元素，活动，生活；长椅门，信息门，树门，台阶门，电话亭门，报摊门，通告栏门，公交站门，大门，物体的组合，物体没有功能但还可能是有用的；材料：耐候钢 / 混凝土；颜色：自然；施工：焊接；资金：1954 届同学捐赠；场地平面；场地剖面；平面 / 立面；剖面

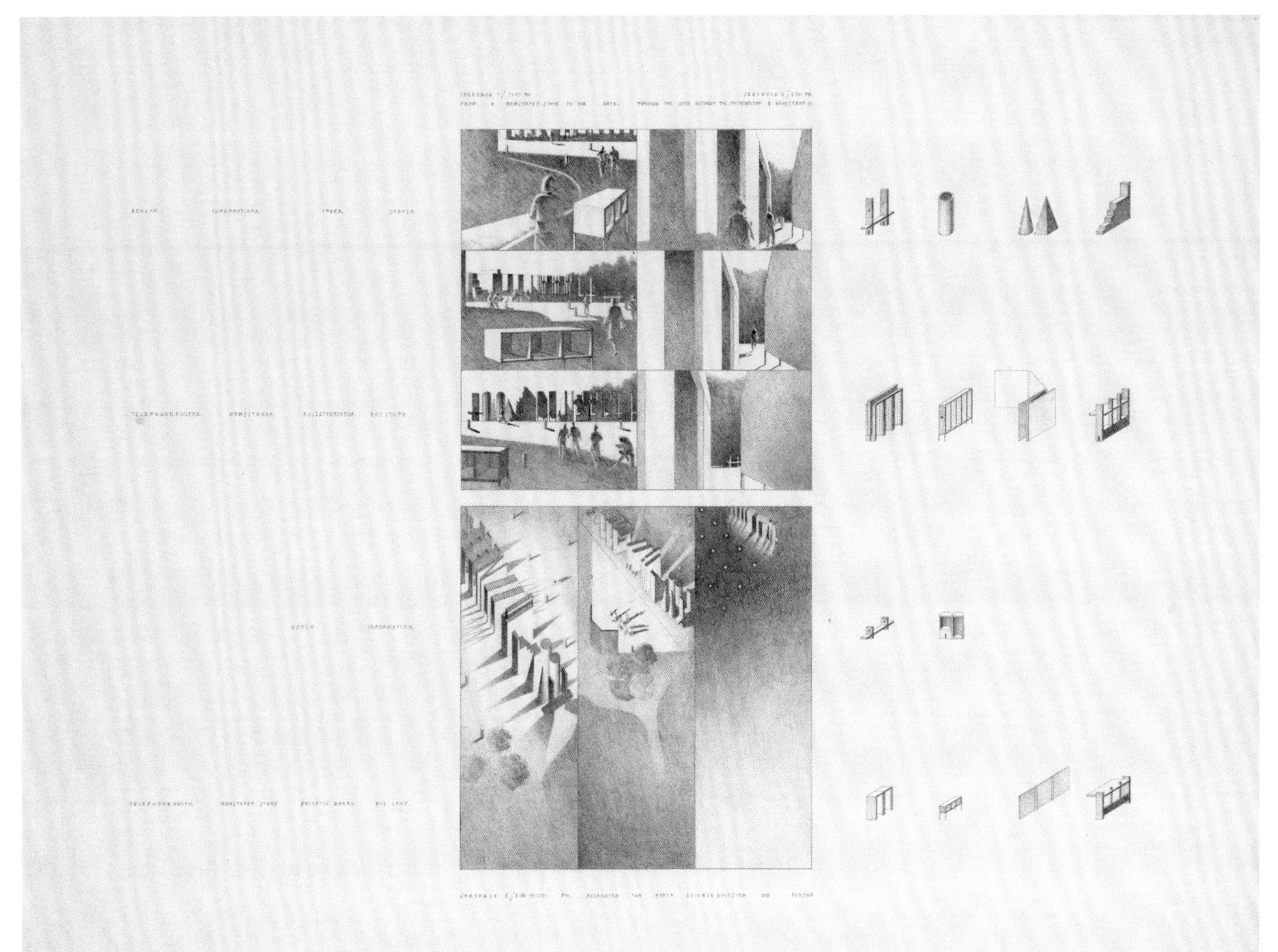

竞赛提交图二：系列场景，单个（上）城市物体 /（下）城市家具轴测列表
制图要点：电影式连环画

1988
纸板，铅笔

760mm × 1015mm

图面文字: 系列 1 / 早上七点: 从报摊到大门; 系列 2 / 下午五点: 在电话亭门和报摊门之间穿过; 长椅门，信息门，树门，台阶门; 电话亭门，报摊门，通告栏门，公交站门; 长椅，信息；电话亭，报摊，通告栏，公交站；系列 3 / 晚上八点到十点：往地学大楼或更远处

长城烽火客栈

1989

为参加一个设计竞赛而做，探讨的是如何将曾经的军事重地长城烽火台，修缮成能供人使用的建筑。

对我来说，古代和现代建筑的区分不是绝对的，而是带有传承关系的。再者，我对人们的生活和他们占用某些空间的方式方法很感兴趣。我喜欢想象人们在烽火台里面的生活状态。

所以它仍然是一个烟墩，但又是一个居住空间？

是的。我以为“烟”对烽火台很重要，但现在烟是来自取暖和做饭，所以它是和平的烟。在火塘边有梯可以爬到上面的炕——休息的通铺。这里能提供基本的舒适，并把对现状建筑的干预减到最低。

你为什么选择用这种方式来表现你的设计？

我只是希望以尽可能现实的方法去描述里面的生活条件；对于这样一种需要，传统的方式很有效。

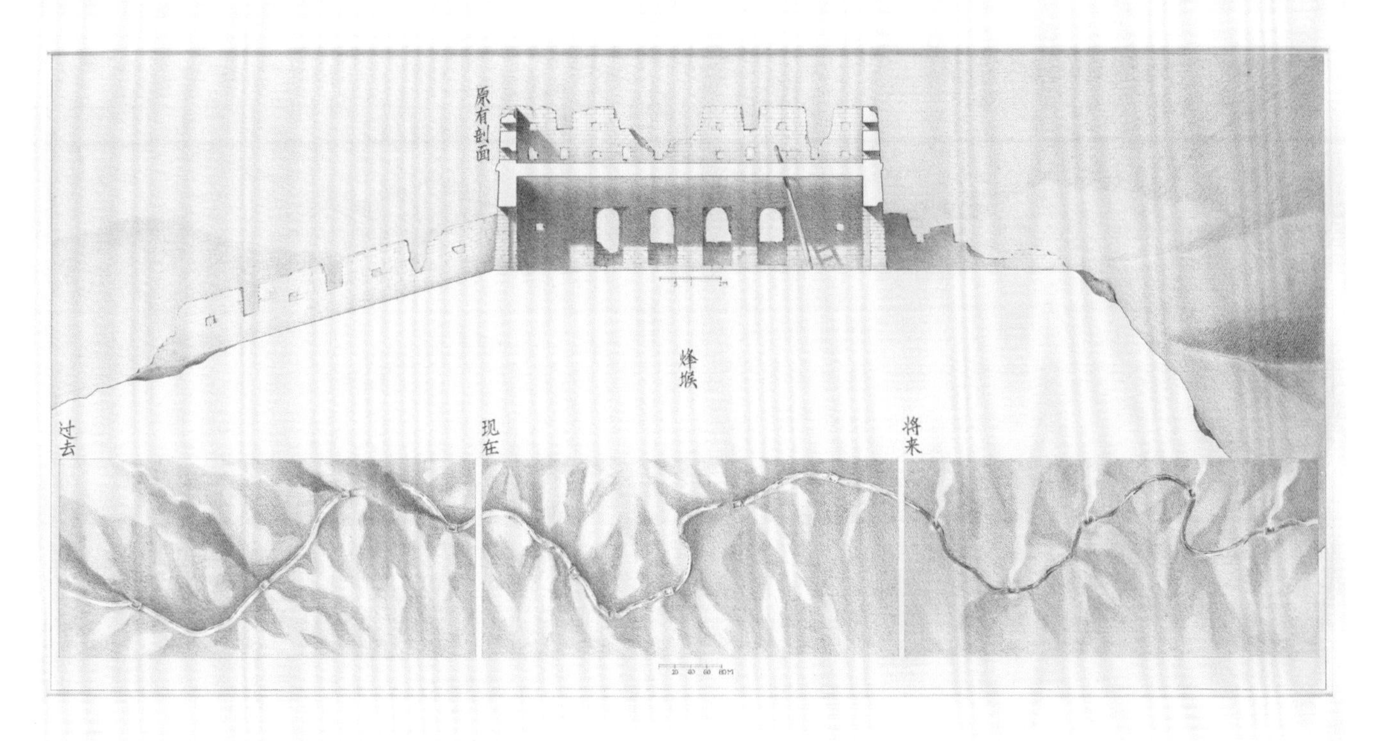

被废弃的烽火台遗迹剖面，以及长城平面：（左）古代使用中的烽火台，（中）现在被遗弃的烽火台，（右）提议将来用作徒步旅行者客栈的烽火台

1989
纸板，彩色铅笔，水彩

1115mm × 940mm

图面文字：原有剖面；烽堠；过去；现在；将来

改造后的烽火台剖面，四个平面：中央火塘，顶部是住宿的通铺

制图要点：剖面、平面并置

1989

纸板，彩色铅笔，水彩

240mm × 540mm

图面文字：横剖面；纵剖面；客栈；底层；夹层；上层；顶层

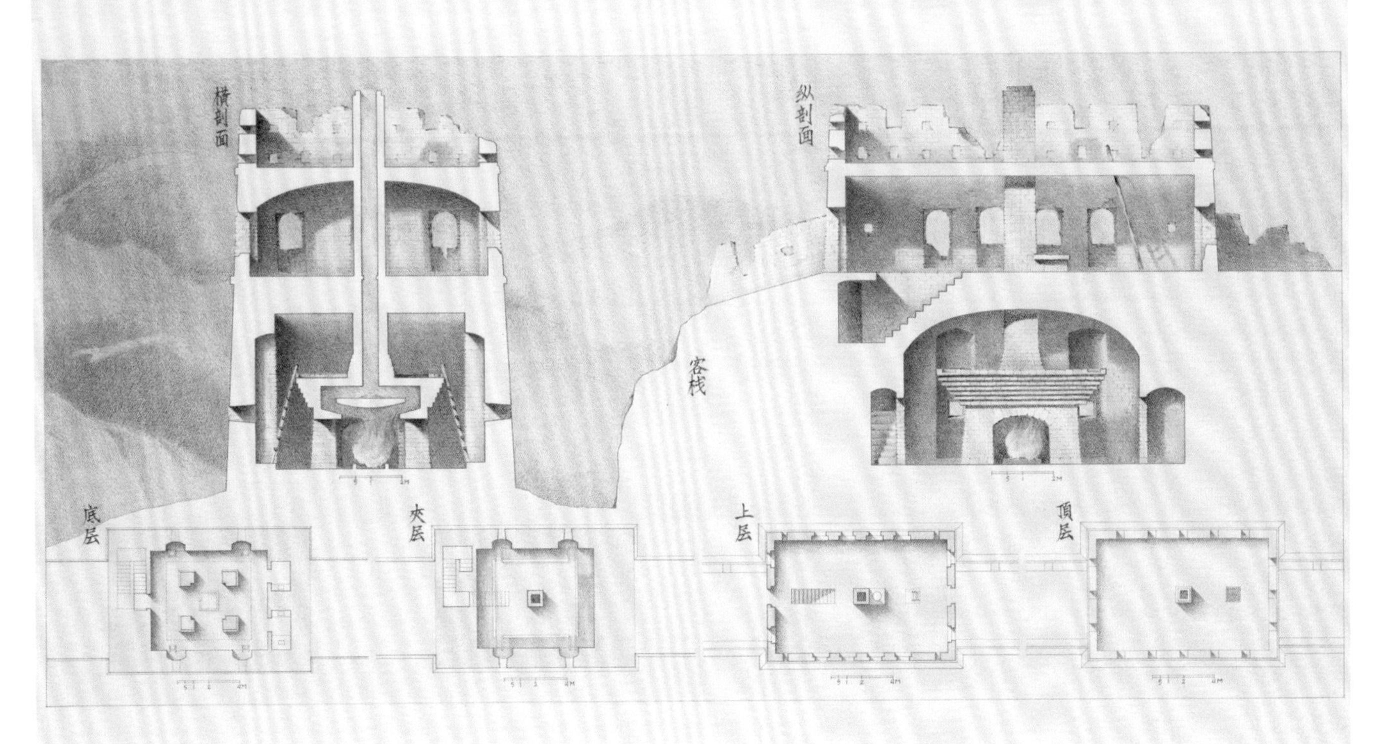
横剖面
纵剖面
客栈
底层
夹层
上层
顶层

改造后的烽火台纵剖面，（上）夹层，（下）底层平面

1989
透明纸，铅笔

610mm × 460mm

改造后的烽火台横剖面，（上）顶层，
（下）上层平面

1989
透明纸，铅笔

610mm × 460mm

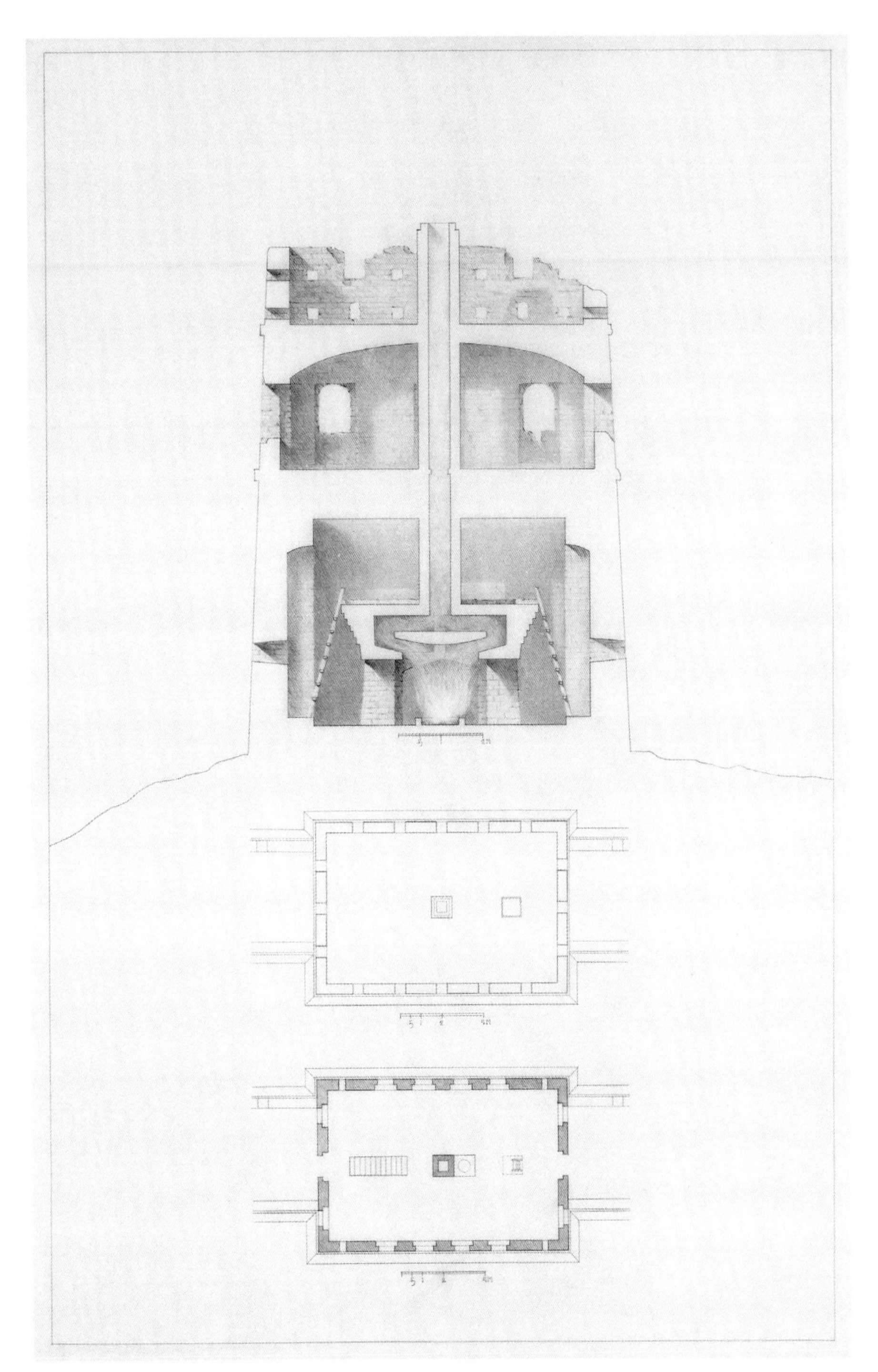

烟斗三联画 1989

一个三联画匣设计的草图，内有勒内·马格利特经典画作里经常出现的烟斗和礼帽。里面还有一张椅子，于是又把三联画设定在一个房间的尺度。

这是《烟斗——概念性的物体》的演化，都是以米歇尔·福柯（Michel Foucault）关于马格利特的书《这不是个烟斗》(*This is not a pipe*)为基础的。这个设计也是关于切和剖面。它是在烟斗制作完成后才画出来的。可惜三联画匣没有做出来。烟斗令我联想到人体，因为烟斗是为了人手设计的。

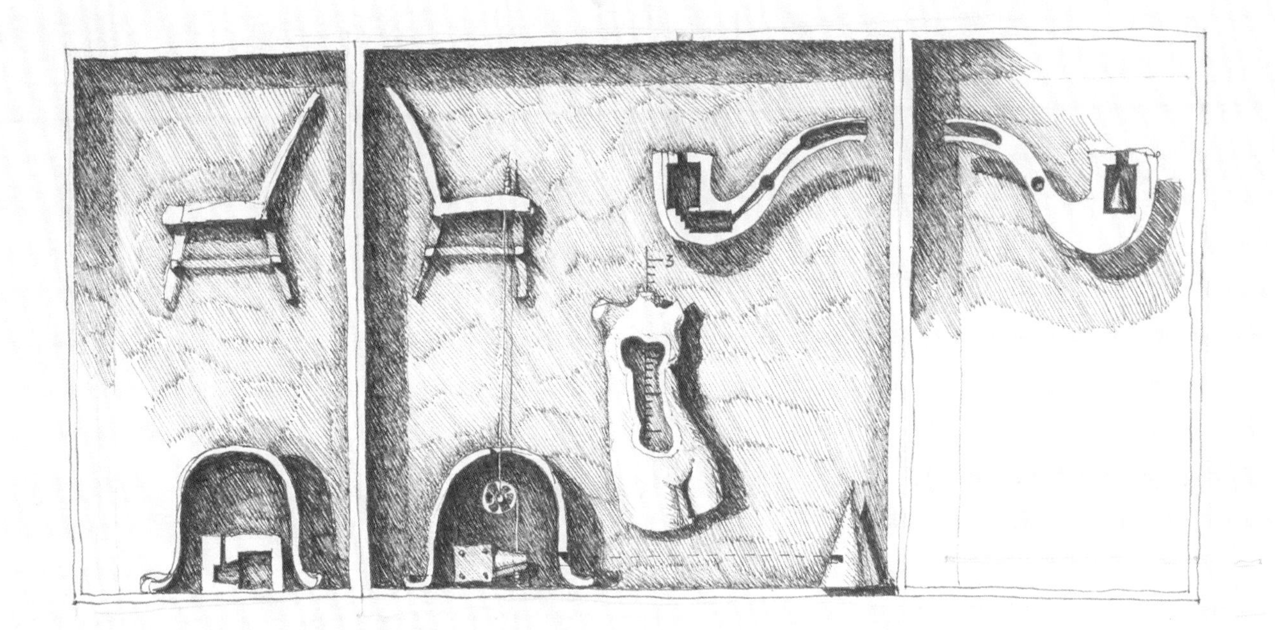

设计草图

1989

纸，钢笔

220mm × 305mm

后窗

1989—1991

这是以希区柯克的电影《后窗》为基础，对窗户—家具关系做出的一个视觉研究。像影片中主角从邻居窗户中所目击的各种情景“读”出犯罪线索，建筑师—偷窥者亦能从窗户里看到的家具和物件摆放的片段“读”出不同房间的故事——家居的场景。如果强调建筑的窥视性，把每间房间的进深压扁，就可能把家具“挤”入窗框。“窗具”出现，挑战窗作为建筑元件的本质以及与建筑内外的关系。

你当时是自己想探索这个观念吗？

是自发的。它既跟窗户和家具有关，也与线性和薄建筑有关。它试图探讨你能从窗里看到什么，并通过看到的空间及家具，想象建筑中的家居状态是怎样的。我得到的结论是家具和窗户其实是一个整体，不可分割。

你当时是以家具为目标，把窗户和家具复合成一个三维物体吗？

不完全是。我是后来才意识到家居状态和窗户可以是连体的。画图过程中，本来的桌子、电视机、床、浴缸、厨房台面等，逐渐演化成了“窗具”。它们和墙体没关系了，墙也消失了。

你为何选择以拼贴的手法去表现窗—家具的效果？

在几套图纸中，我其实更偏好在薄纸上画钢笔线。那种薄蜡纸好像是垫东西用的，不是在美术用品店买的。我觉得它有玻璃感。后来我开始利用报纸做拼贴，以求把“窗具”表现得比只用纯线条更物质些。

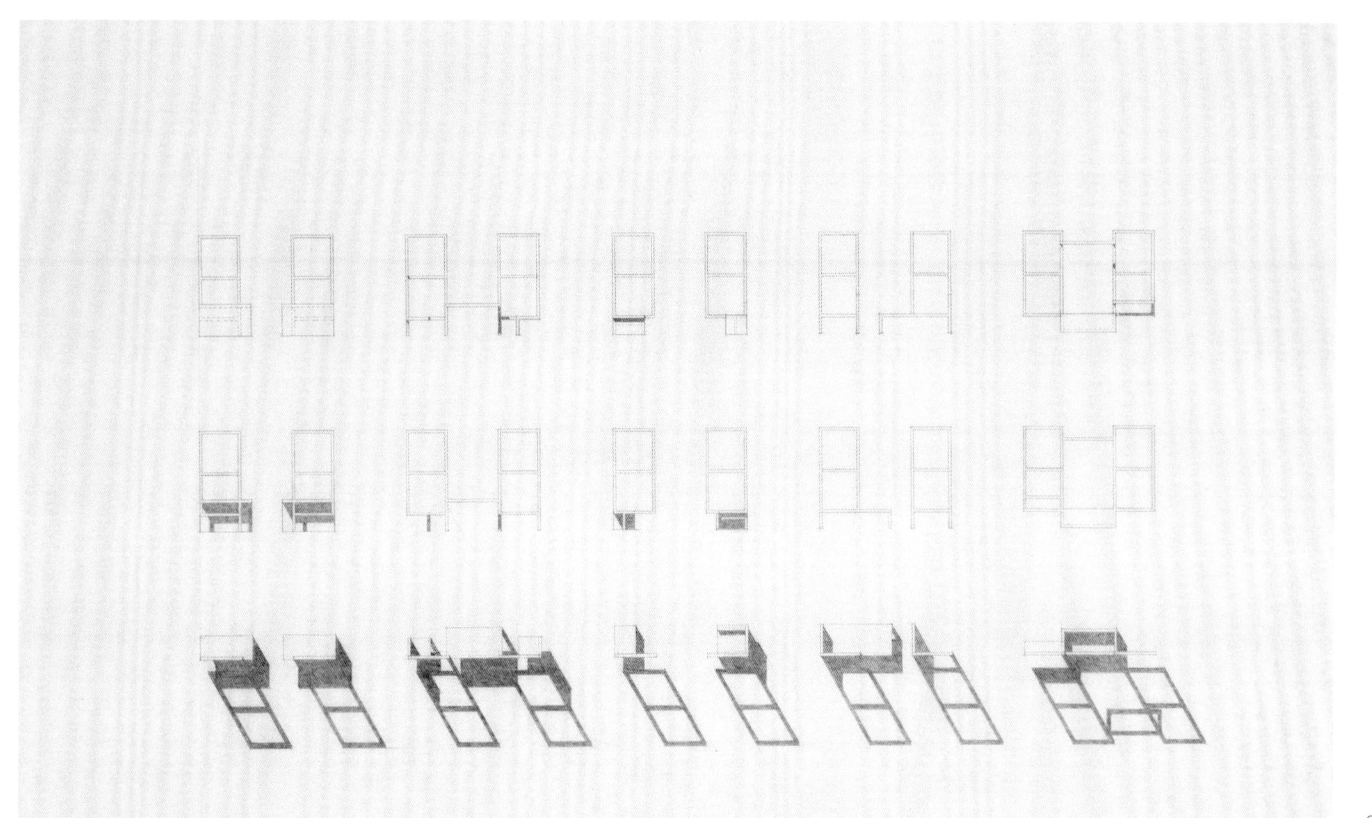

“窗具”：（上）内立面，（中）外立面，
（下）平面

1989—1991
草图纸，铅笔

615mm × 450mm

制图要点：把轴测图作为主要观察 / 设计工具

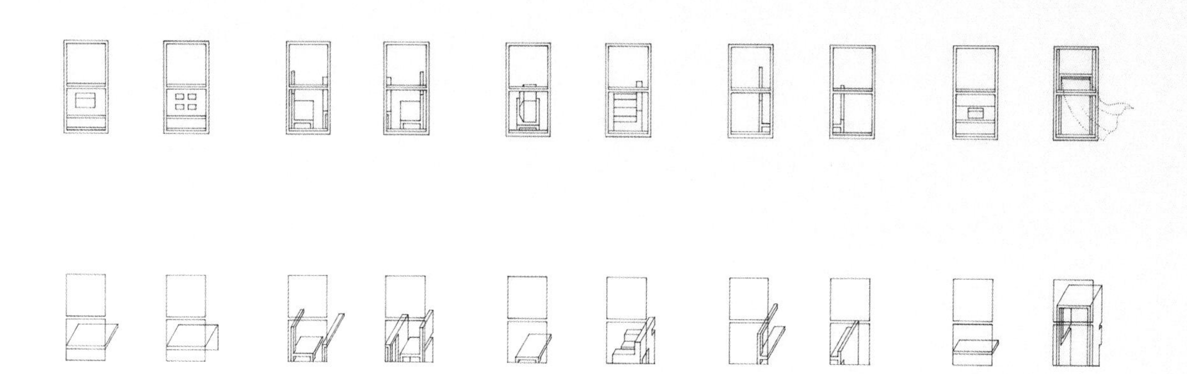

（上）窗景正轴测，（下）带虚窗框窗景轴测：
显示与正轴测传达信息之间的差异
制图要点：用轴测解读正轴测

1989—1991
半透明蜡纸，钢笔

600mm × 450mm

（上）窗景正轴测，（下）带实窗框窗景轴测：
显示与正轴测传达信息之间的差异
制图要点：用轴测解读正轴测

1989—1991
半透明蜡纸，钢笔

600mm × 450mm

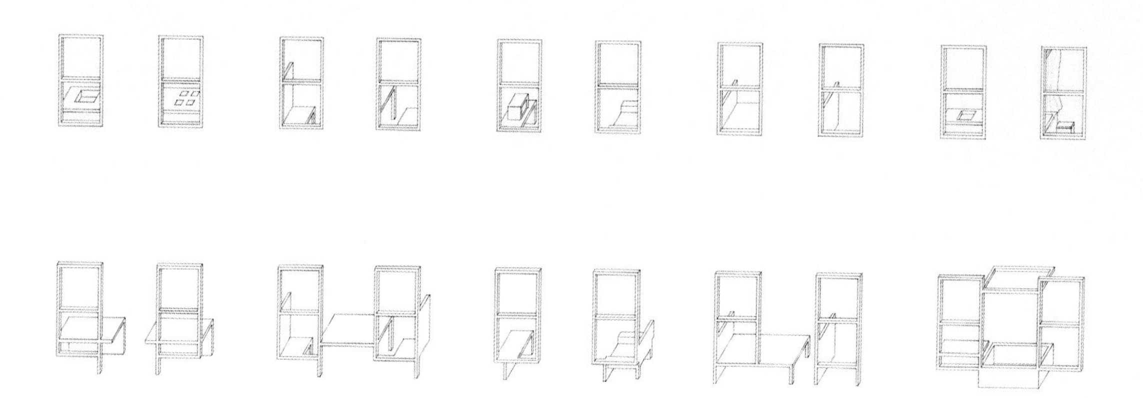

（上）窗景轴测，（下）“窗具”轴测

1989—1991

半透明蜡纸，钢笔

600mm × 450mm

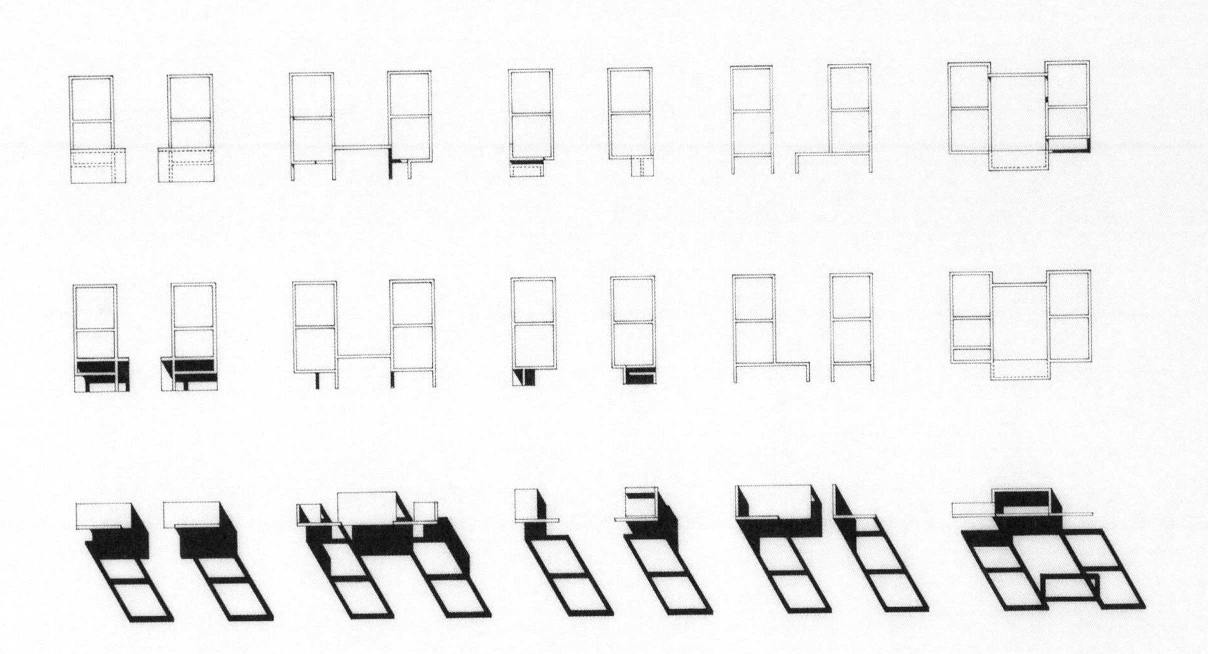

“窗具”：（上）内立面，（中）外立面，
（下）平面

1989—1991
半透明蜡纸，钢笔

600mm × 450mm

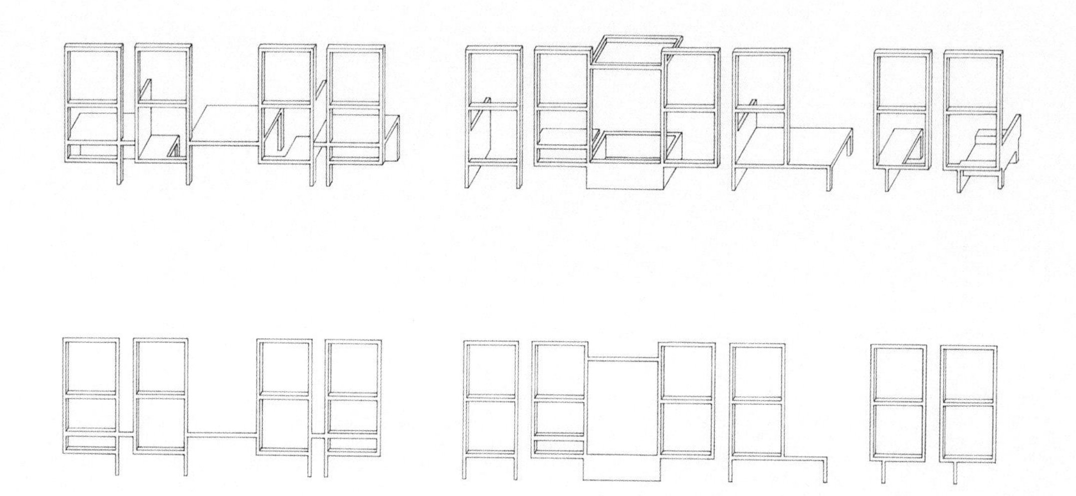

（上）“窗具”单排重组轴测，（下）重组后的窗框轴测

1989—1991

半透明蜡纸，钢笔

600mm × 450mm

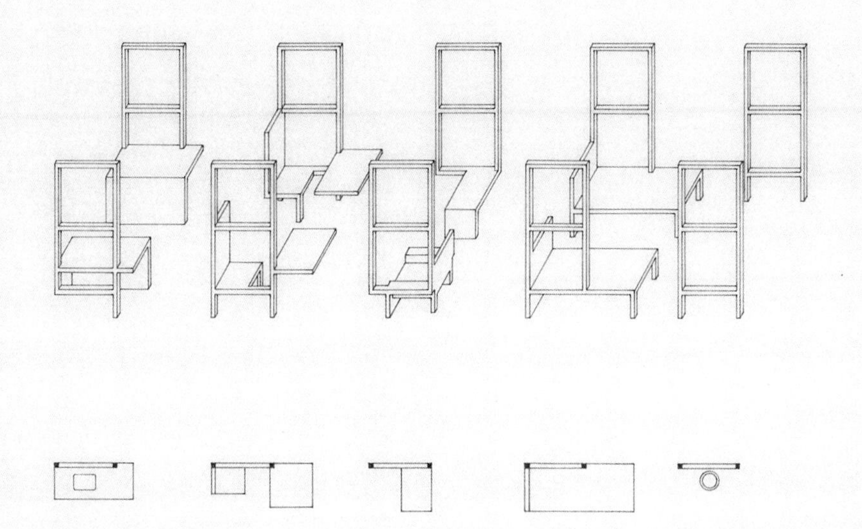

（上）“窗具”双排重组轴测，（下）平面

1989—1991
半透明蜡纸，钢笔

600mm × 450mm

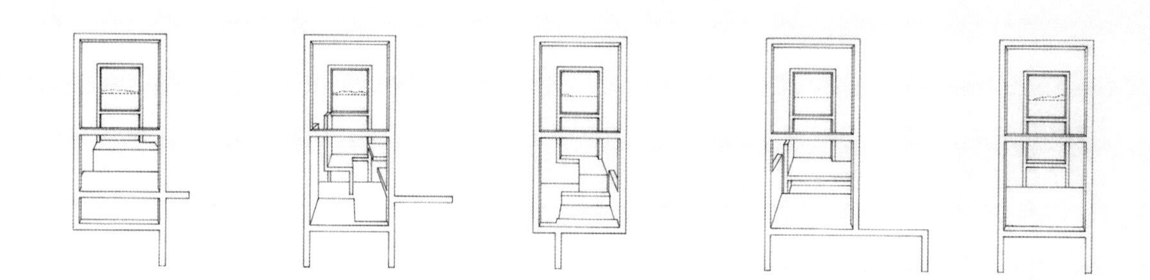

“窗具”双排重组透视
制图要点：一点透视组合

1989—1991
半透明蜡纸，钢笔

600mm × 450mm

“窗具”：（上）内立面，（中）外立面，
（下）平面

1989—1991
纸，钢笔，银色笔，报纸拼贴

700mm × 500mm

1990

1991

1992

1993

1994

1995

1996

1997

1998

1990 年代

剖面研究

1990

想象一系列利用不同材料展现剖面概念的物体，但后来没有实施。

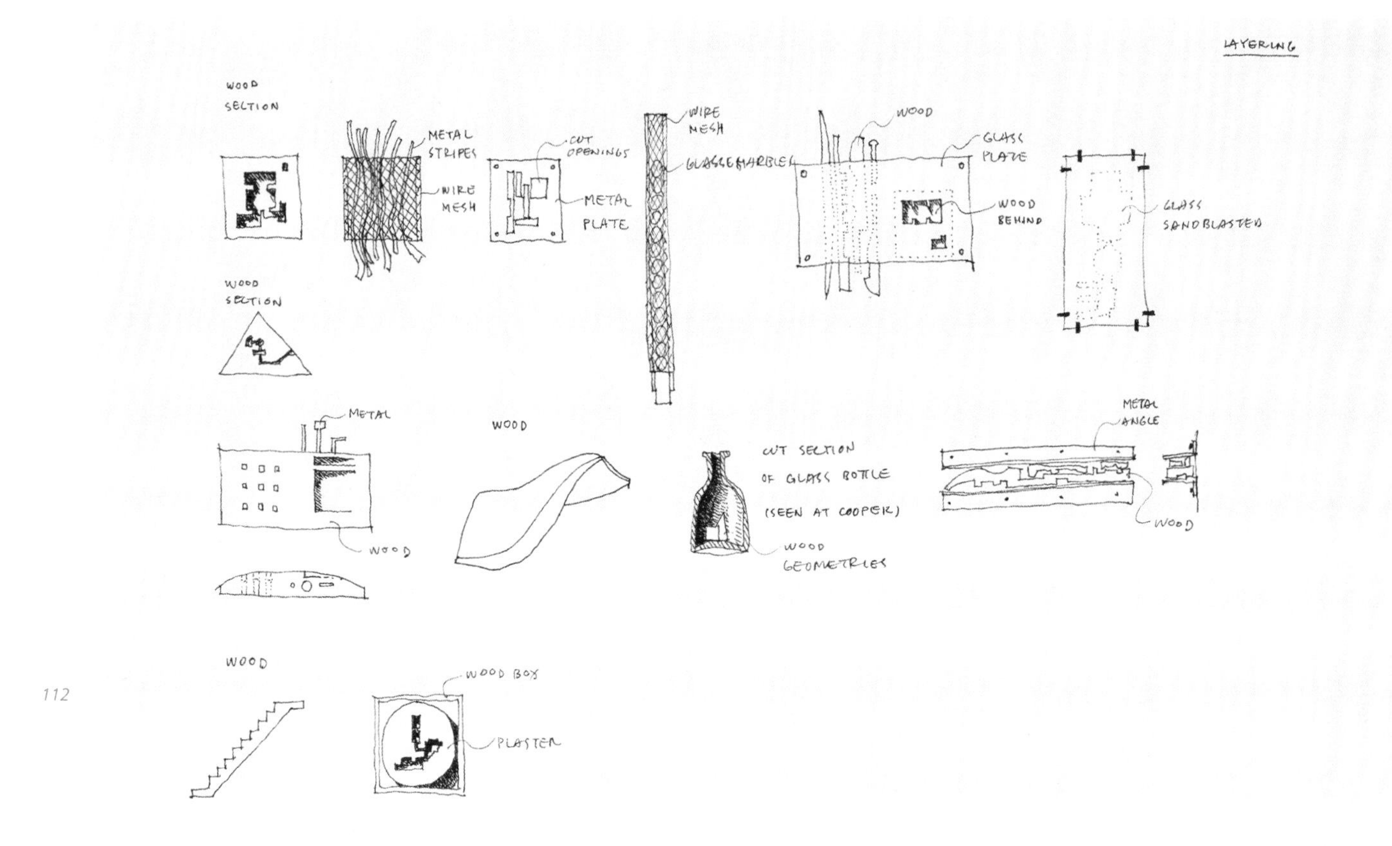

想法记录：制作种种概念性物体的材料与工艺

1990

纸，钢笔

220mm × 305mm

图面文字：层叠；木剖面；金属条；金属网；切口；金属板；金属网；玻璃珠；木；玻璃板；木在后面；磨砂玻璃；木剖面；金属；木；木；将玻璃瓶切成剖面（在库珀见过）；木几何形；角铁；木；木；木盒；石膏；无金属头盔；金属网墙；1990

头宅

1990

这是“头部居所”设计课的示范图。它不是建筑，也不纯粹是模型，而是一个头可以进去的箱子。使用者可以看到里面的文字和肌理，像个窥视箱。同时它也是一个用来研究材料、空间和视觉感知的工具。它的形式，既有中世纪又有未来的意味，有杜尚的现成品的影响，还有翁贝托·埃科(Umberto Eco)的《玫瑰的名字》(*The Name of the Rose*)、电影《银翼杀手》、约瑟夫·康奈尔(Joseph Cornell)的拼贴、丹尼尔·李布斯金(Daniel Liebskind)在1985威尼斯双年展里《建筑三课》(*Three lessons in Architecture*)中“机器”的影子。

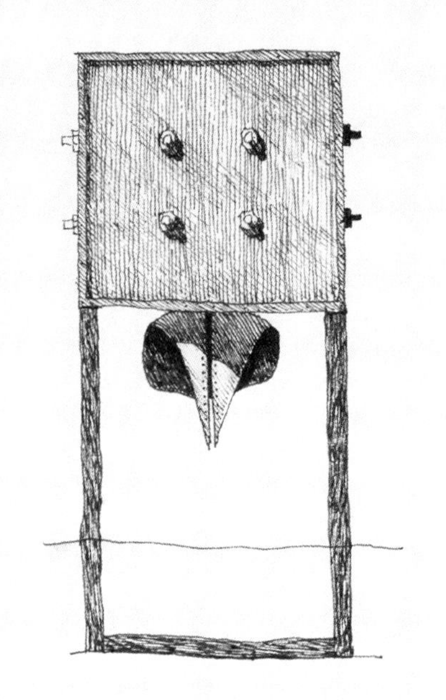

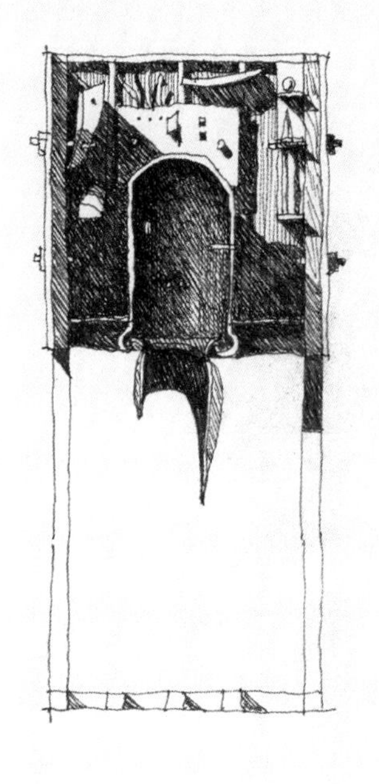

立面，剖面草图

1990

纸，钢笔

305mm × 220mm

图面文字：分层一开口；格架；石膏；金属；木；约瑟夫·康奈尔；丹尼尔·李布斯金

四联剖面
制图要点：多个剖面并置

1990
纸，铅笔，报纸拼贴，水粉

305mm × 220mm

伪科学家实验室

1990

一个堆满了非功能性机器的虚构的实验室室内透视，作为张永和"绘画与建筑"课的示范。题材来自作者看似矛盾的两个兴趣：在马塞尔·杜尚、弗朗西斯·毕卡比亚(Francis Picabia)和弗兰·奥布莱恩(Flann O'Brien)等作品中所发现的伪科学精神（或是艺术对科学的自由想象），以及数学透视成为影响建筑师理解空间的绝对理性工具的现象。

壁画草图

制图要点：一点透视

1990

纸，钢笔

277mm × 214mm

图面文字：伪科学家实验室

取景箱——纪念物

1990

此设计本名为“伯克利艺术项目：学生运动四证人”，为参加加州大学伯克利分校言论自由运动二十五周年纪念物设计竞赛而做。设计概念基于拉丁文“camera”（相机）的原意“chamber”（室）——房间（因针孔相机是黑房间 camera oscura），将四个小室置于加大斯普劳尔广场（Sproul Plaza）中间，在小室中可观察广场的某些特定景观，从而发掘出广场的叙述性和纪念性。第一个取景框取的景是斯普劳尔大楼的山墙，它是权力的象征，也是运动的因由；第二个框取的是斯普劳尔大楼前的台阶，那是学生聚集的地方，象征着学生运动；第三个框取的是广场的地面，象征着镇压；第四个小室是开放的，它是参与的邀请。

（上）取景箱初始草图：长腿的箱子，剖面，（下）与本项目无关，主要是负空间方面的一些想法

1990
纸，钢笔

300mm × 220mm

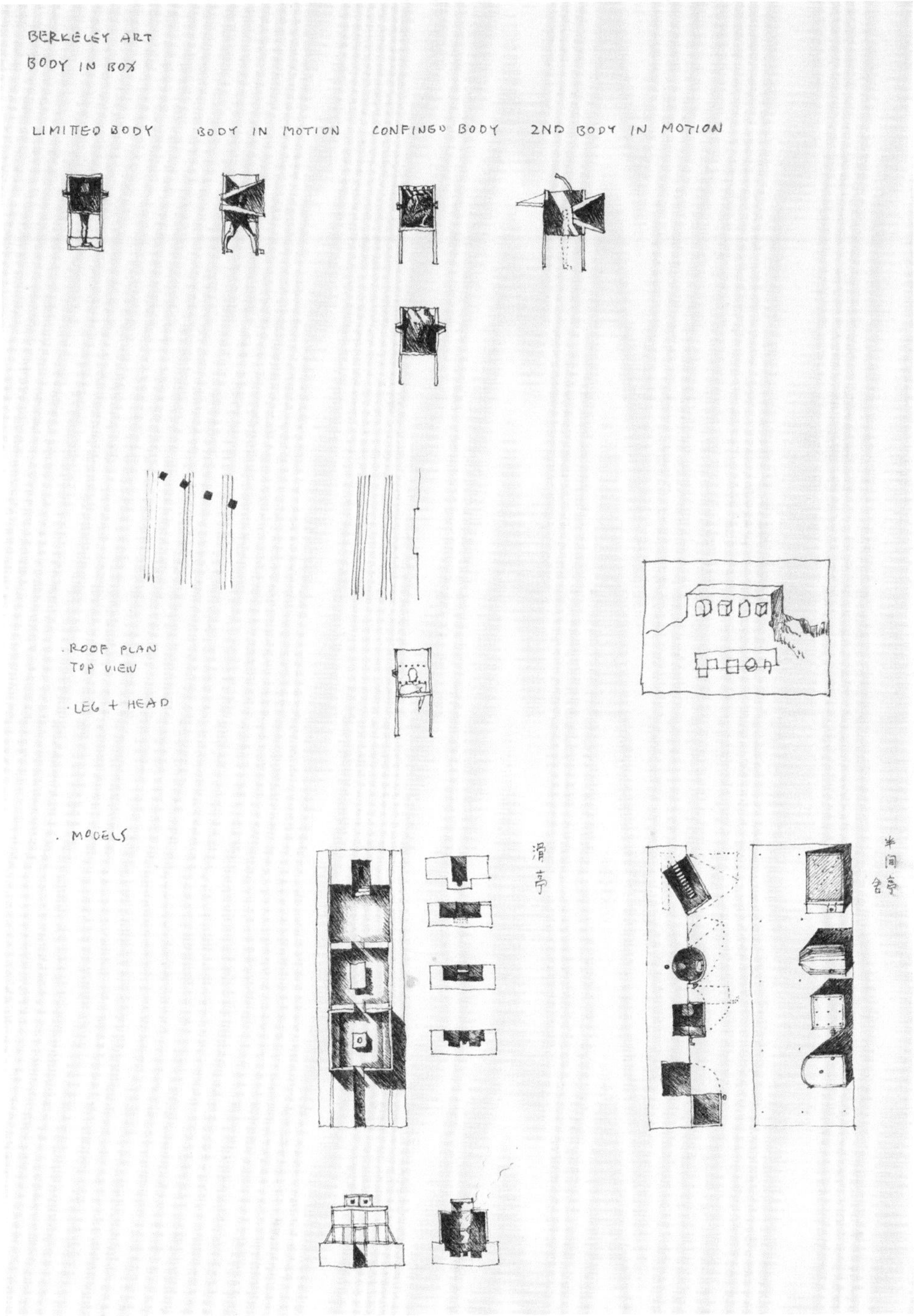

图面文字：伯克利艺术；盒内的人体；受限的人体，运动的人体，禁锢的人体，第二个运动的人体；屋顶平面；顶视图；腿 + 头；模型，滑亭，半间亭（舍）

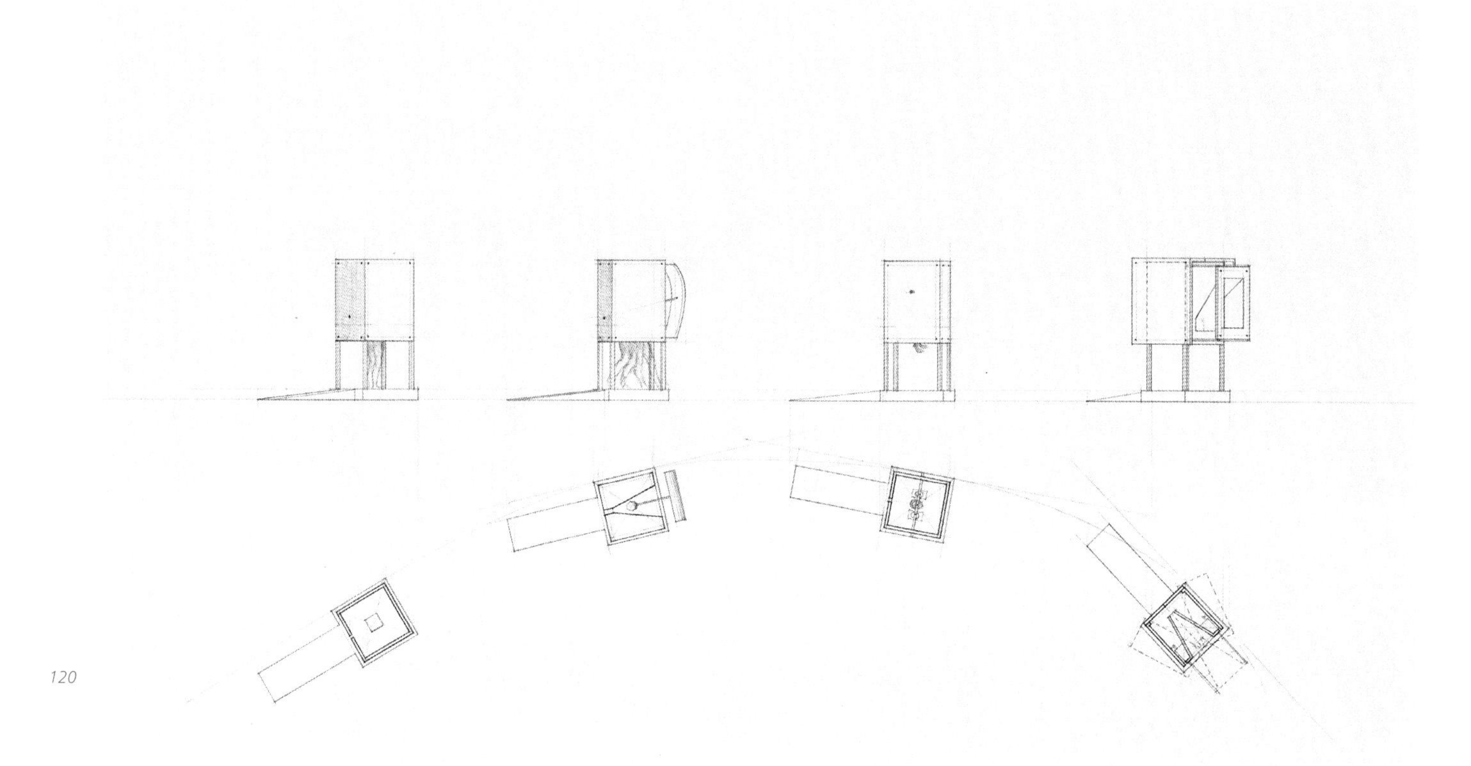

早期方案：轴测，平面；人使用箱，人体与建筑融合
制图要点：轴测、平面对应，腿—人体

1990
纸，铅笔

300mm × 220mm

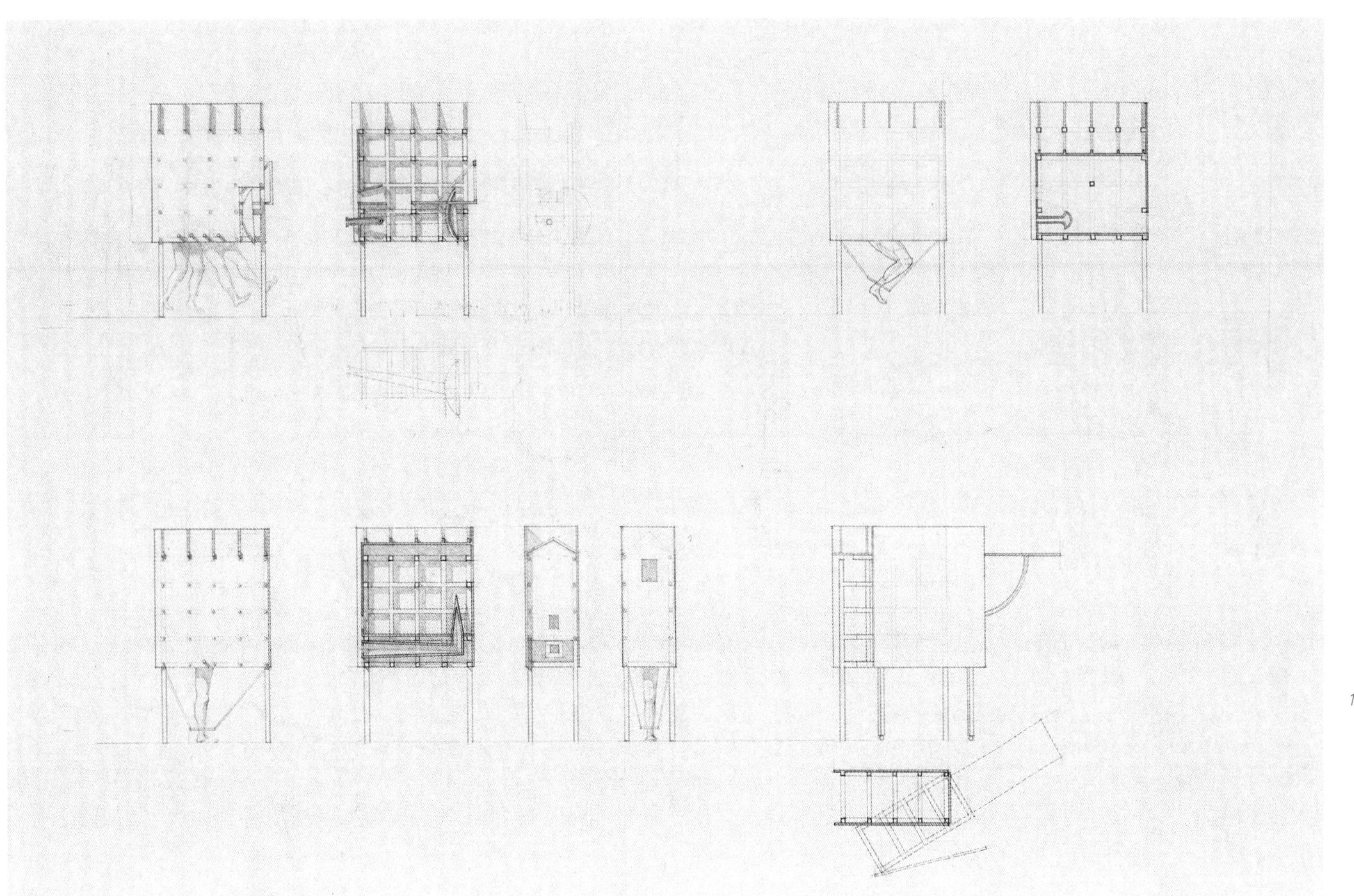

早期方案深入：立面，剖面　　1990　　650mm × 500mm

制图要点：腿—人体　　纸，铅笔

（左）取景箱：背立面，前立面，平面，侧立面，
剖面；（右）轴测：取景箱在斯普劳尔大楼前

1990
纸，草图纸，铅笔

820mm × 600mm

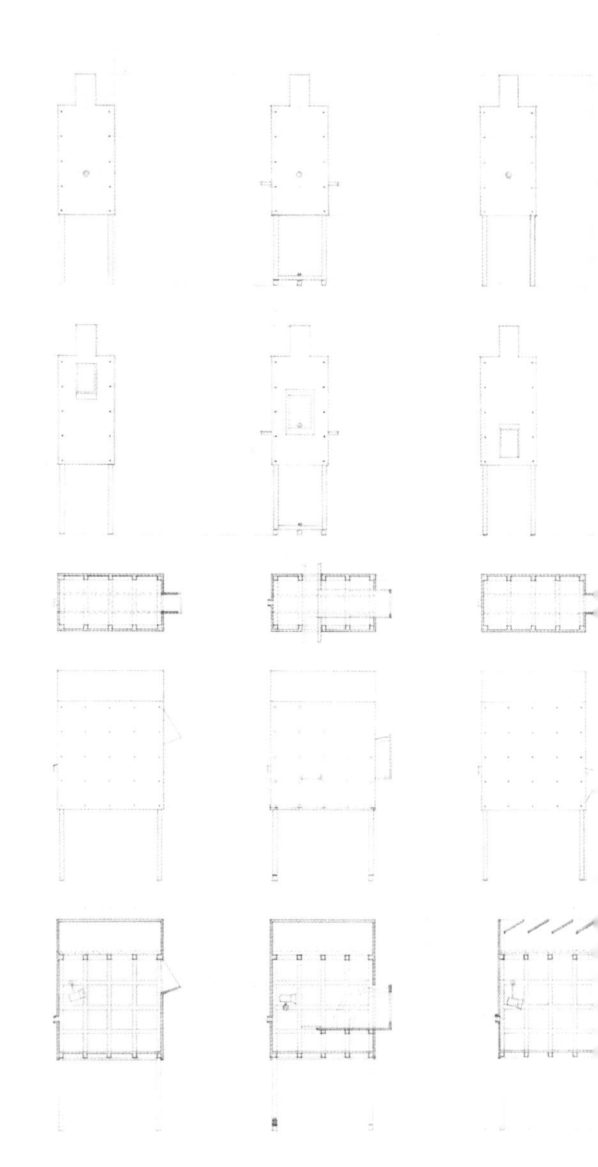

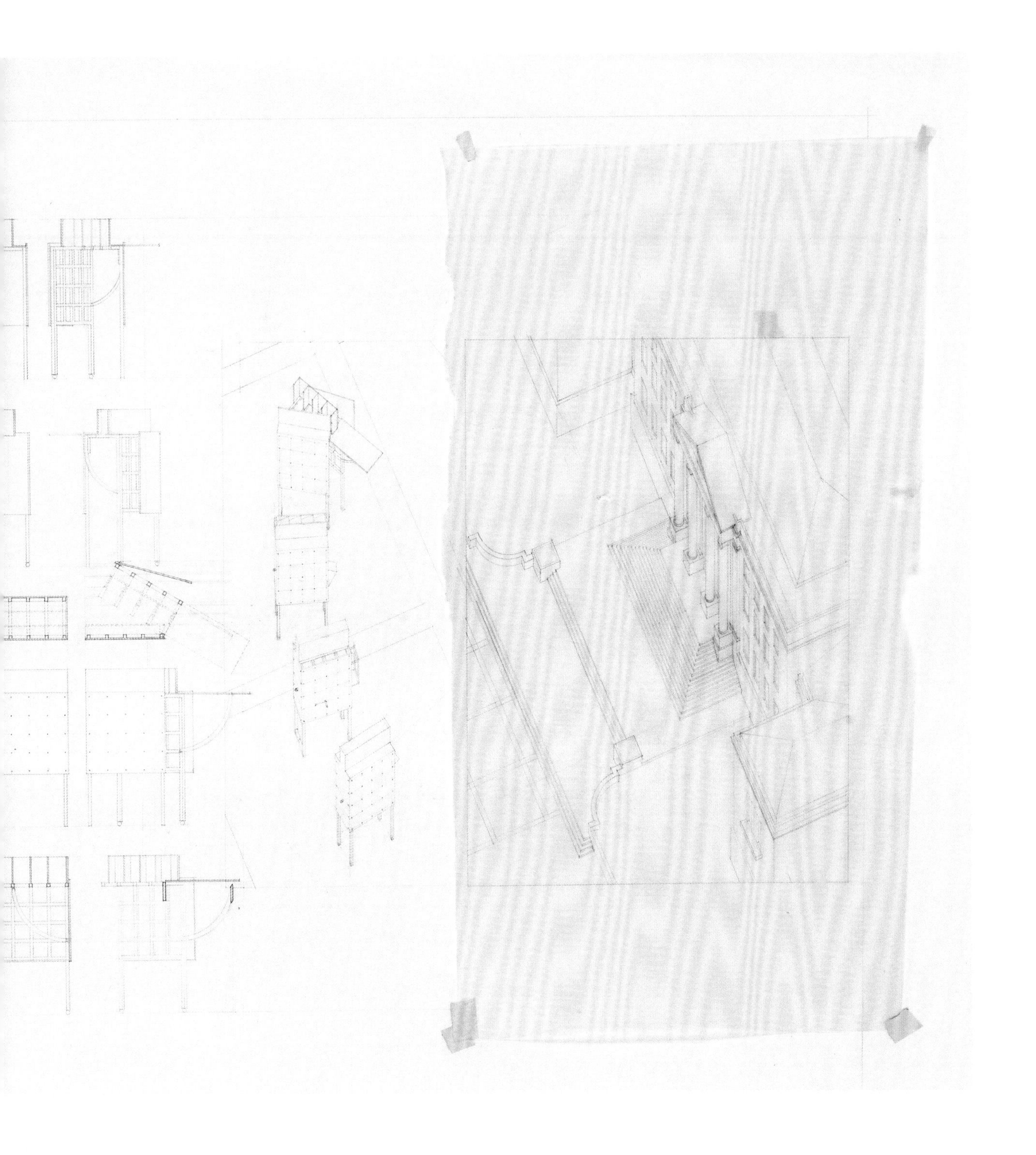

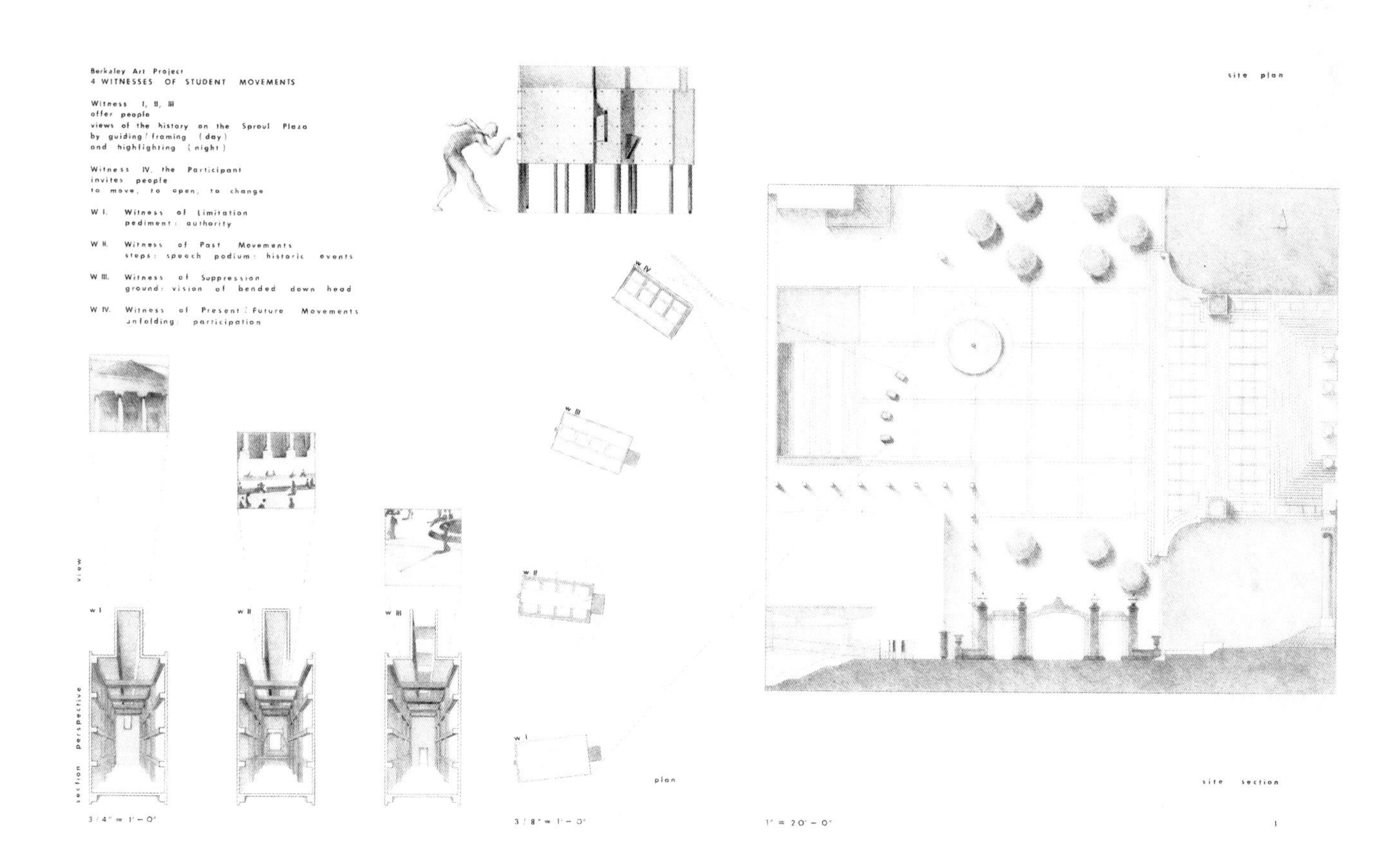

竞赛提交图一：取景箱剖面透视及所取景观，平面、轴测显示取景箱之间的关系；斯普劳尔广场平面、剖面：显示取景箱的位置

1990
硫酸纸，钢笔，彩色铅笔

765mm × 515mm

图面文字：伯克利艺术项目：学生运动四证人；证人一、二、三，为人们指引 / 框取（日间）和照亮（晚间）斯普劳尔广场的历史景观；证人四，参与者，邀请人们去行动、去开启、去改变；证人一：见证限制，山墙：当局；证人二：见证过去的运动，台阶：演讲，讲台：历史事件；证人三：见证镇压，地：头被压下时的视野；证人四：见证现在 / 未来的运动，展开：参与

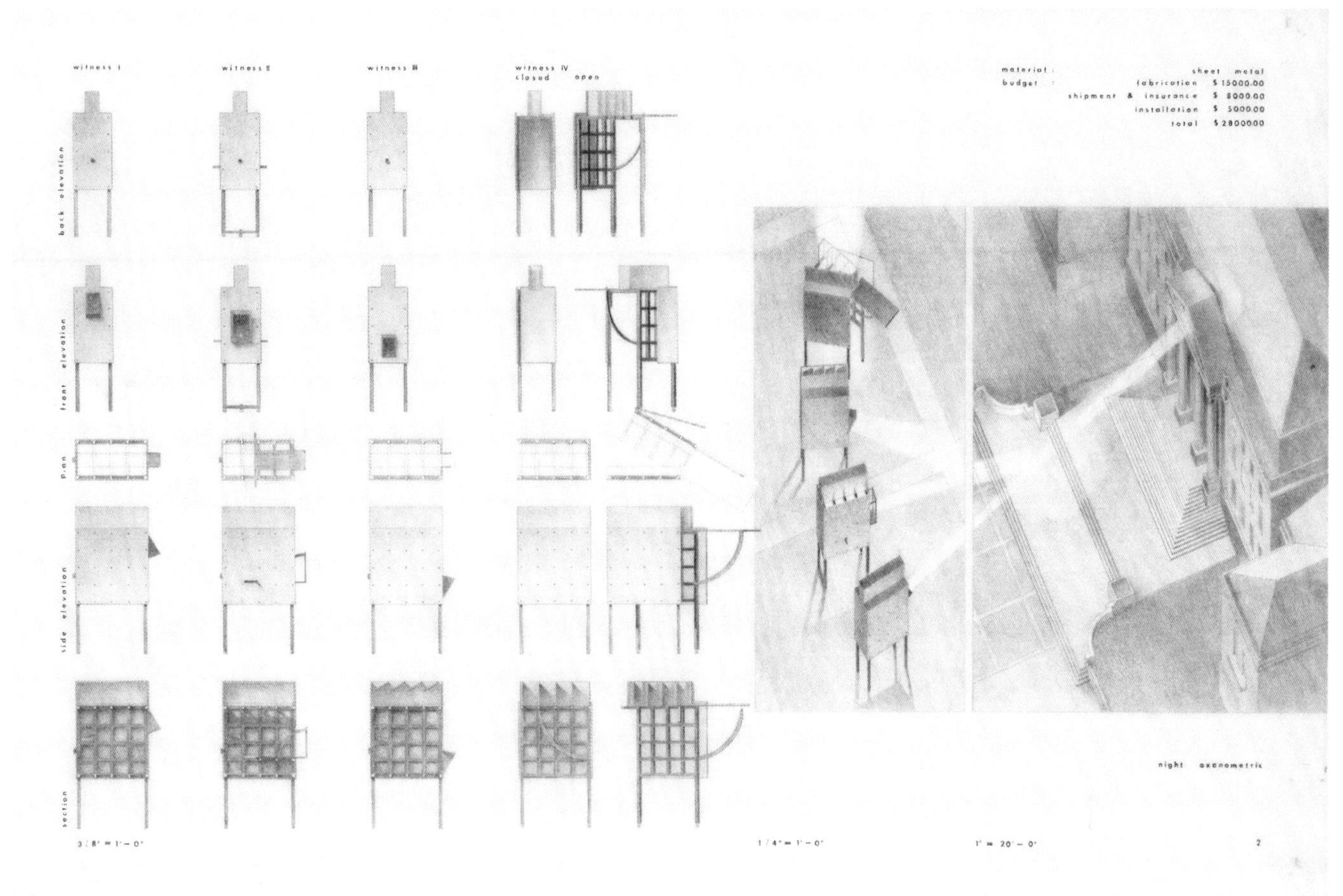

（左）取景箱：背立面，前立面，平面，侧立面，剖面；（右）轴测：取景箱在斯普劳尔大楼前

1990

硫酸纸，钢笔，彩色铅笔

765mm × 515mm

图面文字：材料：钢板；预算：制造 $15000.00，运输及保险 $8000.00，安装 $5000.00，总共 $28000.00

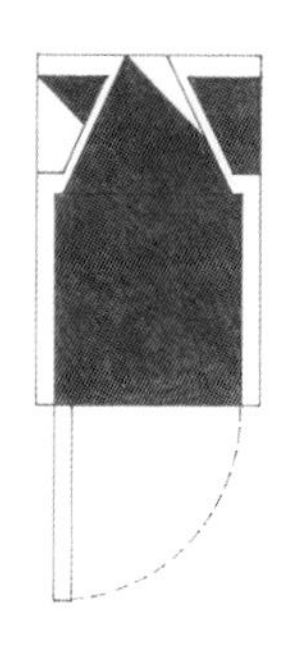

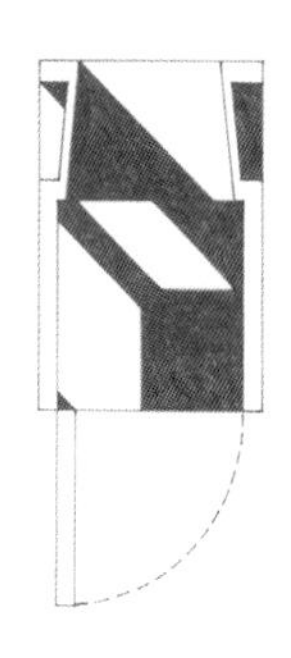

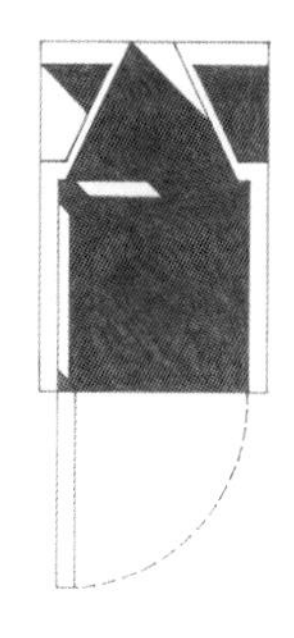

最终方案（注：出于自己对竞赛提交方案的不满，又做了此方案）：平面

1990

纸，钢笔

430mm × 280mm

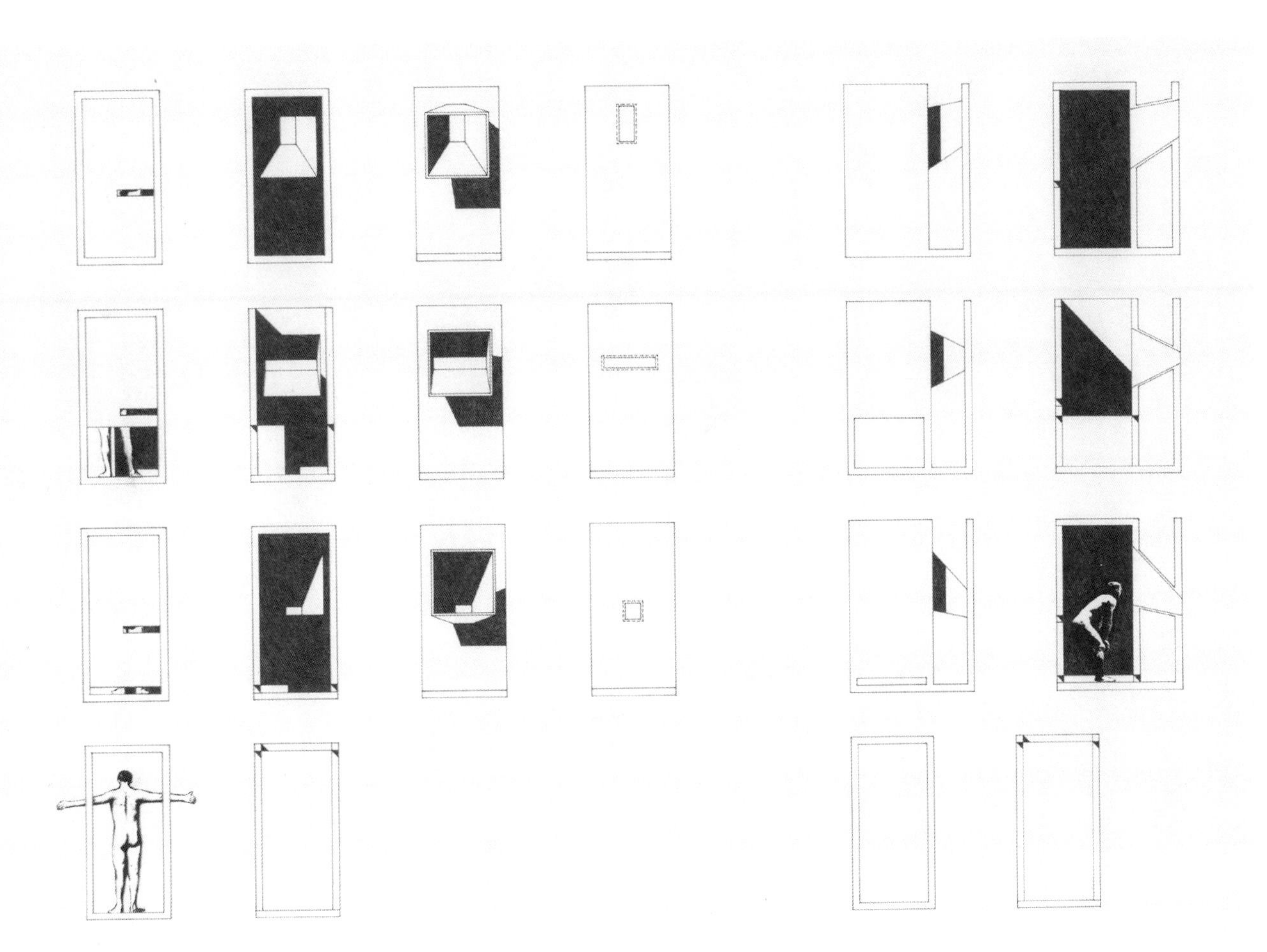

最终方案：（从左至右）背立面，横剖面：显示取景箱内部；横剖面：显示取景箱的取景框；前立面，侧立面，纵剖面

1990
纸，钢笔，拼贴

430mm × 280mm

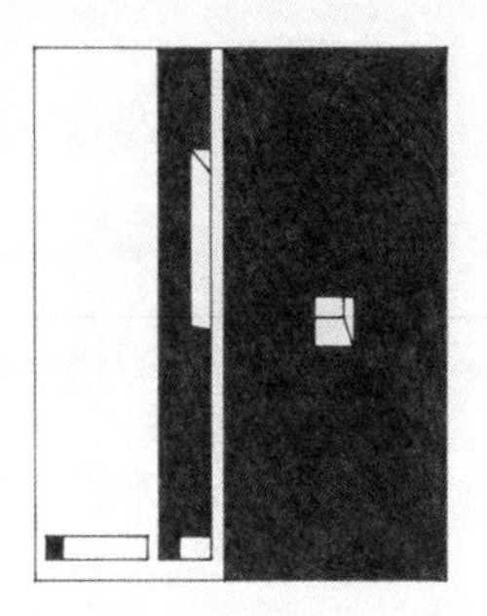

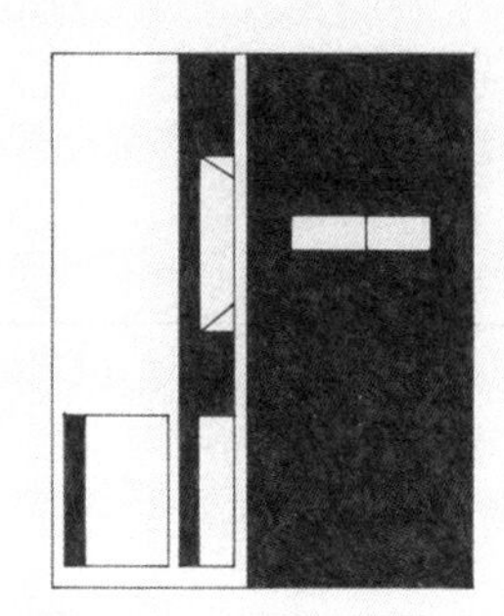

最终方案：轴测

1990
纸，钢笔

430mm × 280mm

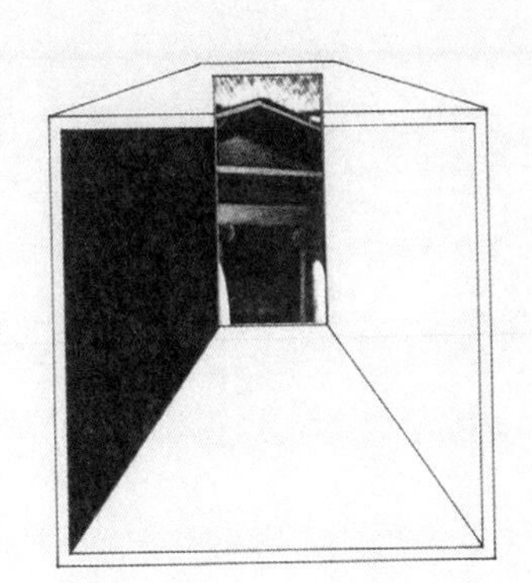

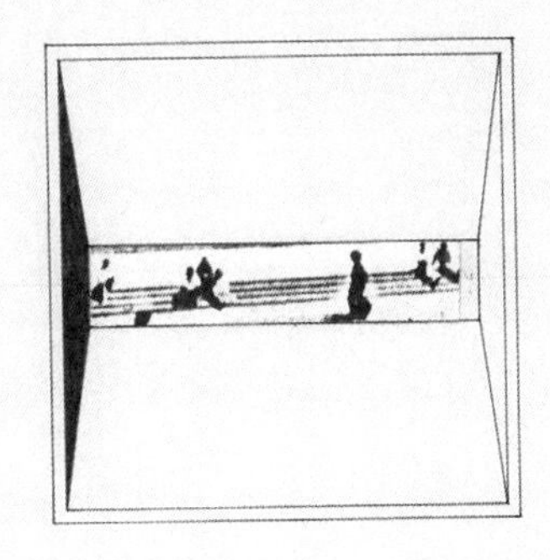

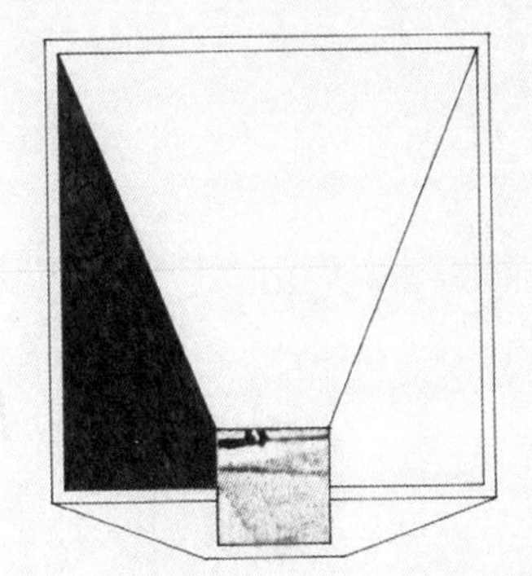

最终方案：透视：取景框及所取景观：（左）斯普劳尔大楼的山墙，（中）斯普劳尔大楼前的台阶，（右）斯普劳尔广场的地面
制图要点：复印照片拼贴

1990
纸，钢笔，拼贴

430mm × 280mm

最终方案：透视：取景箱在斯普劳尔广场上
制图要点：复印照片拼贴

1990
纸，钢笔

430mm × 280mm

动建筑

1990

这张图记录了一些建筑中移动的部分，如“信息中心”(1986—1988) 中独立的电梯塔，机场连接飞机与航站楼的活动管道状空间，等等。

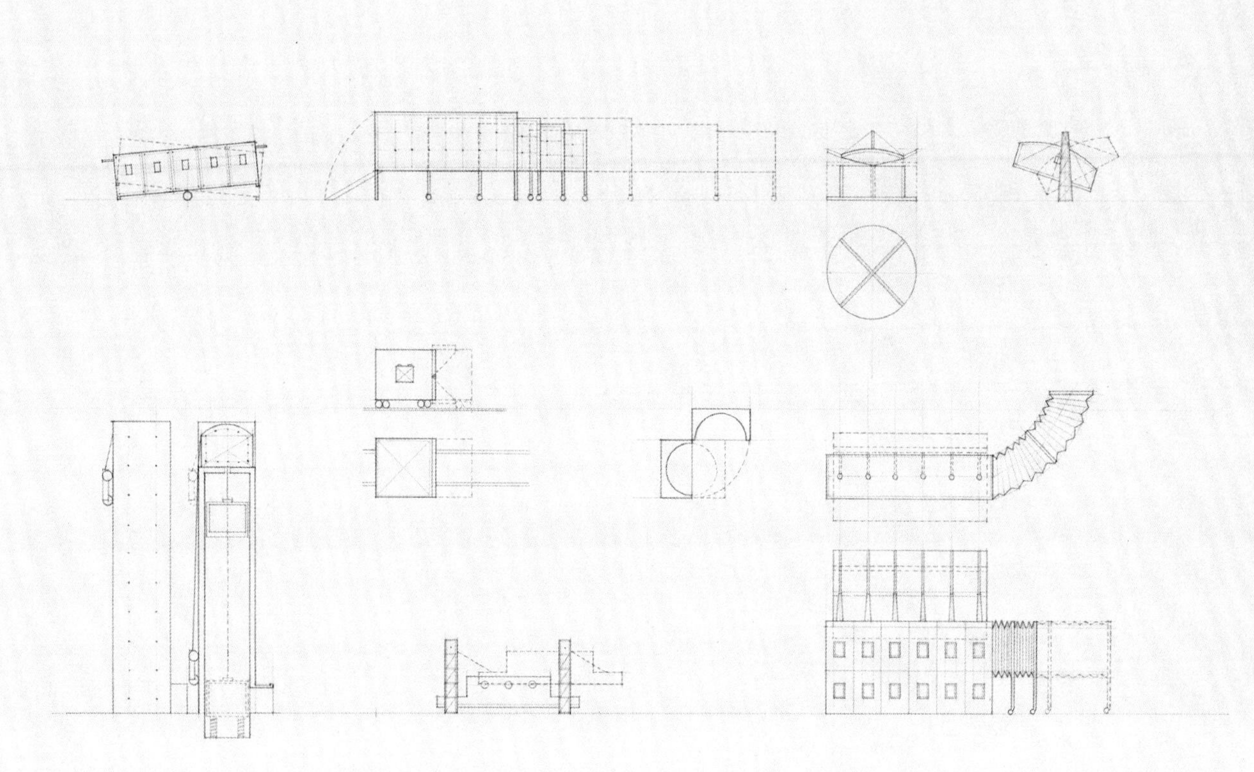

想法记录：平面，立面，剖面：建筑或建筑片段的不同运动形式：摇摆、伸缩、转动等

1990

纸，铅笔

300mm × 220mm

图书馆（竞赛）

1990

这是与伯克利几位同事合作参加的一个图书馆竞赛。基地位于伊利诺伊州埃文斯顿（Evanston)。拉尔斯·莱勒普（Lars Lerup）提供了一个灵感：一幅描绘着一个满布柏树、带有死亡气息的岛屿的画。画中有一个人站在船上，朝着岛进发。画中的气氛既平静又怪异。整个图书馆设计都是根据我对这幅画的理解而发展的，尽管最终方案与起点很不同。我当时抗拒那种粗放的草图，选择了精细的制图和缓慢的速度，试图把想法发展得充分些，并获得一种特殊的空间质量。

这让我想起“信息中心”。

正是。这种巨构的感觉在我的设计里有时出现。垂直的书墙会让人联想到死亡岛上黑暗高大的柏树。

图中表达空间的手法似乎很复杂。

这些都是研究图，不是表现图。我以前画过很多这样的图。它们都是作为一种思考建筑的练习，常常也和具体项目有关。

至于那个在平面里很明显的十字形呢？

如果我是西方人，人们会以为我是天主教徒。可是十字形只不过是一种很直接的将空间四分的方法。它跟汉字“田”的关系更多。十字形是一组由书库构成的厚墙，它把图书馆分割为四个空间，每个有它独立与特有的性质。可是书库永远作为空间的背景——要走到图书馆的另一部分，就要穿过书库。这样，书库作为墙的概念，对来图书馆的人来说会很明显。画图时通过剖面的联排展开了四个空间。

早期方案一：轴测

1990
纸，钢笔

215mm × 278mm

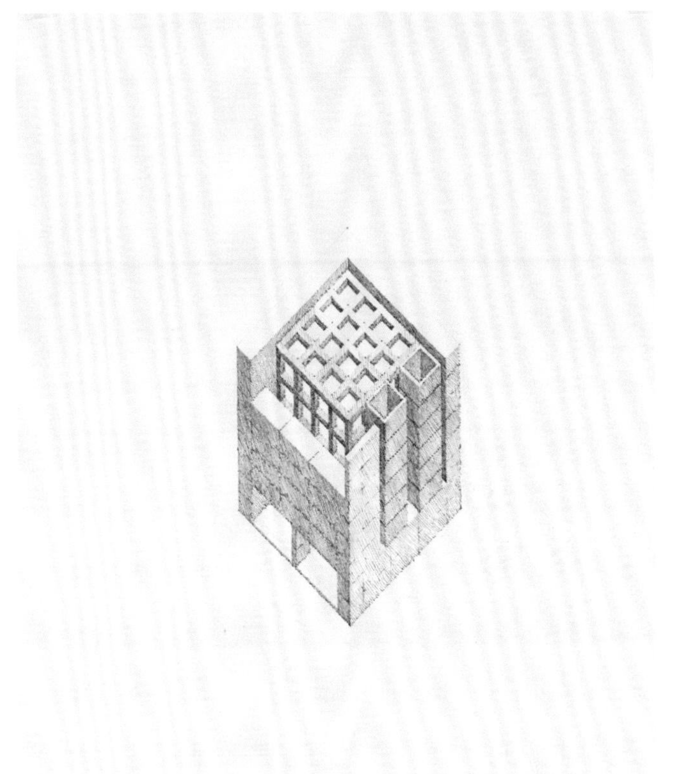

早期方案二：轴测

1990
纸，钢笔

215mm × 278mm

早期方案二：轴测：拆解建筑元素
制图要点：拆解方式：拉起，放平

1990
纸，钢笔

215mm × 278mm

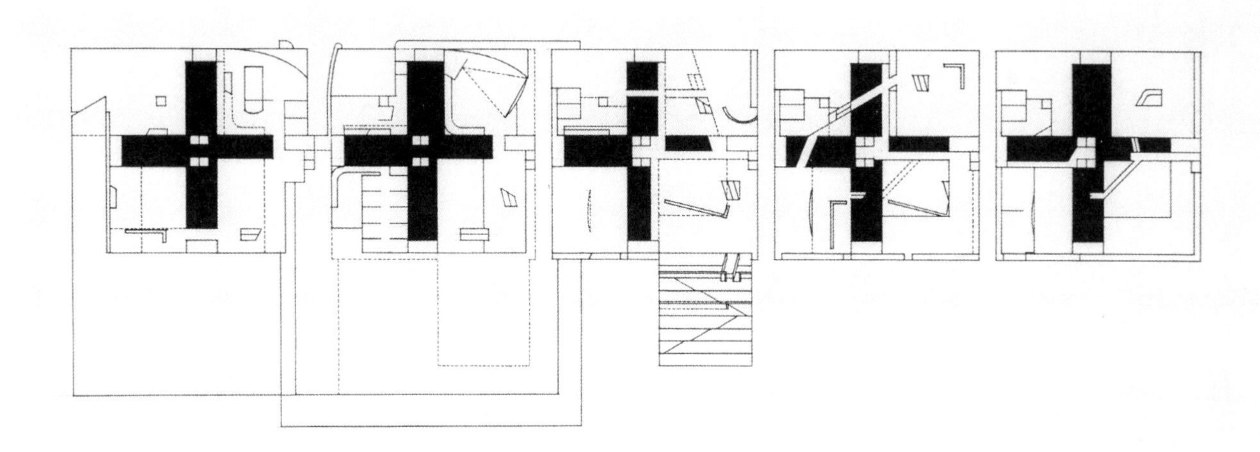

最终方案：五个标高上的平面：书库表现为厚墙
制图要点：多个平面并置，书库填实

1990
纸，钢笔

456mm × 305mm

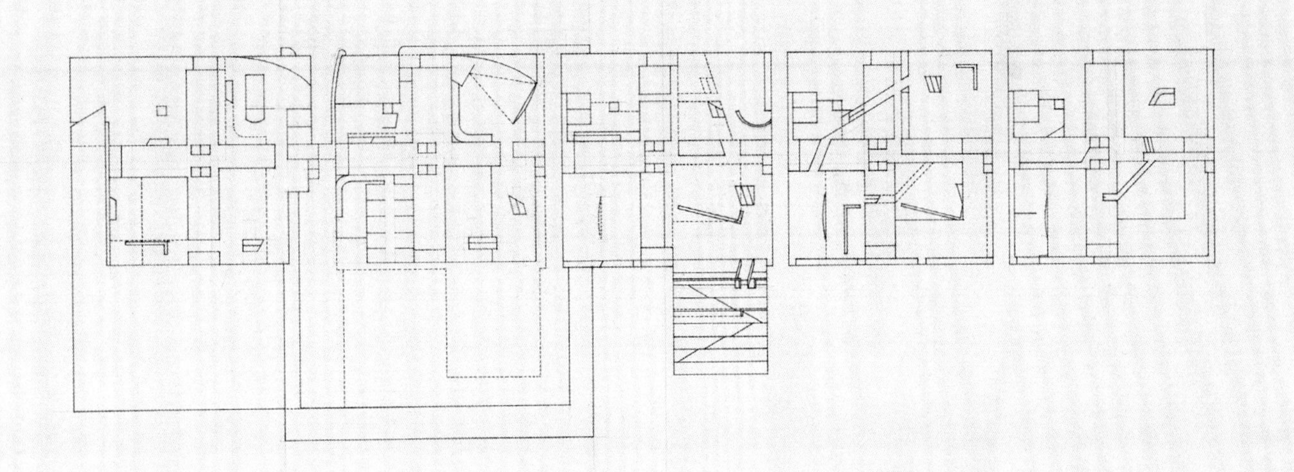

最终方案：五个标高上的平面
制图要点：多个平面并置

1990
纸，钢笔

457mm × 305mm

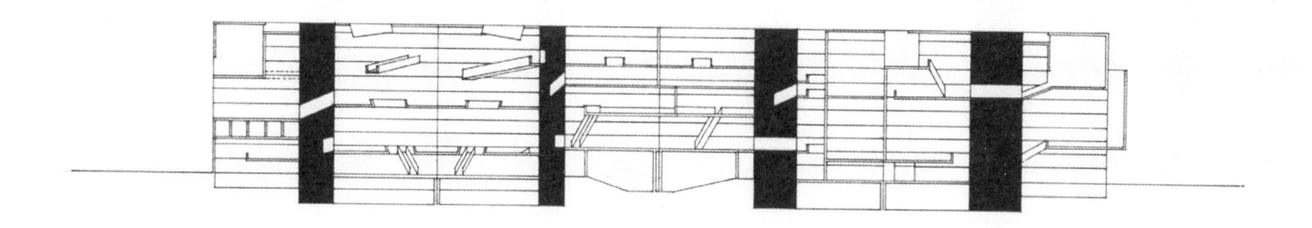

最终方案：四个剖面：书库表现为厚墙　　1990　　456mm × 305mm

制图要点：多个剖面并置组合，书库填实　　纸，钢笔

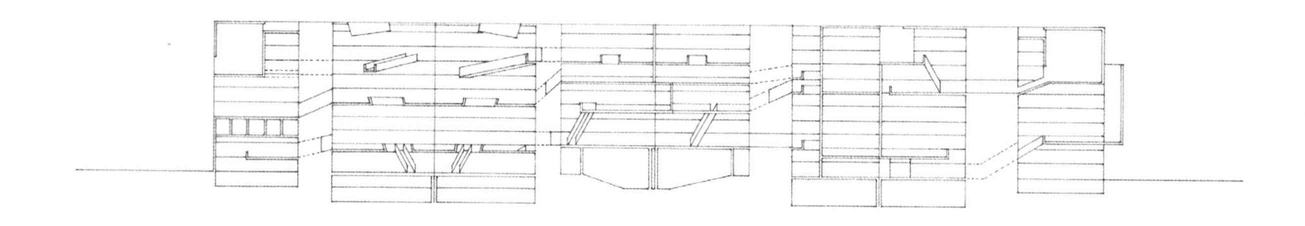

最终方案：四个剖面　　1990　　457mm × 305mm

制图要点：多个剖面并置组合　　纸，钢笔

1990—1992

你当时研究住宅的哪些方面？

我当时感兴趣的，是简单的承重墙结构系统和由此产生的线性空间系列。因此这房子里有重复的平行墙，让使用者仪式性地逐一体验居家功能。

几乎像相机镜头在移动。

是的，体验空间的系列性，就像在参观展览。这不是典型的住宅，它的空间秩序更让人注意到日常生活的戏剧性。戏剧性来自活动与其两侧墙壁构成的舞台式边框之间的关系。这房子舒适吗？可能不。很多仪式都不是为了舒适，而是为了强调某种行动的意义——在住宅里则是吃饭、看电视，等等。

但为什么你必须把设计保持得如此简单？

我面对的挑战是，这结构的本质十分简单。这很像给建筑师玩的游戏——在一个基本的结构系统内满足各种居住生活要求。

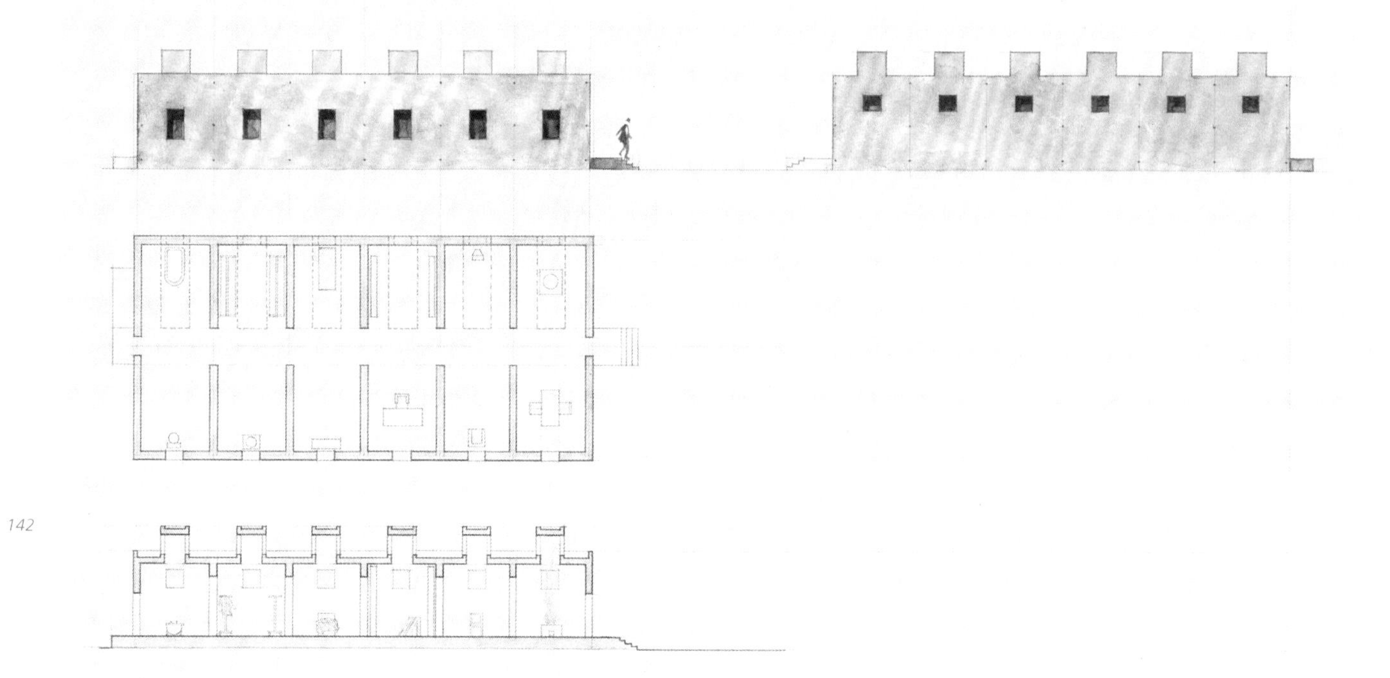

12 31 1989

匀开间承重墙宅：（左）南立面，（右）北立面，
平面，剖面
制图要点：不同投形对应并置

约 1990—1992
纸，铅笔，水彩

288mm × 220mm

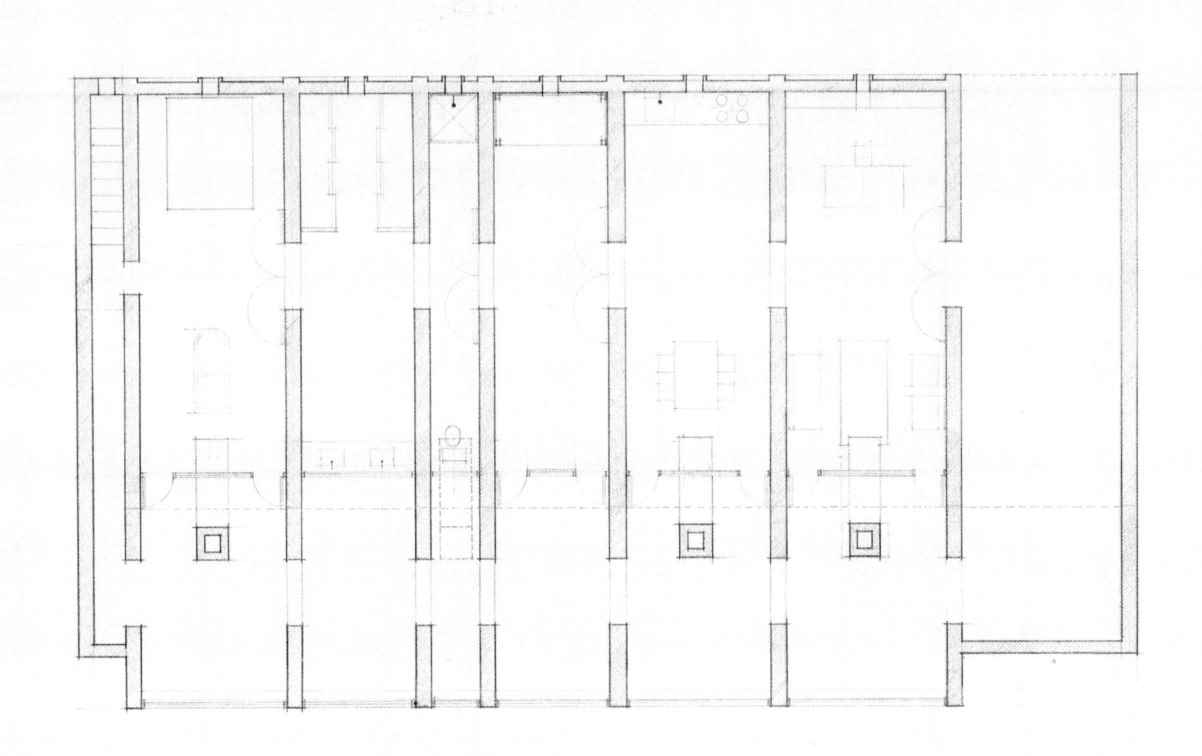

变开间承重墙宅：平面

约 1990—1992
纸，铅笔

215mm × 280mm

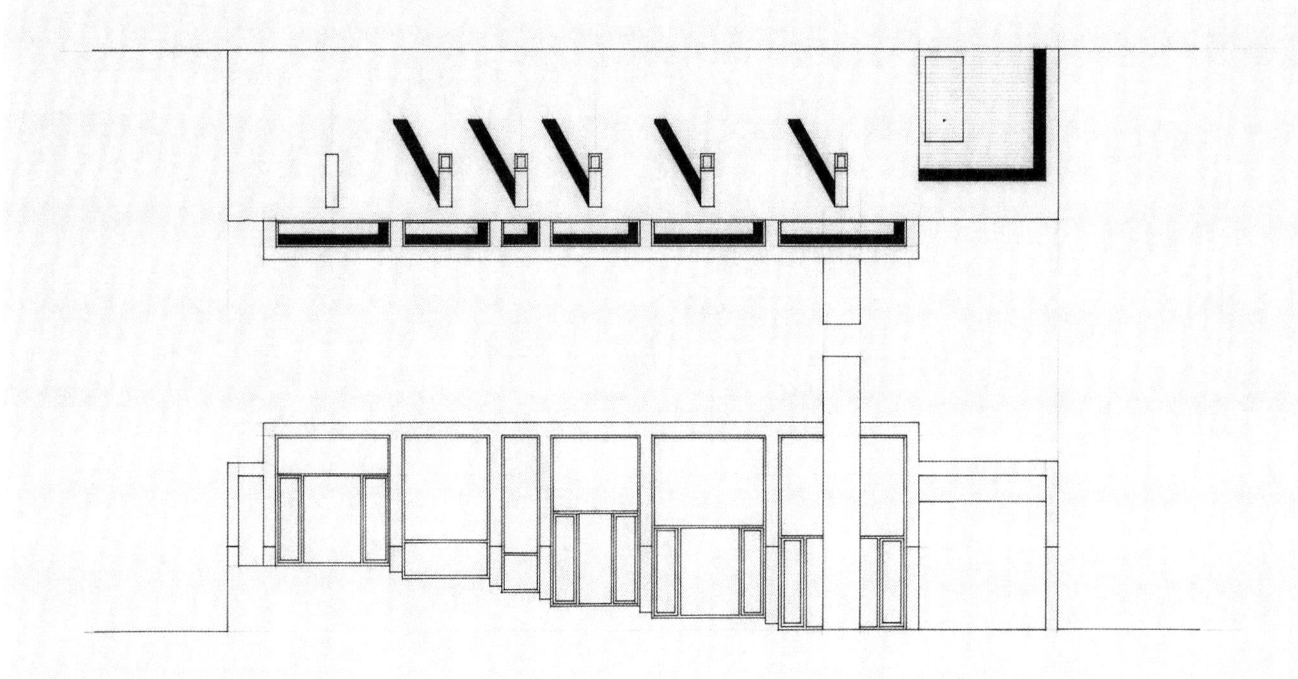

变开间承重墙宅：（上）倒转的北立面，（下）正向南立面，显示阶梯状地台
制图要点：二立面对应展开

约 1990—1992
草图纸，钢笔

456mm × 245mm

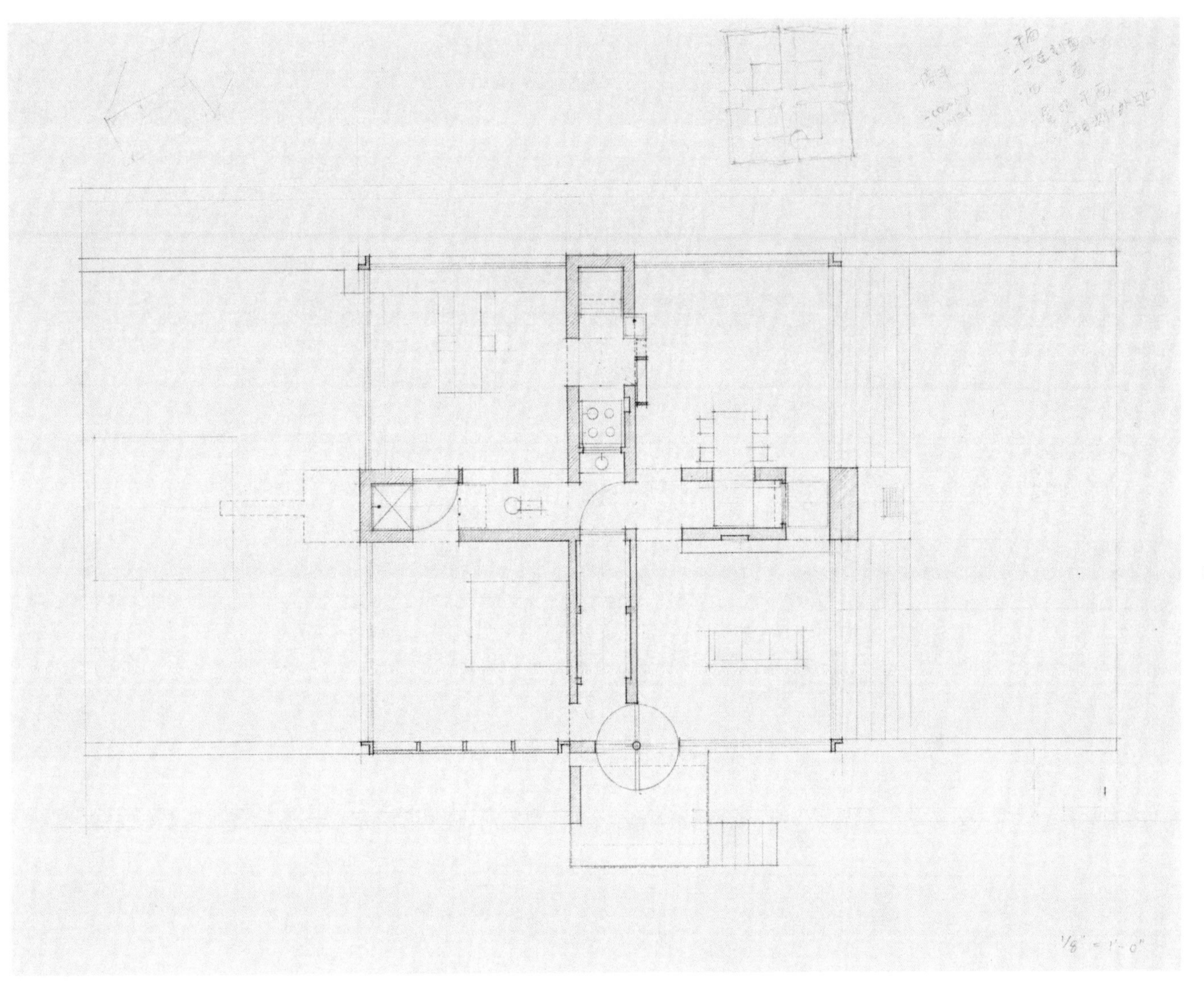

十字墙宅：平面，十字墙内为服务空间

约 1990—1992

纸，铅笔

215mm × 280mm

院宅研究

约 1990—1995

这是一系列研究住宅与庭院关系的设计，旨在为当代中国住宅建立一个空间模型。

是什么促使你做这种研究？

我的出发点是要研究传统院宅，并把它转化成新建筑。还有，我开始用制图做设计，不画草图。我用不透明的纸或透明的草图纸、丁字尺、三角板和自动铅笔，直接准确地画下房子尺寸、空间定义与关系等。这些图纸记录了我从概念设计向社会实践的过渡。其中的一些观念，是我想继续推进的。

为什么选择院宅？是跟你在国内实践有关吗？

之前我没有直接考虑过中国建筑的问题。我在四合院住过十三年，对其有很深厚的认识。其实我不只是设计院宅，只是想用院宅为起点展开出去。

拉开的院宅让我联想到二分宅（2002）。

是有关联。屋子从中间切分，拉开，形成庭院。
另外十字院宅，它的围墙外侧选用了与城市环境协调的材料与颜色；围墙内侧则是红色，通过对比营造强烈的内向空间体验。

有些院宅设计，如十字院宅，当中的院子像个嵌入空间，而不是一块开敞的空地。

传统院宅里的院子可比喻为饺子的“馅”。饺子皮是宅。这里刚好相反：它有一层薄的户外空间的“皮”围着中间的房子——“馅”。

但是为什么你选择把院宅切开？

为什么中心院落是十字形？因为院子的负空间变成房间之间的“墙”。当然，它们是“空墙”，是一种虚实颠倒。

看起来你是在设计一条仪式性的通道，必须经过四个房间，没有捷径。

这是有关环绕庭院的体验。人沿玻璃墙内行进时，时刻意识到自己置身于房子的边缘，封闭的红墙之内。所以跟开敞景观里的经典玻璃盒子——像密斯·凡·德·罗(Mies van der Rohe)的范思沃斯住宅（Farnsworth House）——不同。

多层院宅的空间分割具有很强烈的对称感。

你记得我跟你说过古典精神吗？这是一个完全对称的院宅。我不是为了古典而对称，而是要一个简单的原则控制整个设计。这就是对称的优势：在这边做出的设计也适用另一边。

好像你在图中经常把立面展开。

这种制图方法叫“展开的表面”（developed surface）。罗宾·埃文斯（Robin Evans）曾专门写过一篇文章讲述它。“展开的表面”如平摊开一间房间里不同的墙面，有助于我们理解空间的连续性。它对设计研究而言，也可以简化复杂的空间关系。

剩余院宅看起来就像设计时没考虑院子这个概念，只是房间都置于周边。

是的。院子在这里就是所有房间围合剩下的空间。因此它形状复杂，也有若干“空墙”，即非常狭窄的院子。密斯建筑中平直的玻璃墙，让你可以走到跟前去看外面的景观；但那面玻璃墙不参与室内的活动。当玻璃墙作为“空墙”伸入室内空间时，则可能与家具发生关系，或者说家具可能融入到玻璃墙里，家居生活可以在玻璃墙边展开。

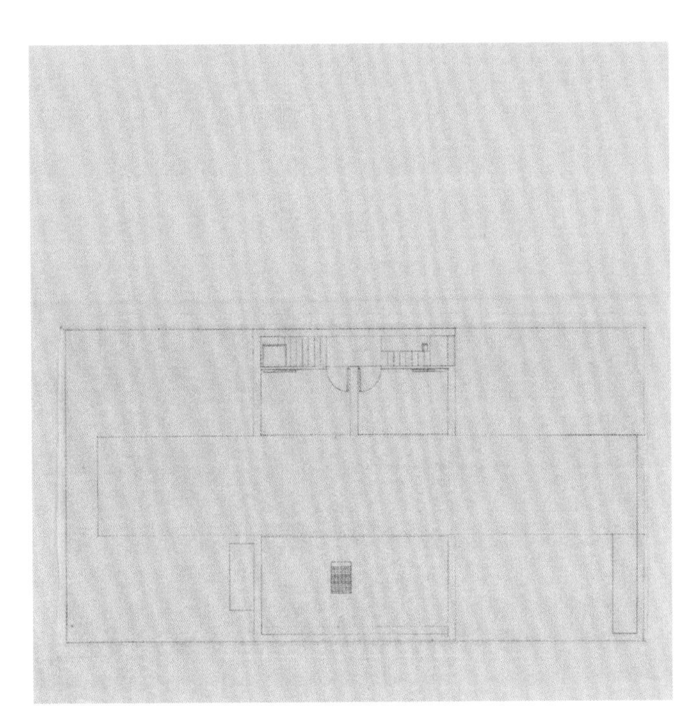

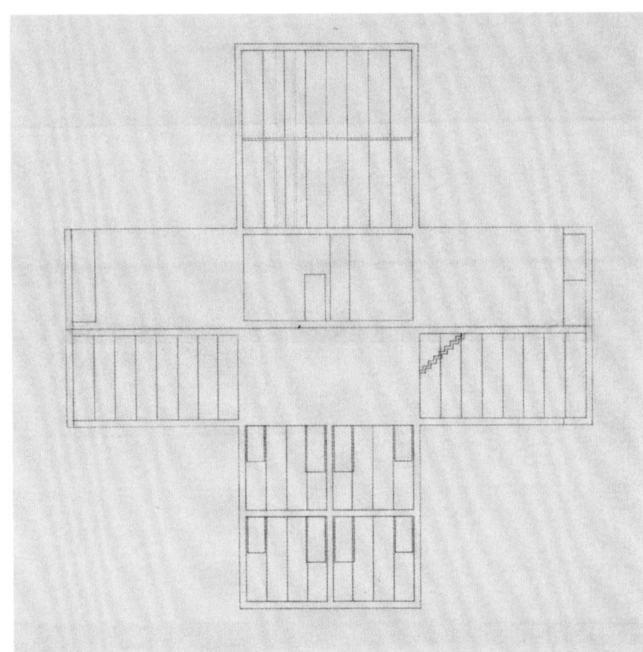

拉开院宅：平面

约 1990—1995
草图纸，铅笔

302mm × 310mm

拉开院宅：两个院内立面
制图要点：两个立面地面线重合，形成对应展开

约 1990—1995
草图纸，铅笔

348mm × 304mm

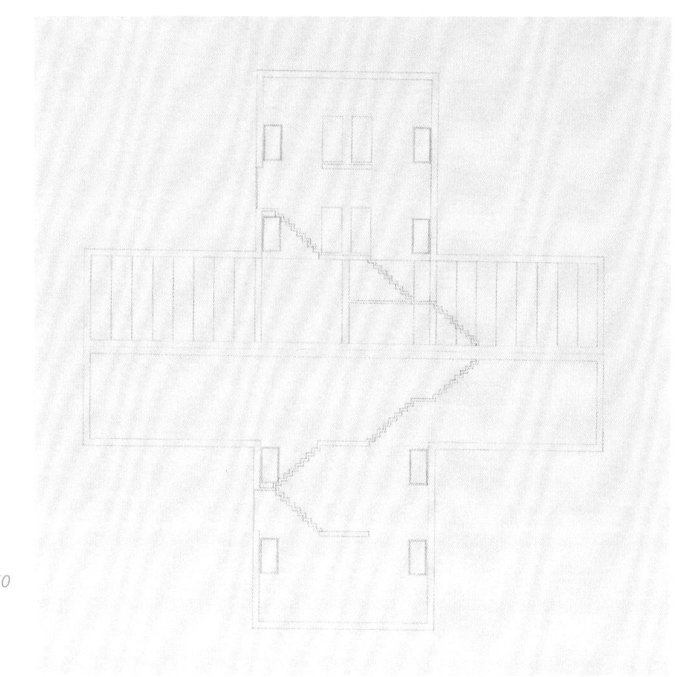

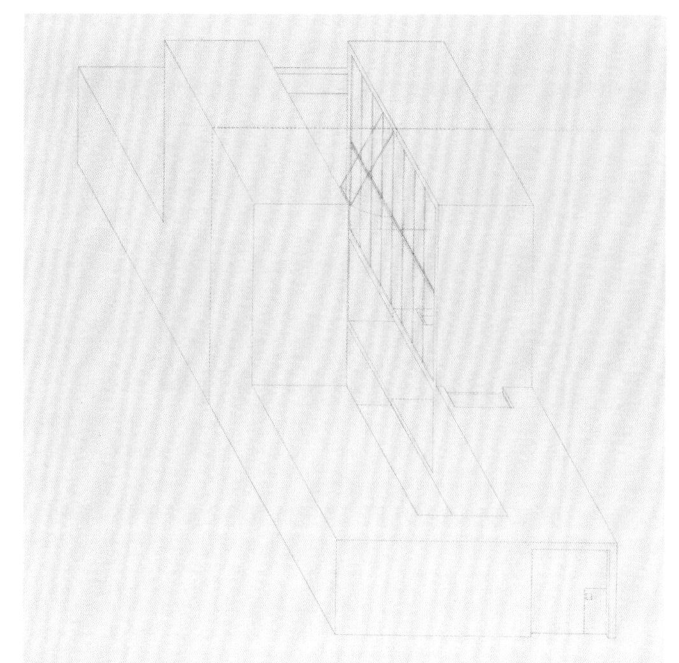

拉开院宅：两个剖面
制图要点：两个剖面地面线重合，形成对应展开

约 1990—1995
草图纸，铅笔

302mm × 310mm

拉开院宅：轴测

约 1990—1995
草图纸，铅笔

302mm × 310mm

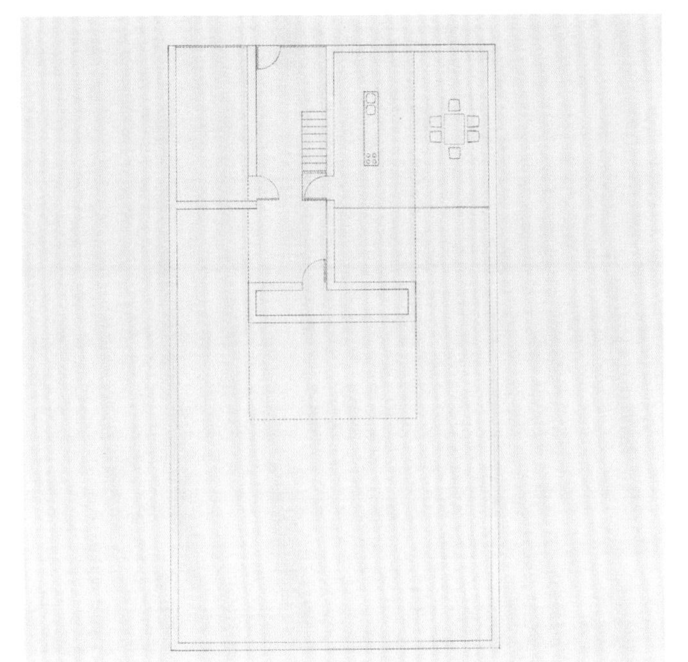

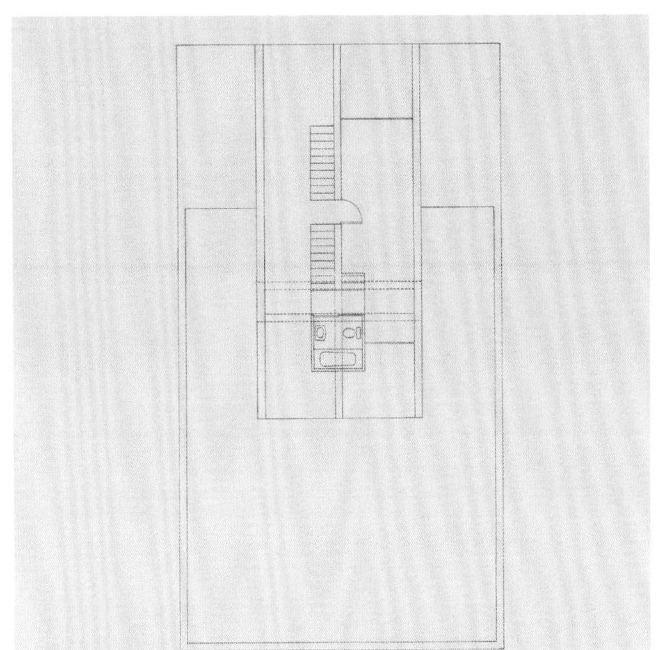

管形院宅：首层平面

约 1990—1995
草图纸，铅笔

310mm × 305mm

管形院宅：二层平面

约 1990—1995
草图纸，铅笔

310mm × 305mm

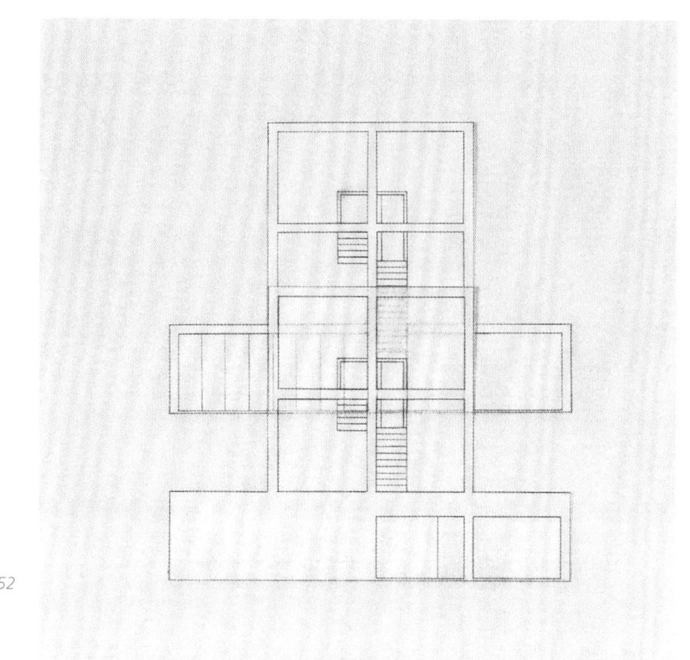

管形院宅：街道立面、院内立面
制图要点：两个立面对应并部分重叠

约 1990—1995
草图纸，铅笔

310mm × 305mm

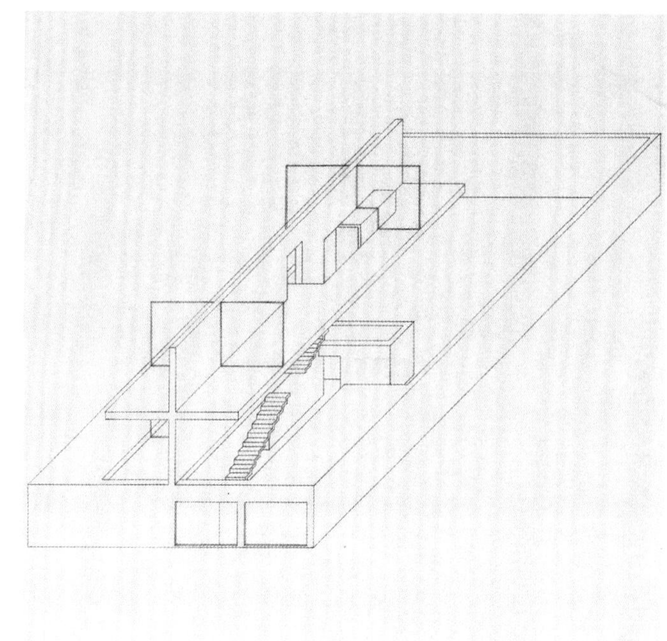

管形院宅：轴测（无外围护墙）
制图要点：外围护墙隐去，显示内部空间

约 1990—1995
草图纸，铅笔

310mm × 305mm

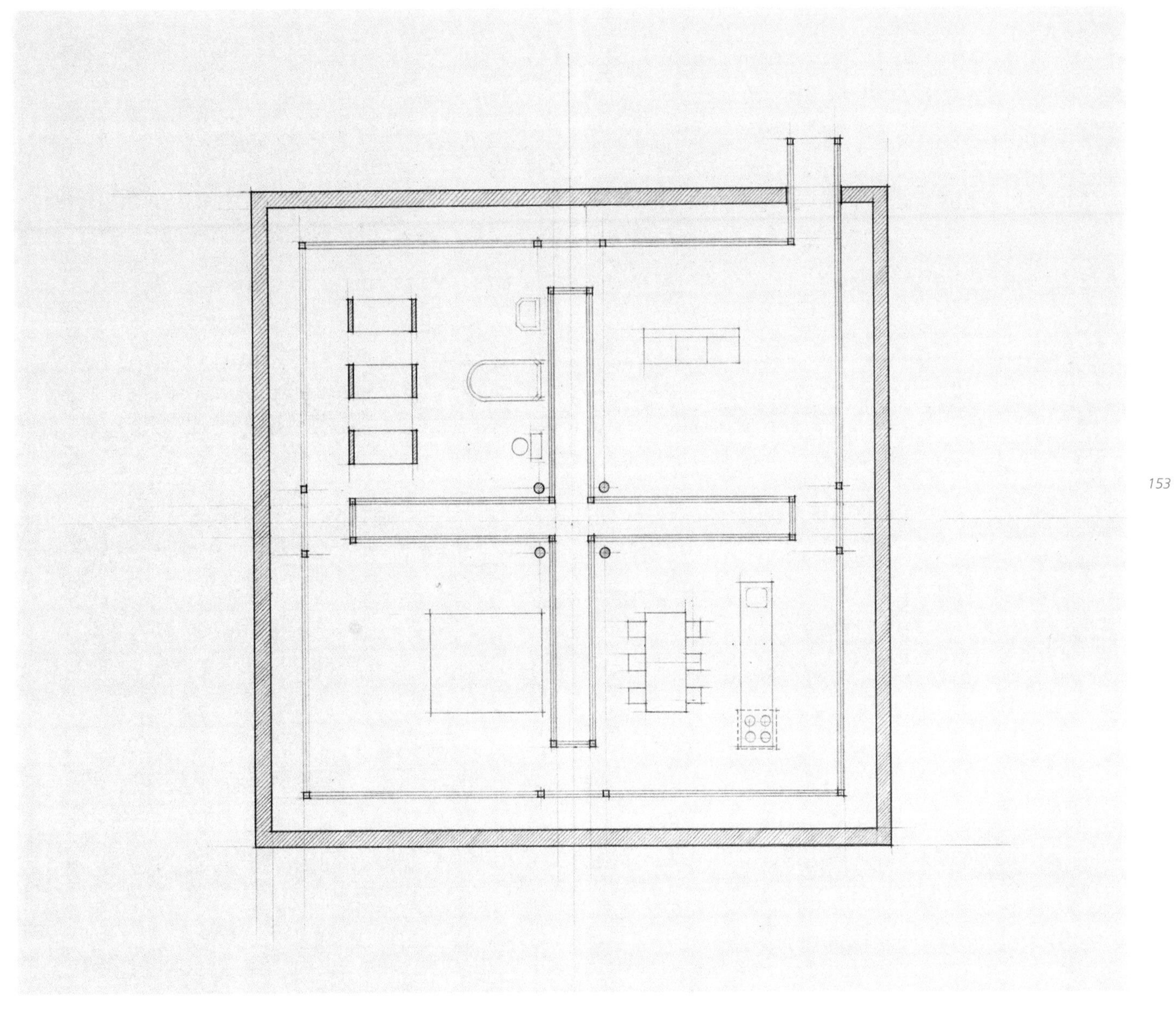

十字院宅：早期平面，四个房间：（右上）起居，（右下）厨房 / 餐厅，（左下）卧室，（左上）浴室 / 储藏

约 1990—1995

纸，铅笔

280mm × 215mm

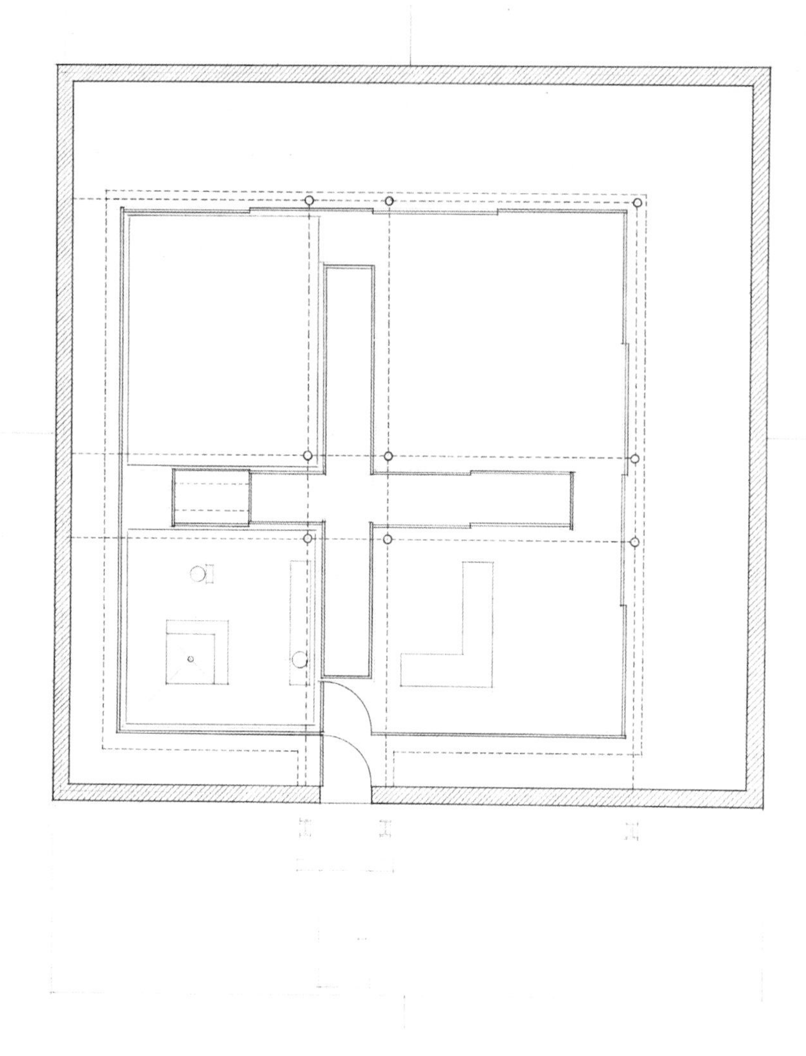

十字院宅：最终平面，四个房间：厨房，起居/餐厅，卧室，浴室

约 1990—1995

纸，铅笔

280mm × 215mm

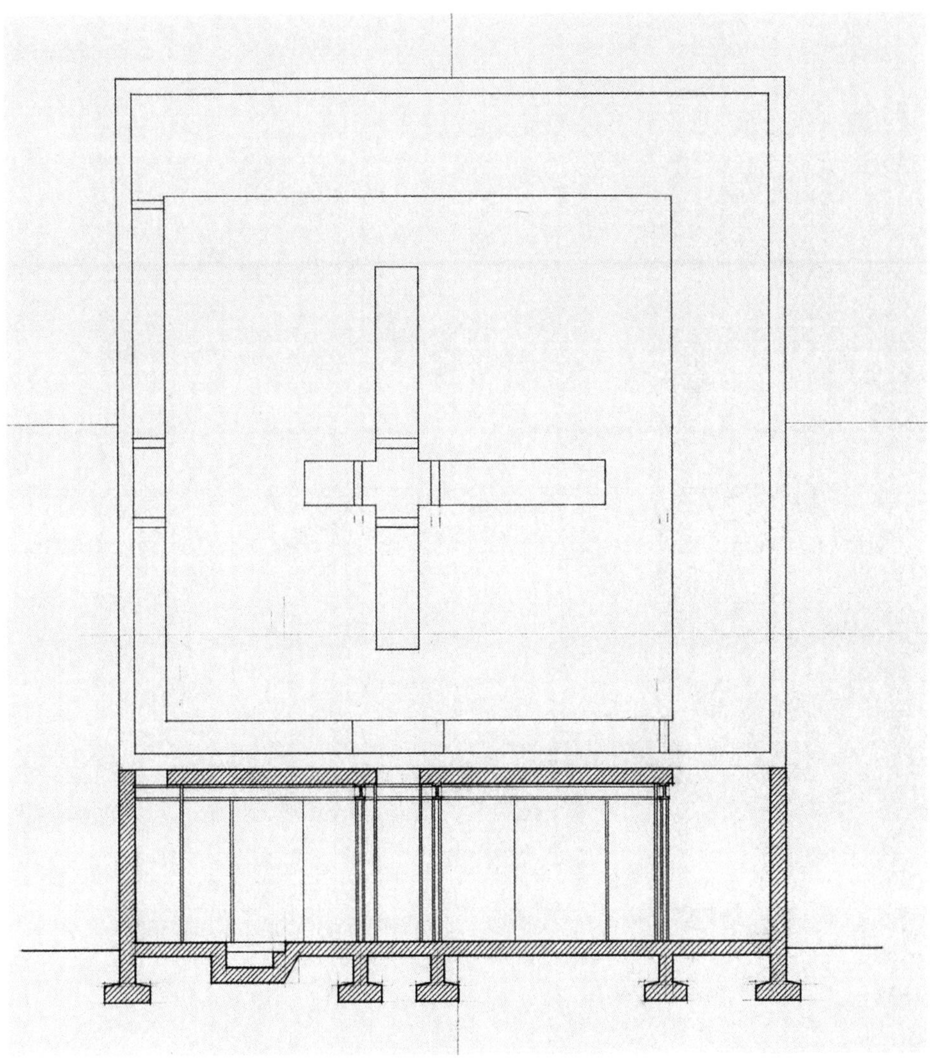

十字院宅：屋顶平面、剖面
制图要点：不同投形对应

约 1990—1995
纸，铅笔

280mm × 215mm

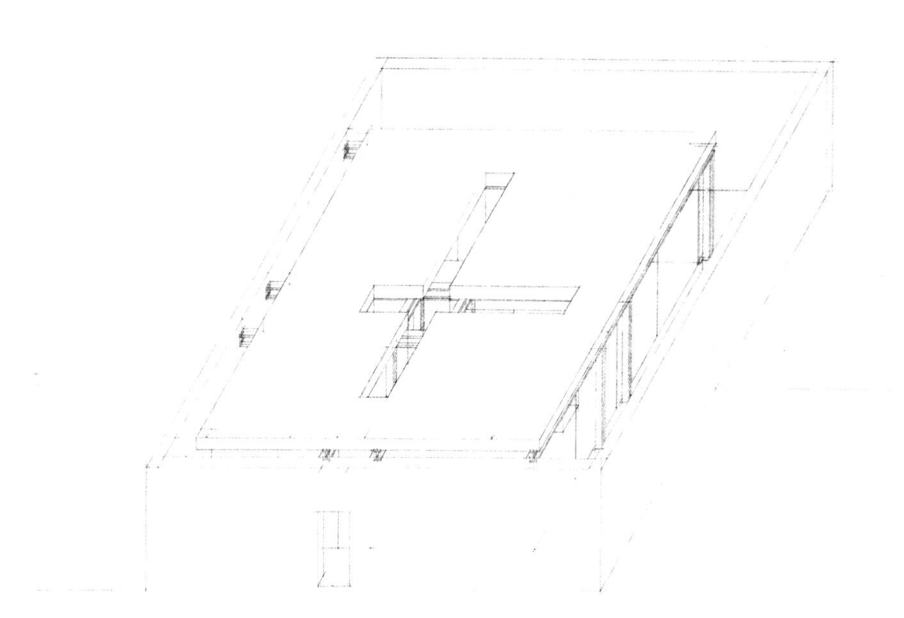

十字院宅：轴测草稿

约 1990—1995

纸，铅笔

353mm × 442mm

十字院宅：轴测

约 1990—1995
纸，铅笔，彩色铅笔

280mm × 215mm

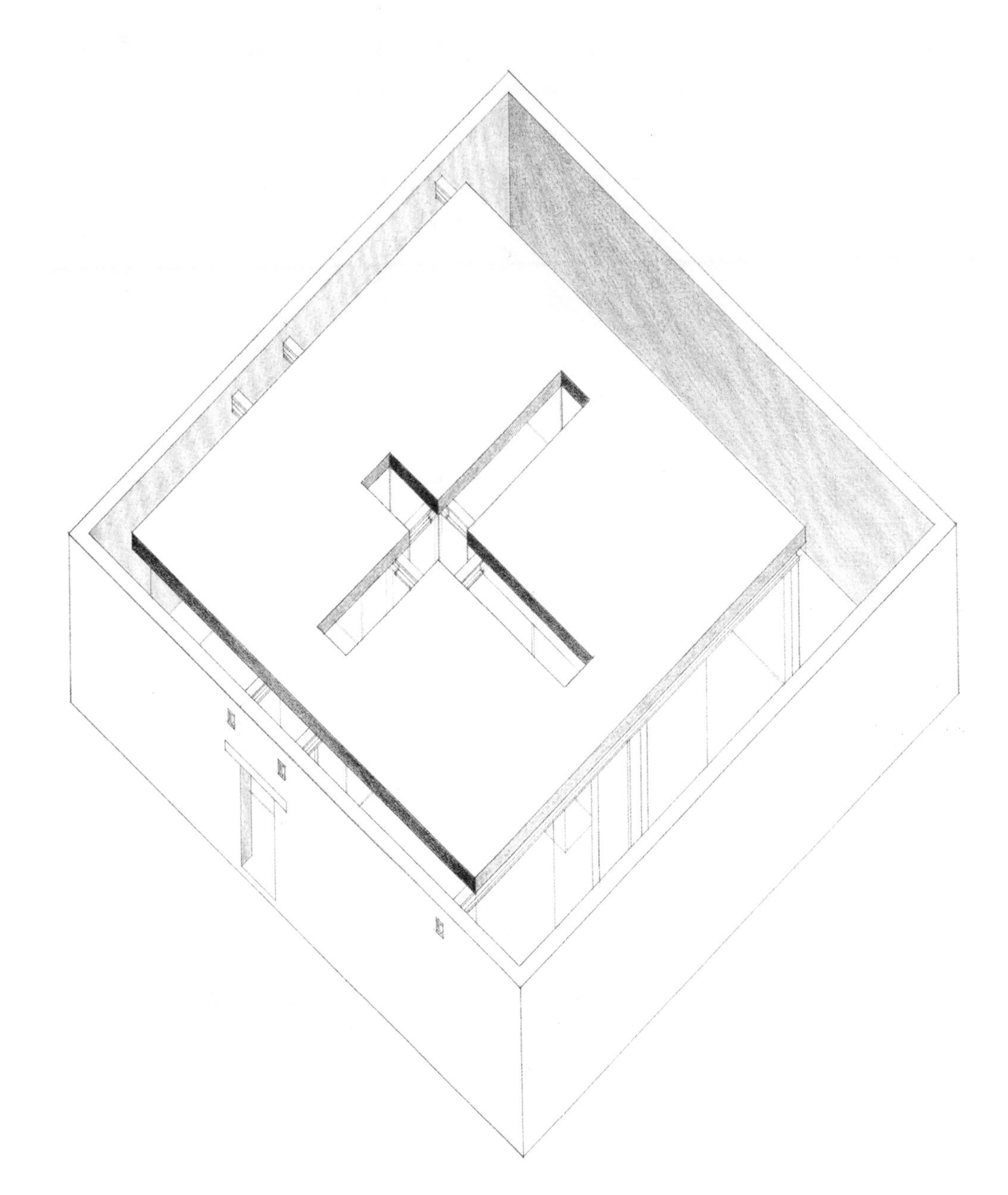

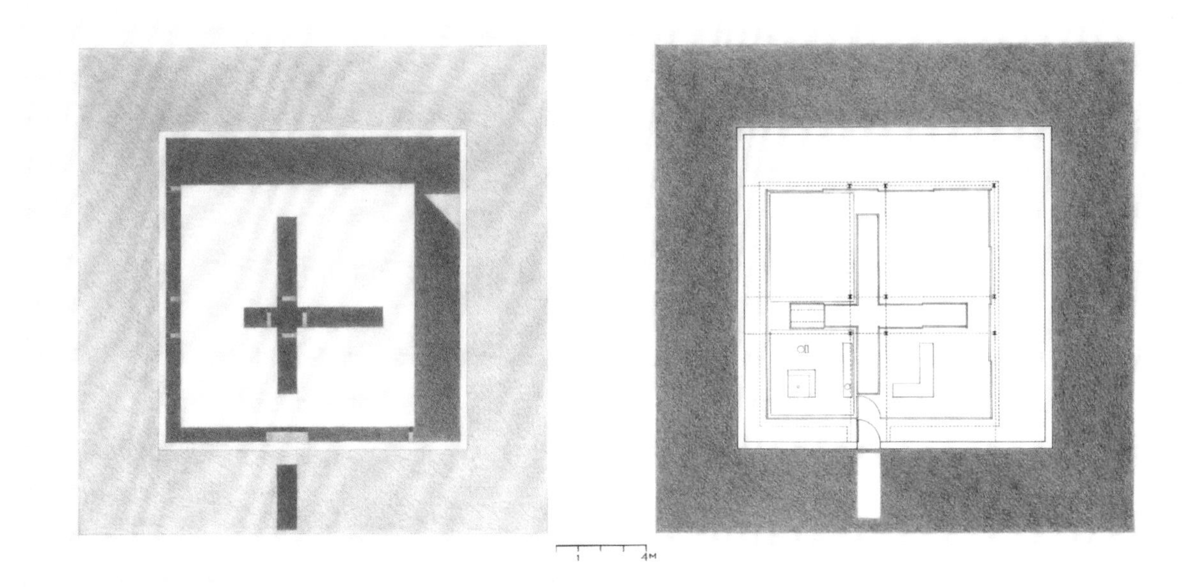

十字院宅：（左）屋顶平面与院墙外侧，（右）平面与院墙内侧
制图要点：院墙展平

约 1990—1995
硫酸纸，铅笔，彩色铅笔

480mm × 632mm

十字院宅：剖面，轴测
制图要点：不同投形并置

约 1990—1995
硫酸纸，铅笔，彩色铅笔

480mm × 632mm

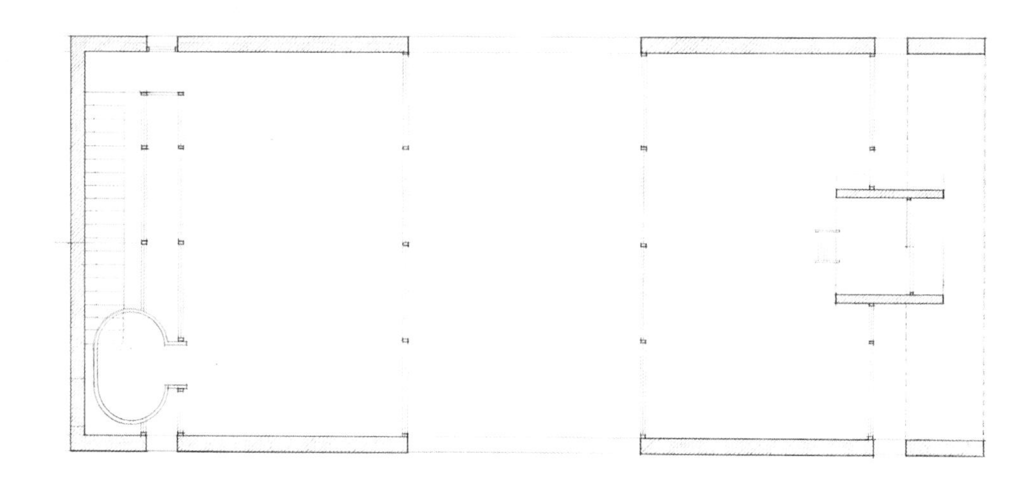

多层院宅：早期方案二层平面，有蛋形浴室和观景台

约 1990—1995

纸，铅笔

278mm × 216mm

图面文字：工作–生活；砖承重墙；水泥地板；工业用窗

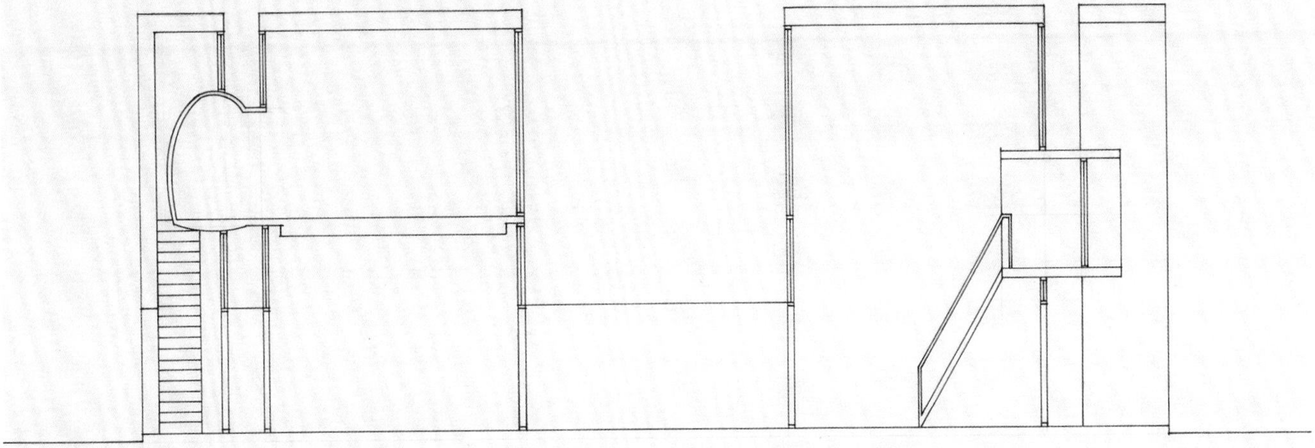

多层院宅：早期方案：剖面

约 1990—1995
草图纸，铅笔

260mm × 215mm

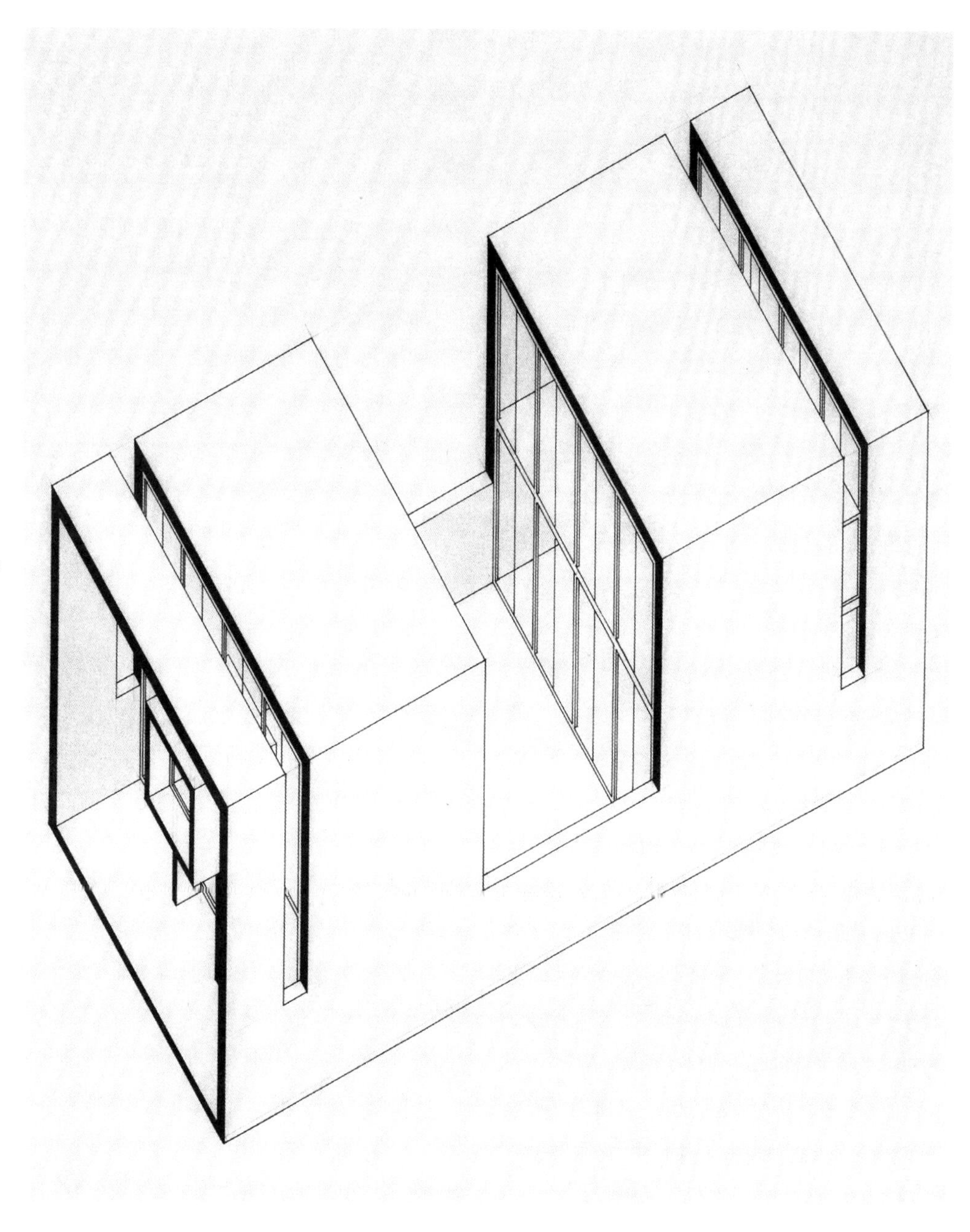

多层院宅：早期方案：轴测

约 1990—1995

草图纸，铅笔，钢笔，彩色铅笔

265mm × 215mm

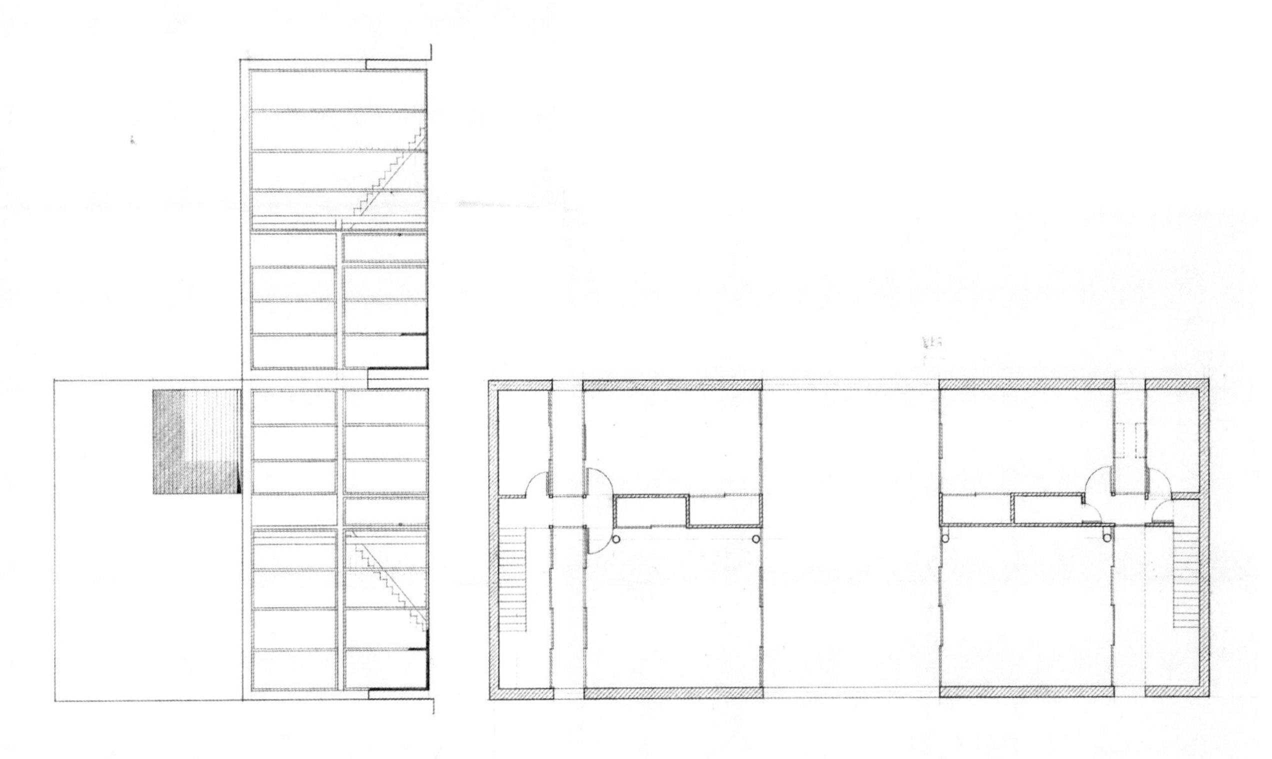

多层院宅：后期方案：（左）外立面，（中）主庭院内两个立面，（右）二层平面
制图要点：二幅图拼贴，三个立面之间对应组合，立面、平面对应

约 1990—1995
纸，铅笔

298mm × 450mm

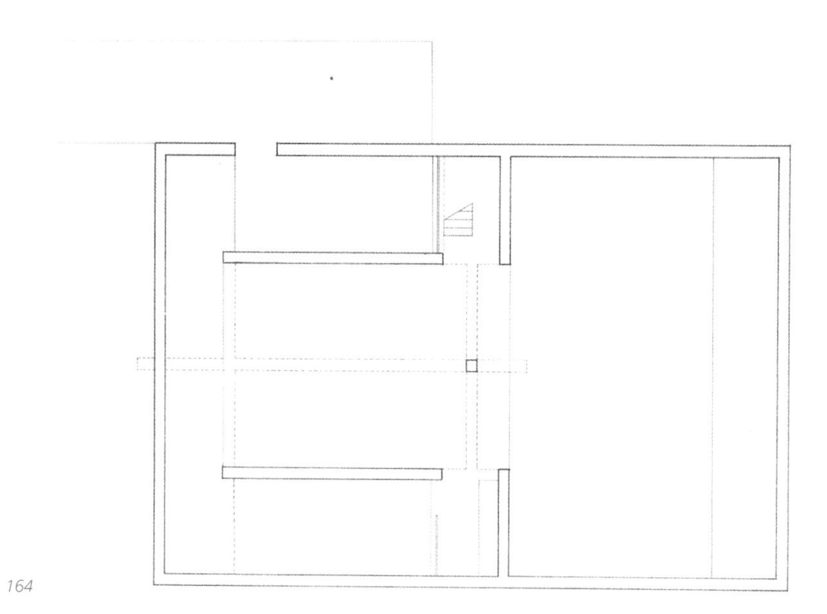

梁宅：首层平面，虚线表示首层上空的十字形梁

约 1990—1995
纸，铅笔

280mm × 215mm

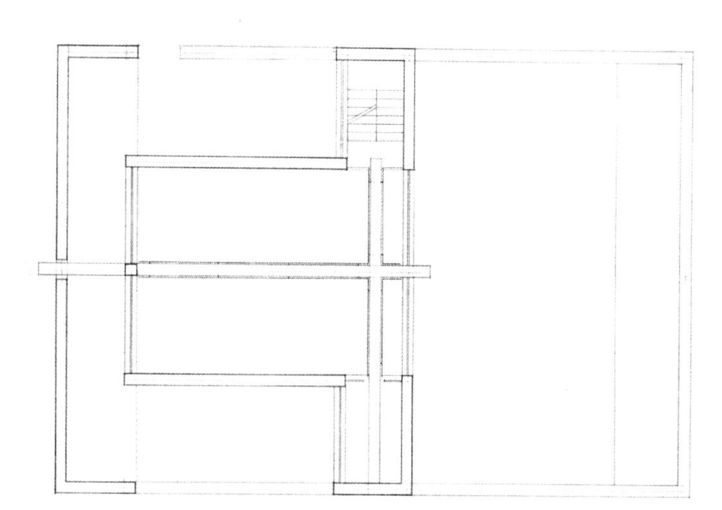

梁宅：夹层平面，十字形梁为天桥

约 1990—1995
纸，铅笔

280mm × 215mm

梁宅：二层平面

约 1990—1995
纸，铅笔

280mm × 215mm

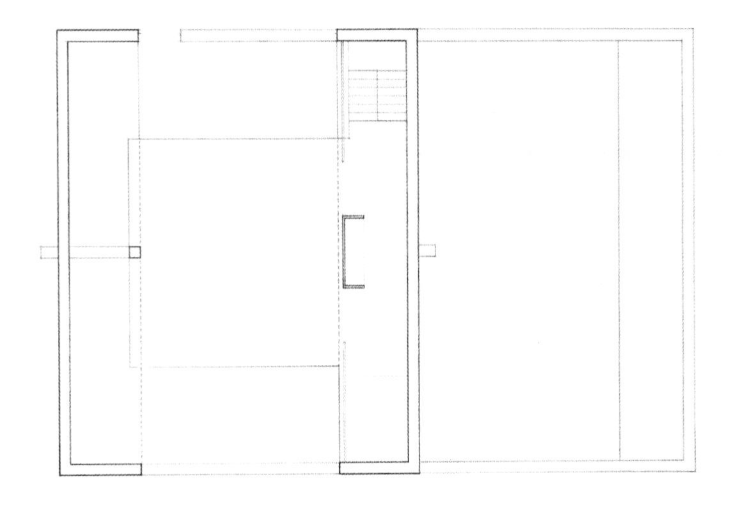

梁宅：（上）剖面，（下）侧立面
制图要点：剖面、立面对应

约 1990—1995
纸，铅笔

280mm × 215mm

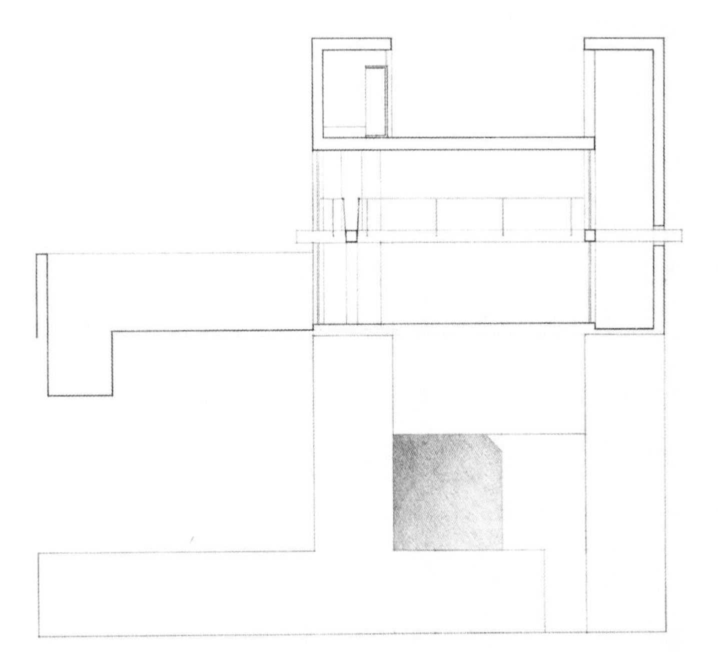

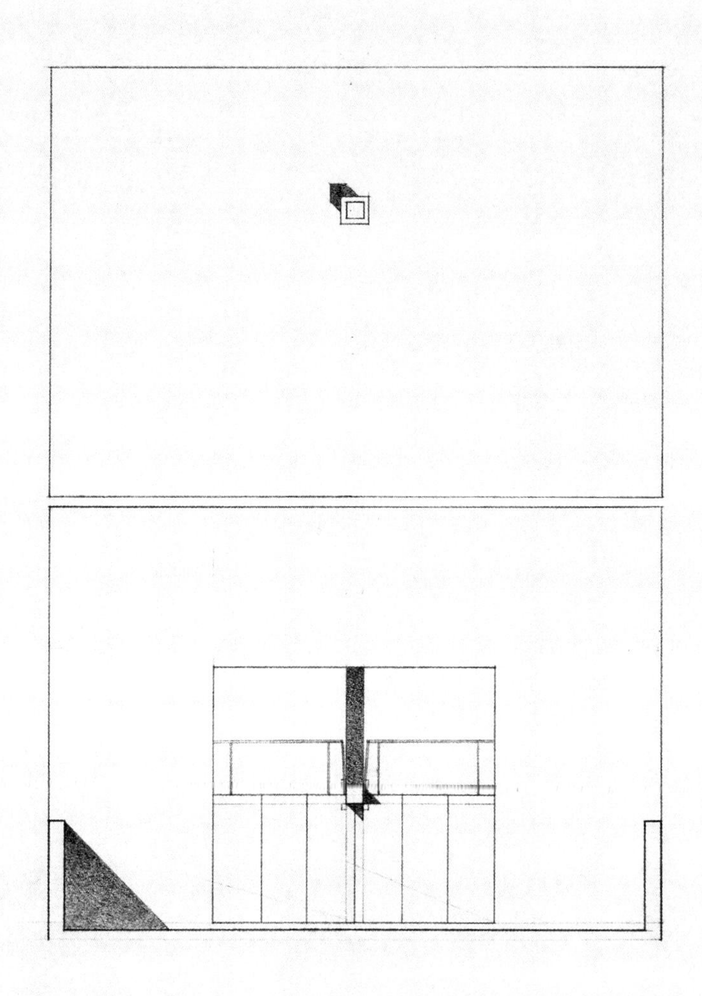

梁宅：（上）倒转的外立面，（下）庭院立面
制图要点：两个立面屋顶线应对展开

约 1990—1995
纸，铅笔

280mm × 215mm

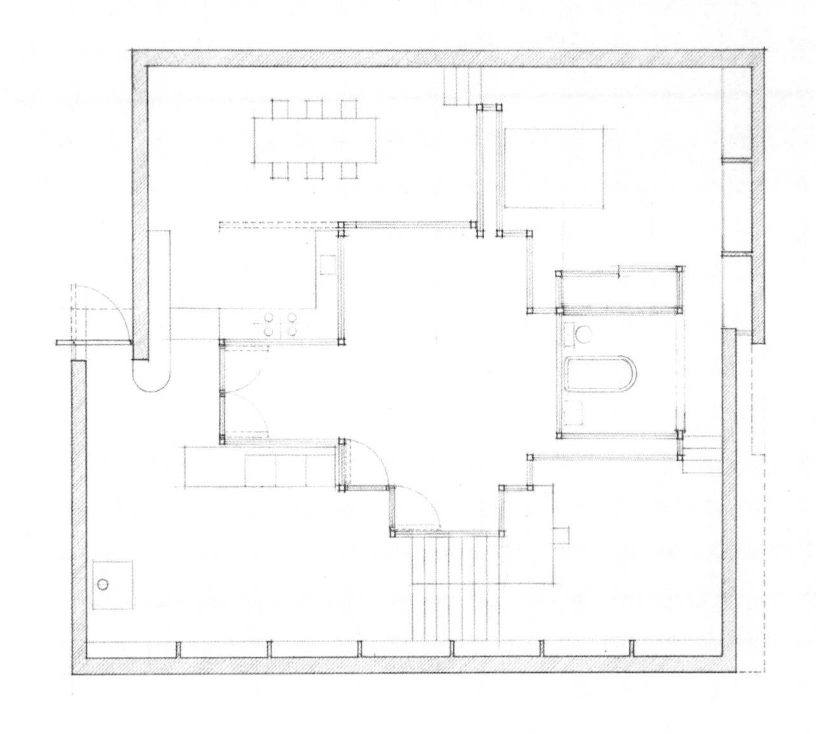

剩余院宅：平面

约 1990—1995
纸，铅笔

280mm × 215mm

图面文字：结构；水泥承重墙；木结构

土宅

1991

对用生土为材料及对负空间的兴趣引发的一个想象项目。生土后在二分宅（2002）里得以发展。

我的兴趣一般都比较城市，因为我一生大部分的时间都是在城市里度过的。可是有时候，我的一些想法也与大自然有关。这个项目的假想基地有些像沙漠，不是多沙的沙漠，而是那种贫瘠荒芜的景观。

这是你自己做的研究，跟教学或其他没有关系吗？

没有。这个作品反映了一个我长期的兴趣：在实体里雕出负空间，或用最直接的方法去创造空间——挖。我在加州大学伯克利分校写论文的时候就有过类似的想法。我想象，先夯出一个大土墩，然后在内挖出不同的空间和家具——有床、卫生间、厨房等，还有一个可通往二层起居空间的楼梯。我更想到要研发一个能在工厂生产、运输，到工地组装，最终还可以拉开来用作建筑围护墙的模板体系。

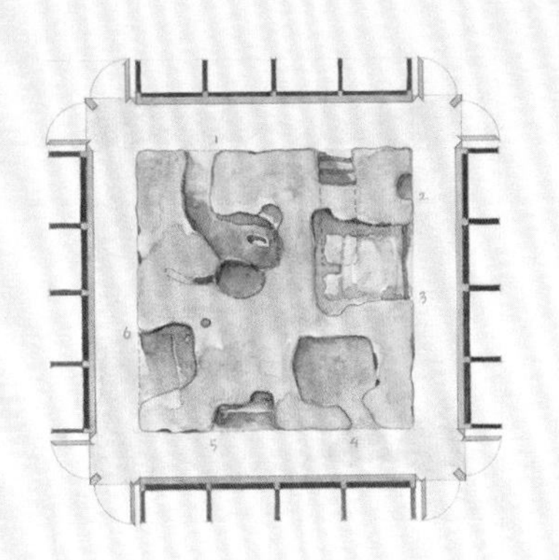

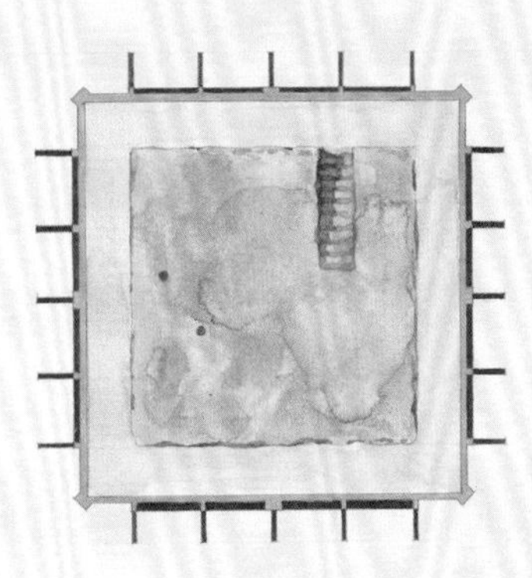

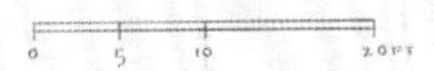

（左）首层，（右）二层平面

1991

纸，水彩

406mm × 279mm

剖面，剖面轴测

1991

纸，水彩

406mm × 279mm

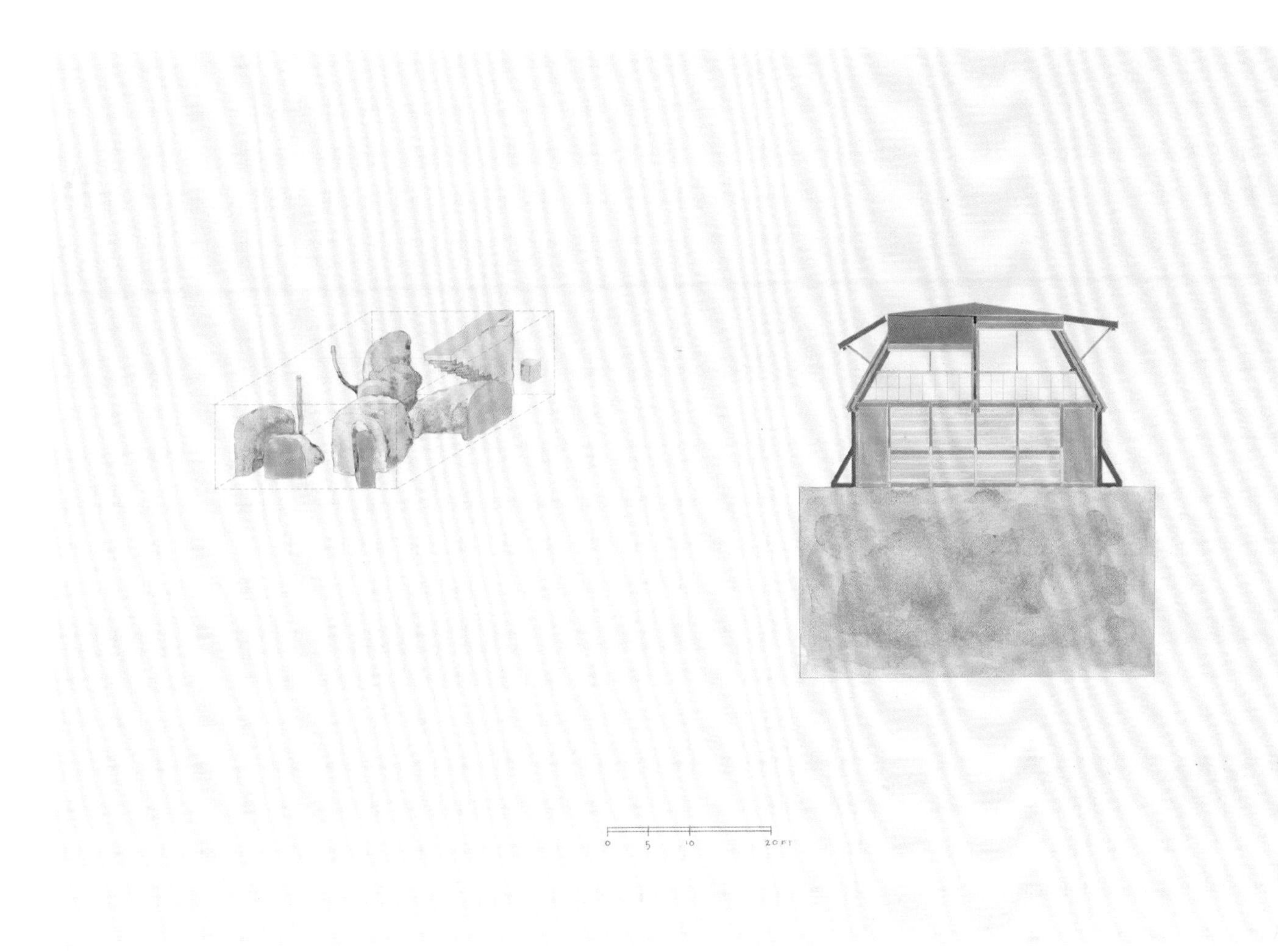

首层挖出空间转为实体，立面

1991

纸，水彩

406mm × 279mm

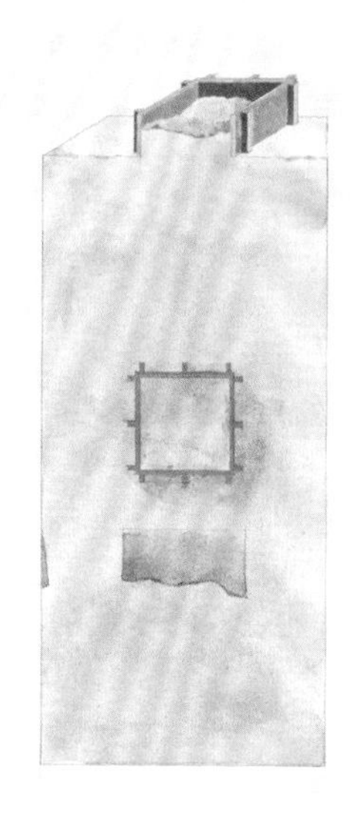
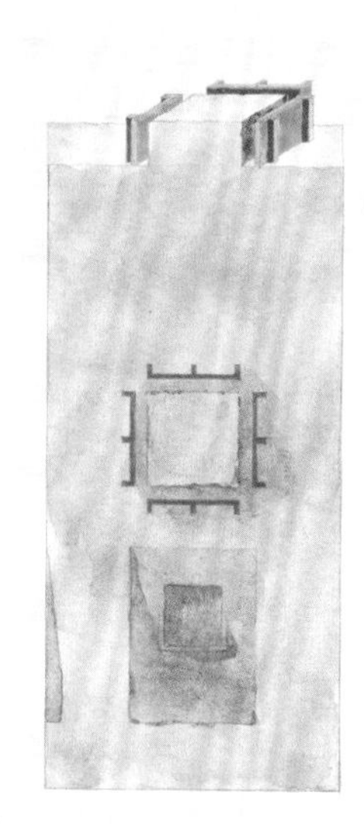
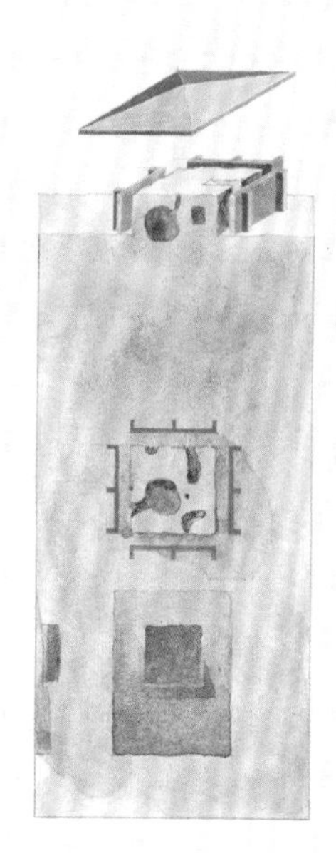

用剖面轴测图和平面表达了（左）立模板及夯土，（中）把模板拉开形成房子围护墙，（右）安装屋顶和挖负空间的过程；平面显示房子前的下沉庭院和水池的挖掘过程
制图要点：不同投形对应组合、并置

1991
纸，水彩

406mm × 279mm

垂直玻璃宅

1991

这是为参加《新建筑》国际住宅设计竞赛做的设计，探讨建筑的垂直透明性，同时批判了密斯·凡·德·罗的水平透明概念。

你为什么选择一系列的水彩或水墨来制图？

我用了三种媒介：水彩、彩色铅笔和墨线。就像在“土宅”中，我使用水彩去营造材料、光线、时间和气氛。黑白图更具分析和抽象性，而其他媒介更有空气感，更适合探索透明性，提出如“若这楼板是透明的会怎样？”一类的问题。

这些是参赛图纸的一部分吗？

提交的作品里没有包含画有人物的图纸。人物的原型是日本山海塾的男舞者们——满身涂白、瘦削、很有仪式感的舞姿。画这些人体是为了表达居住状态。这是很个人的想象方式。虽然当时已经打算参赛，但我不愿马上跃到终点，反而会让各种思绪和兴趣在脑中打转。正是通过这种想象垂直玻璃屋中家居的练习，贯通数层空间的给排水和设备系统才得以成形。

轴测：多层透明楼板构成透镜

1991

纸，铅笔，水彩

305mm × 220mm

我看看天

我看看地

厕影寝上

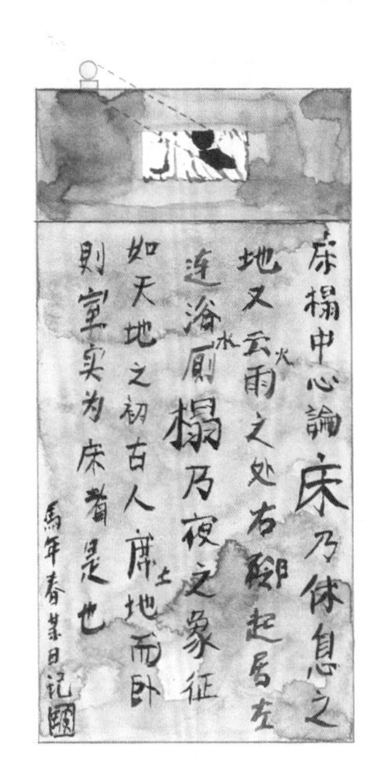

立面、平面：表现由于透明楼板上层便器在下层床上投下阴影

制图要点：立面、平面组合

1991

纸，铅笔，水彩

305mm × 220mm

地窖和天窗平面，地窖剖面
制图要点：不同投形对应组合

1991
纸，铅笔，水彩

305mm × 220mm

棺：反床

地窖：墓

平面：显示误读——下层桌边的凳子围绕着上层的床，剖面

制图要点：不同投形对应组合

1991

纸，铅笔，水彩

305mm × 220mm

上层平面：有床，显示误读——下层桌是上层床的阴影；下层平面：有桌椅；下层轴测

制图要点：不同投形对应组合

1991

纸，铅笔，水彩

305mm × 220mm

影 重叠 转化

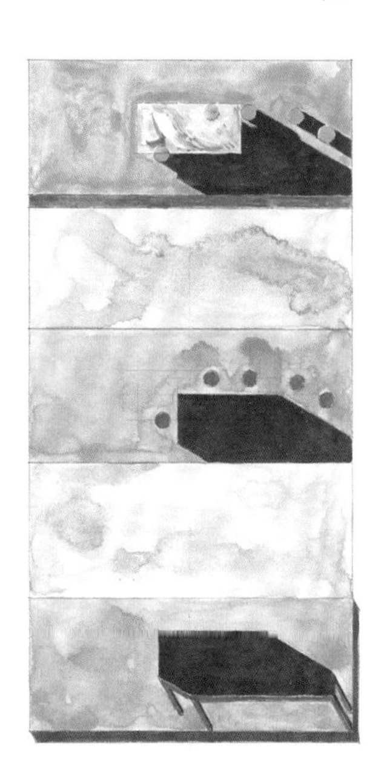

玻璃屋二〇〇一

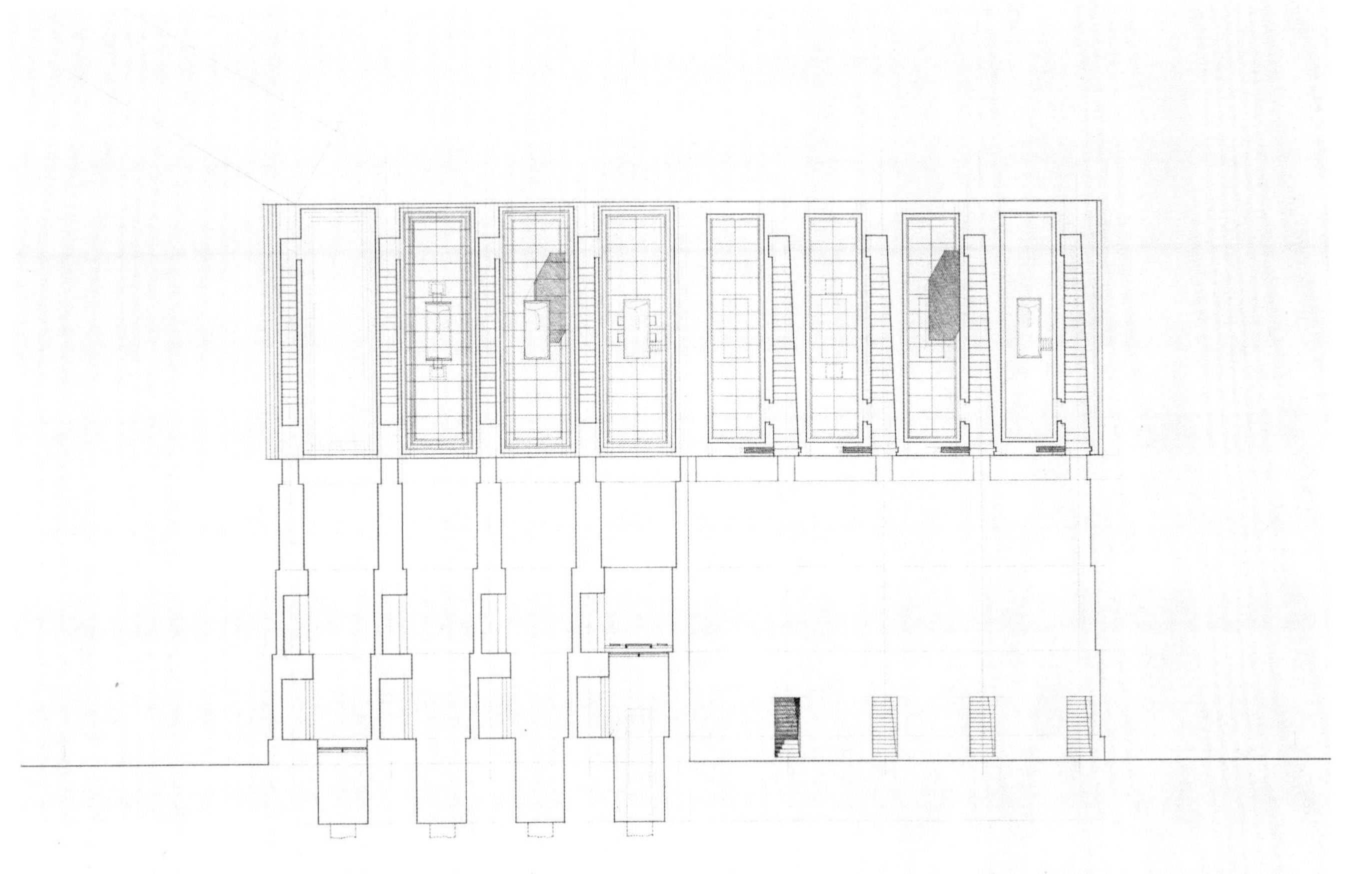

联排垂直玻璃宅：不同层综合平面，局部剖面，局部立面
制图要点：不同投形对应；立面加剖面构成建筑总宽度

1991
纸，铅笔

403mm × 556mm

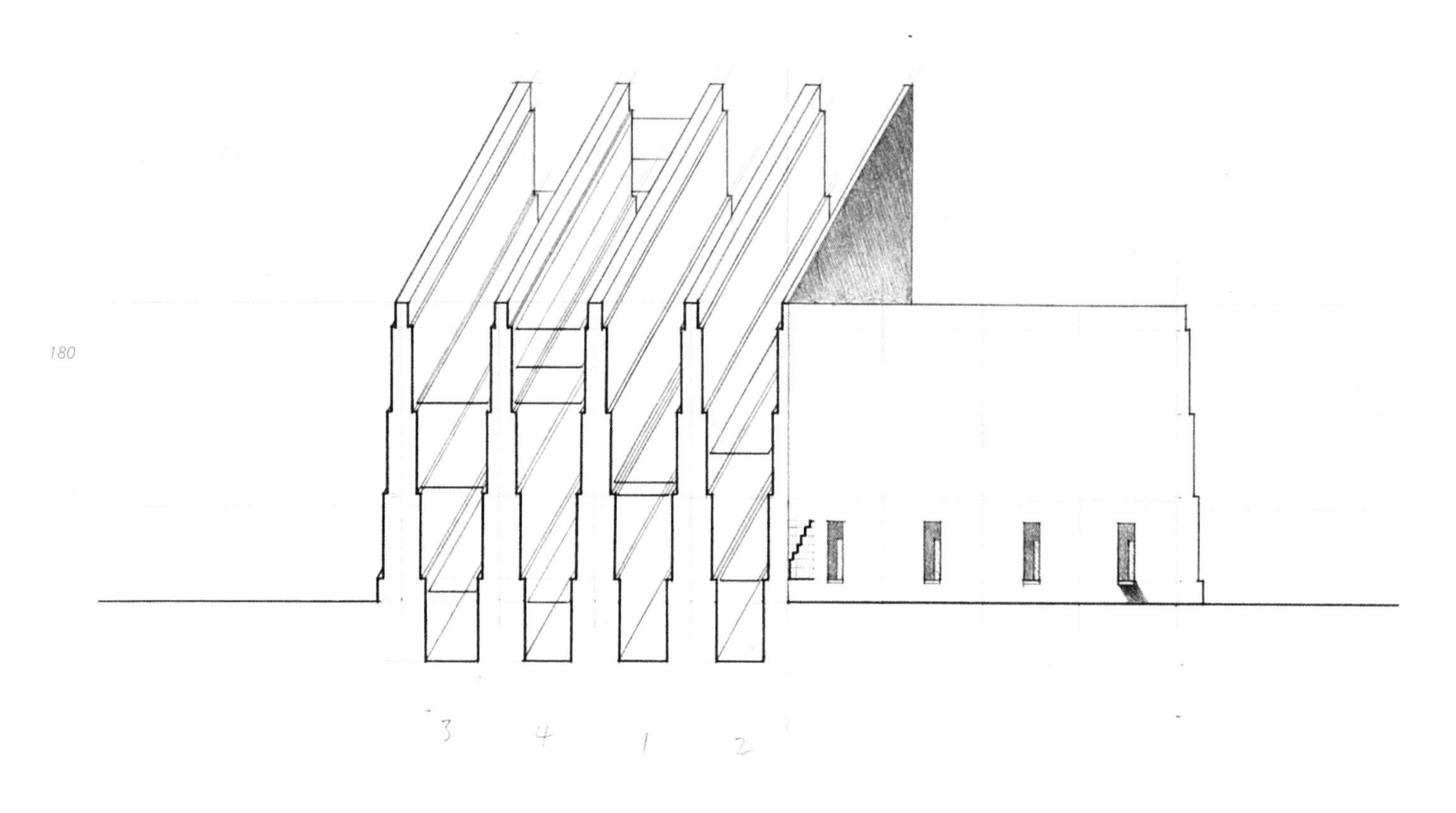

联排垂直玻璃宅：局部剖面轴测，局部立面
制图要点：剖面轴测与立面并置且构成建筑总宽度

1991
纸，铅笔

305mm × 220mm

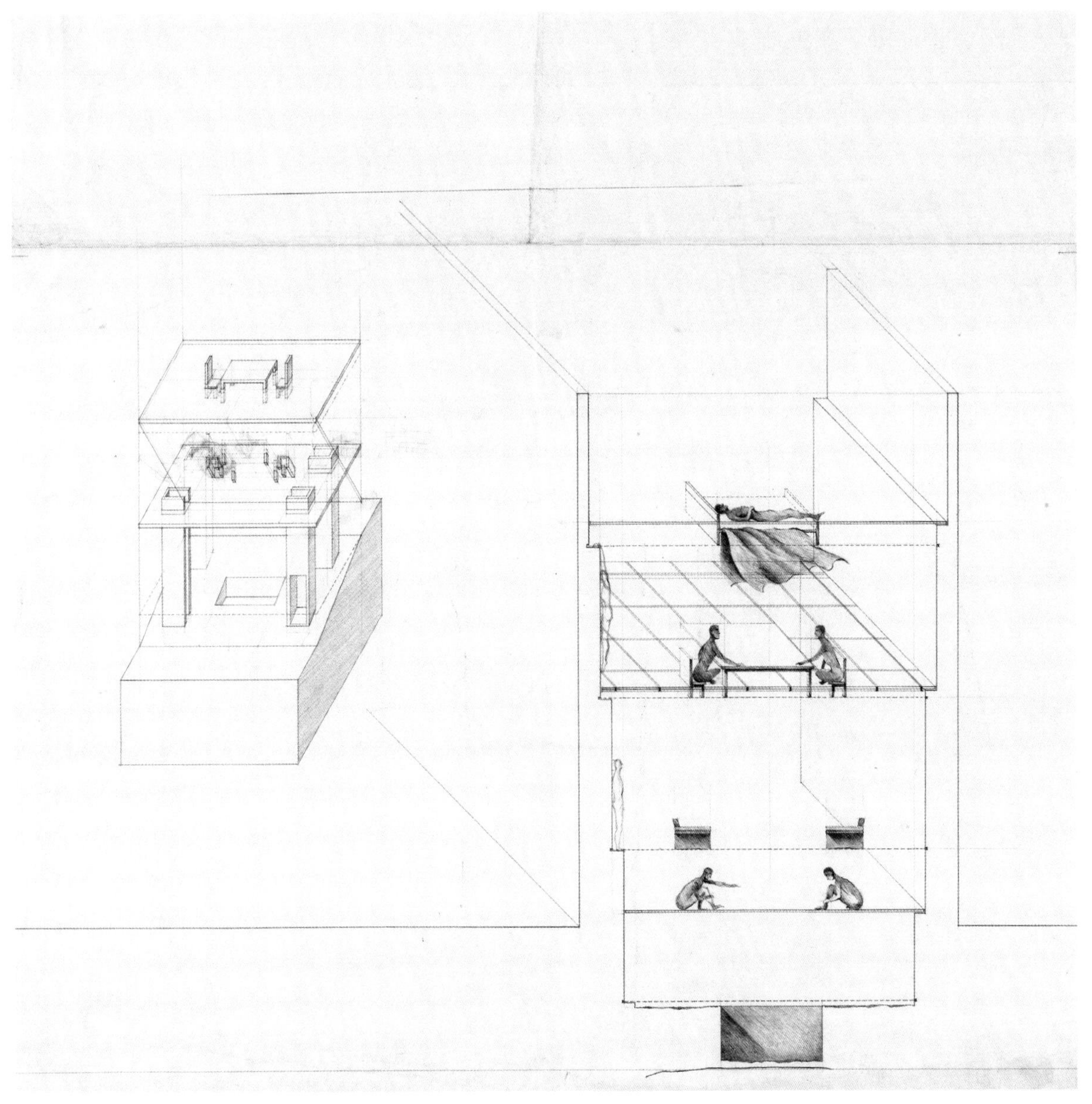

轴测，剖面：描述人的生活场景
制图要点："山海塾"人形，家具

1991
纸，铅笔

485mm × 560mm

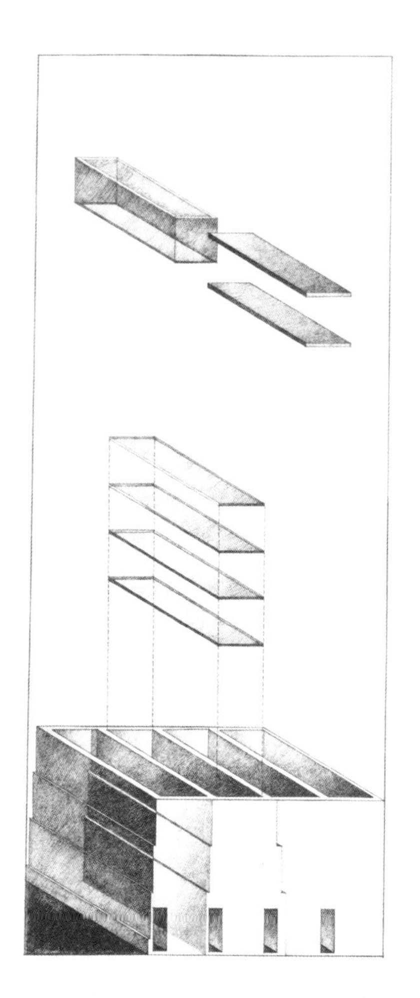

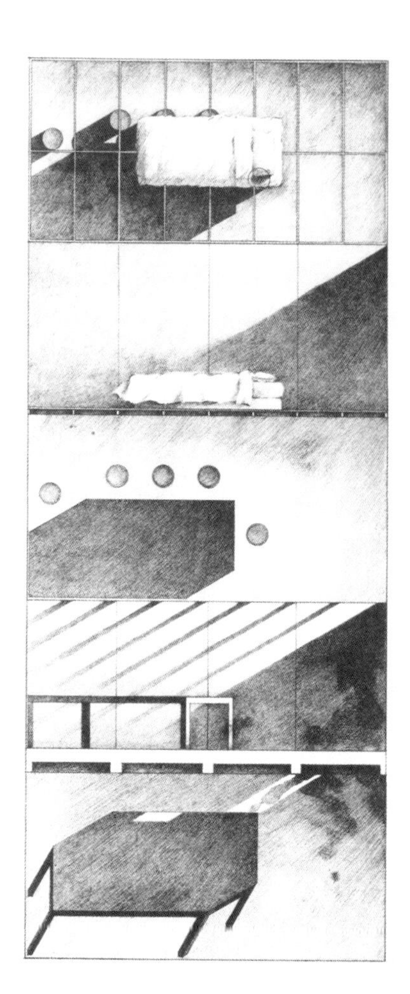

（左）水平玻璃宅与联排垂直玻璃宅的轴测：比较水平透明性与垂直透明性，
（中）剖面：描述人体—家具—透明楼板之间的关系，
（右）平面，剖面，轴测：显示上下层家具的关系和视觉重叠
制图要点："山海塾"人形，家具；不同投形对应组合

1991
纸，腐蚀板印刷

570mm × 760mm

独立垂直玻璃宅：五层透明平面：重叠后可观察平面之间关系
制图要点：用透明图纸研究透明性

1991
透明胶片，复印

78mm × 215mm × 6

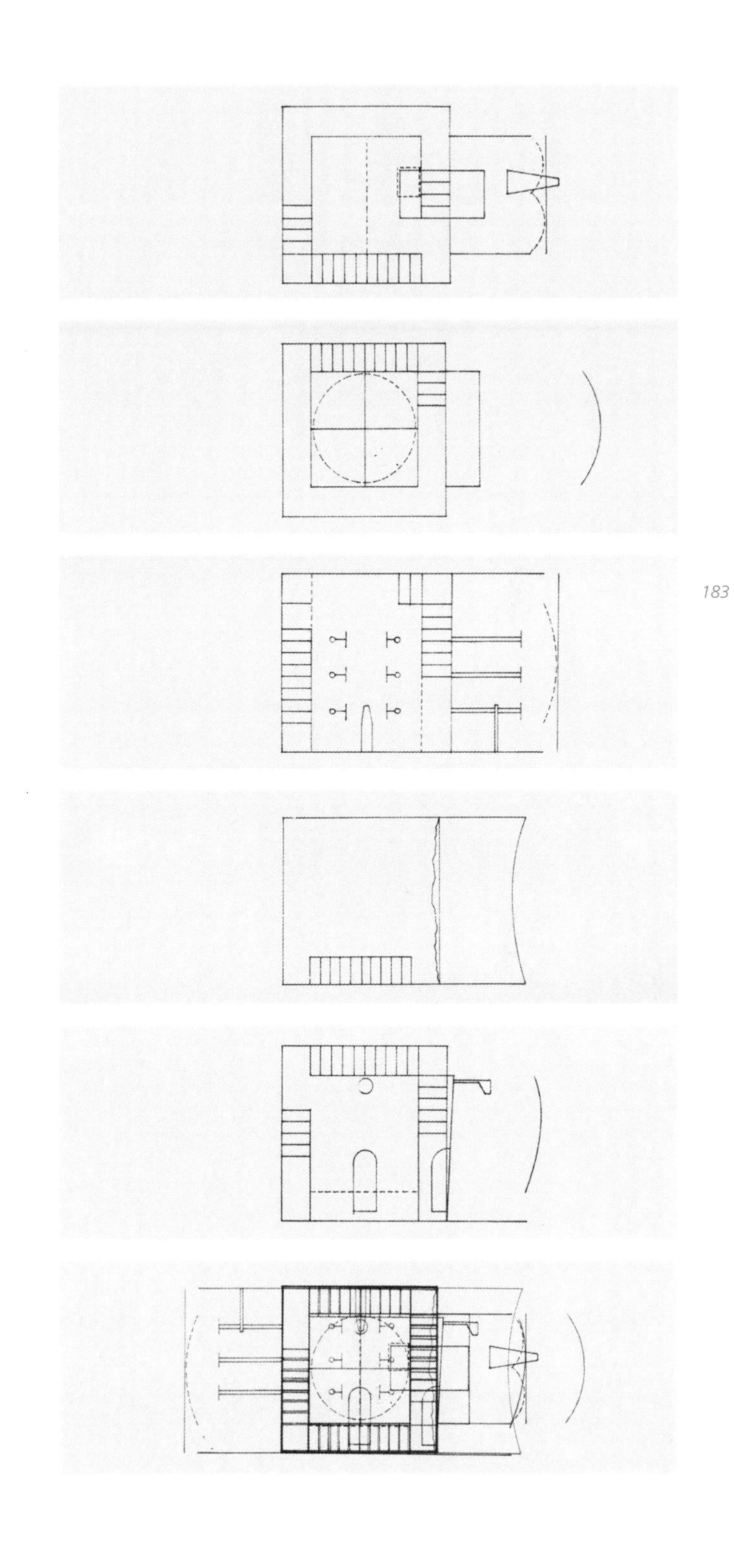

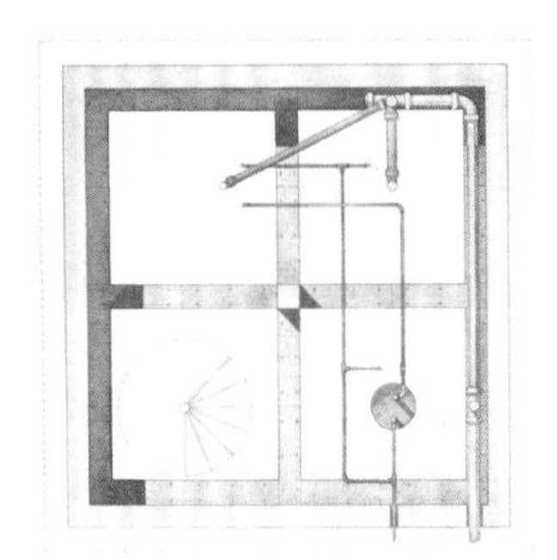
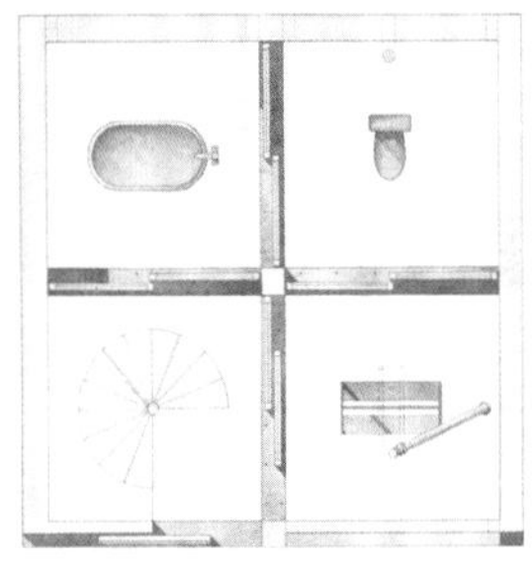
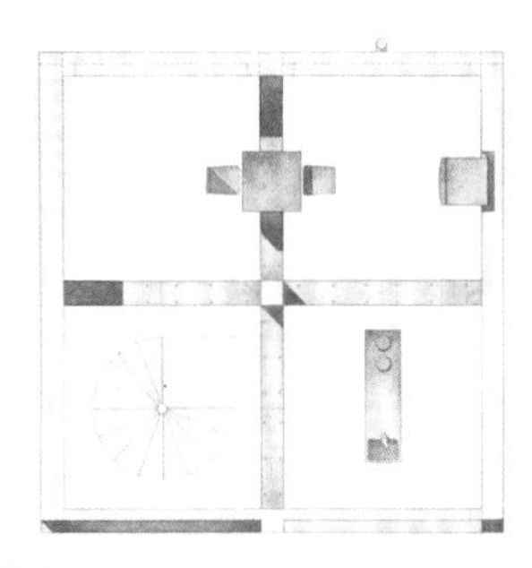

独立垂直玻璃宅：四层平面：（从右至左）地窖，有热水器；首层，有大门、衣橱、便器和浴缸；中层，有灶台、冰箱、桌椅；顶层，起居

制图要点：设备，管道，家具

1991

纸，水彩

505mm × 710mm

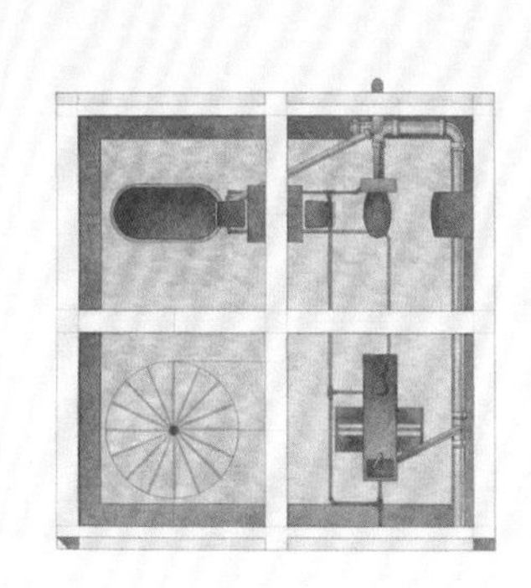

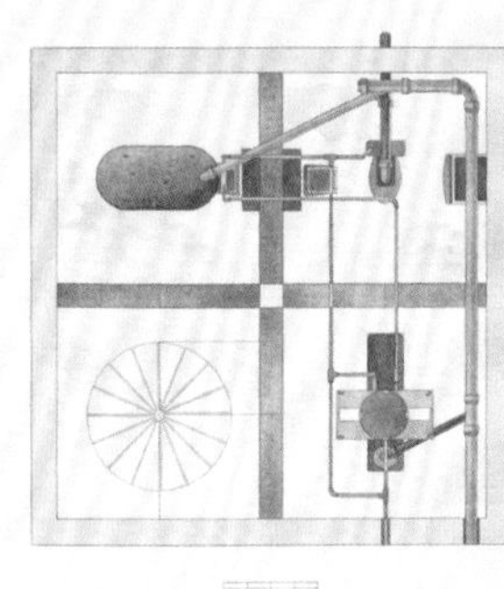

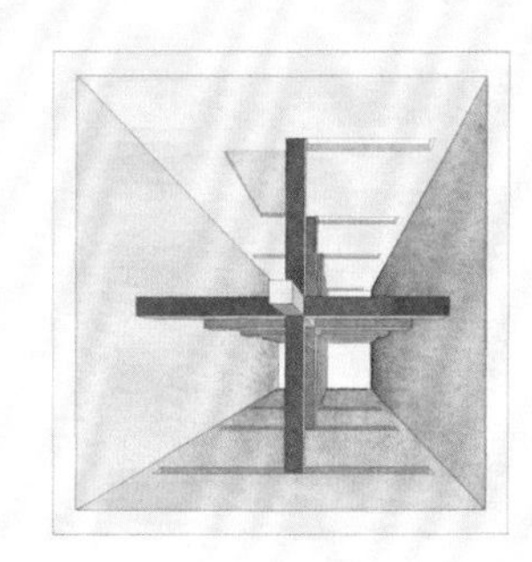

独立垂直玻璃宅：（左）一点透视：内部空间从下往上看，（中）仰视平面，（右）俯视平面
制图要点：平面表现设备、管道，家具，楼梯共同形成的居住机器

1991
纸，水彩

505mm × 710mm

独立垂直玻璃宅：（左）日剖面，（中）左日右夜立面，（右）夜剖面

1991
纸，水彩

505mm × 710mm

汽车快餐店

1992

汽车快餐店是圣路易斯华盛顿大学举办的斯戴德曼竞赛的命题。本设计赢得该竞赛大奖。

解释一下你为什么选择把汽车引进室内，而不是把它们留在室外？

我对美国文化中典型的汽车餐厅很感兴趣，也觉得美国称去餐厅吃饭为"外吃"（eat out）、在家吃饭为"内吃"（dining in）的说法很有意思。我的"汽车快餐店"的设计就是给这种表达一个新定义，即本来开车去餐厅是真正的"外吃"，因为车与人都不用进入建筑；而在这个餐厅，人可以驾车进去，于是也成了一种形式的"内吃"。也就是说，餐厅为汽车提供了一个建筑空间。

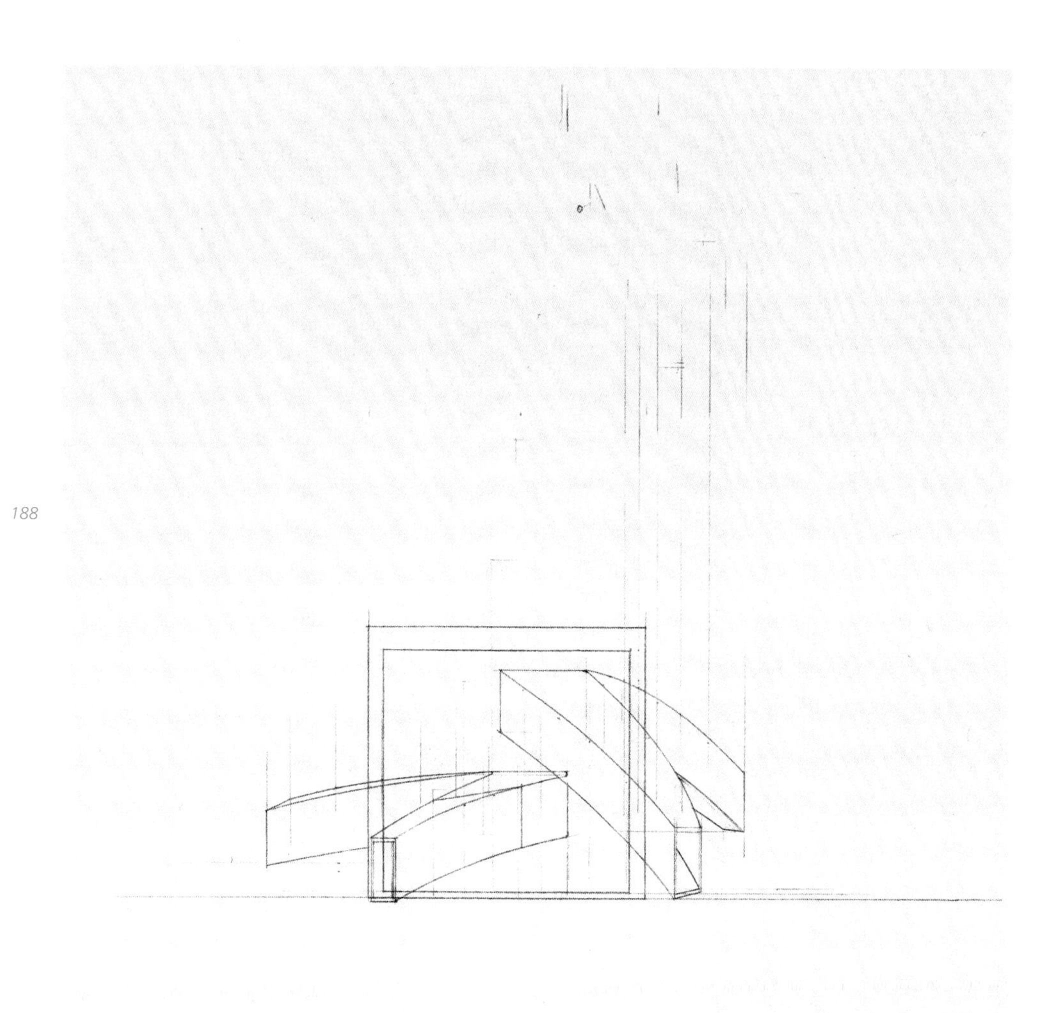

立面：整体建筑与车行管道的体量关系研究

1992

草图纸，铅笔

172mm × 190mm

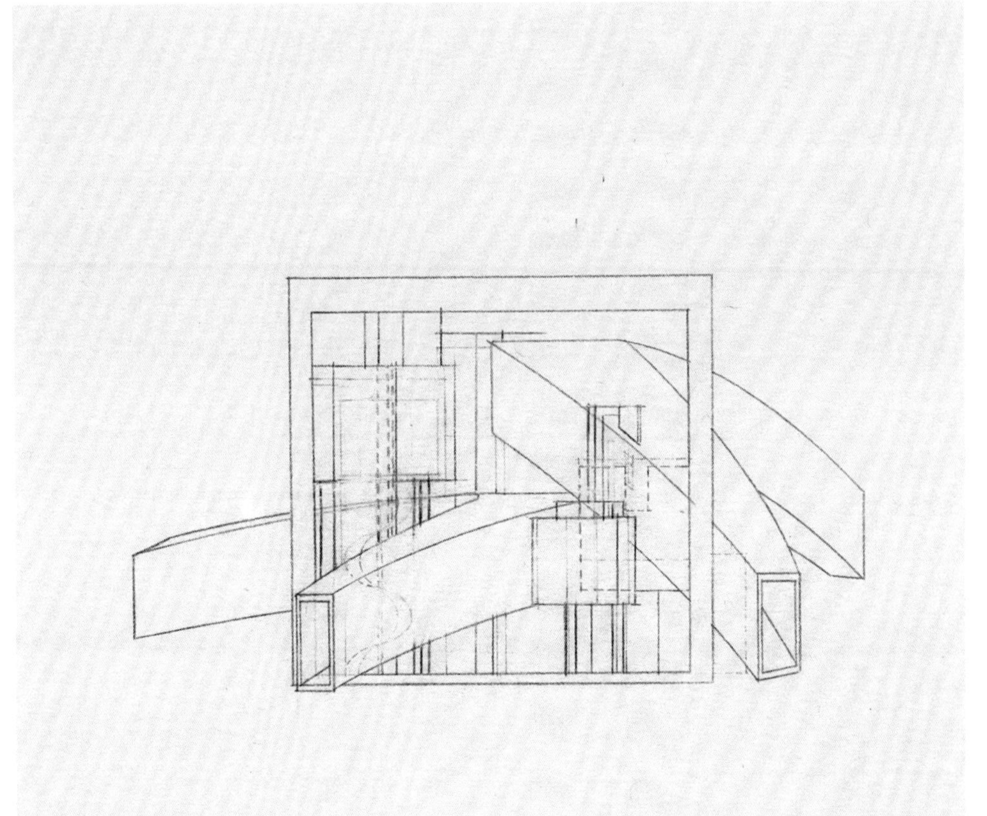

立面

1992
草图纸，铅笔

292mm × 170mm

竞赛提交图：（左：从上至下）总平面图，平面及拉起分解的正轴测，长轴立面；（右：从上至下）透视系列：显示驾车用餐体验，简化的立面/剖面系列：显示车行管道与主体建筑关系，短轴立面，剖面透视，框架/楼板体系立面

制图要点：不同投形对应组合，系列图：电影式连环画

1992

硫酸纸，钢笔

610mm × 910mm

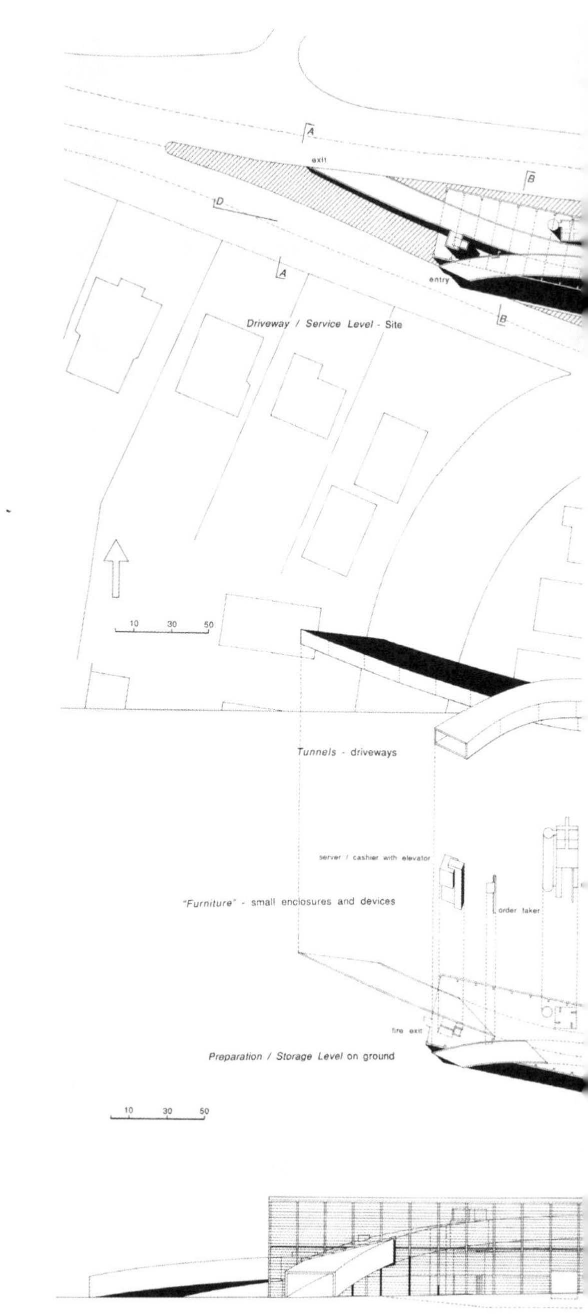

图面文字：出口；入口；入口；停车；出口；车道/服务层—基地；隧道—车道；出餐者、收款者、电梯；“家具”——小空间和设施；消防出口；订餐者；经理；订餐者；男员工；出餐者、收款者、电梯；女员工；员工入口；卸货区；首层备餐/储藏；半透明外立面（保温玻璃钢）——南立面；企图/阐释；开车通过；打通隧道；餐厅；商业厨房，食品工厂；汽车快餐店；隧道穿过厨房——工厂空间；这是本设计通过为“外吃”重新引入空间定义（一种“内吃”）企图创造的体验；时间 0:00HR；从街上接近；汽车快餐店；时间 0:02HR；订餐；斯戴德曼竞赛 1992；时间 0:06HR；取餐；司机的经验系列；立面 A-A；剖面 B-B；剖面 C-C；无家具投形系列；钢结构框架—剖面 D-D

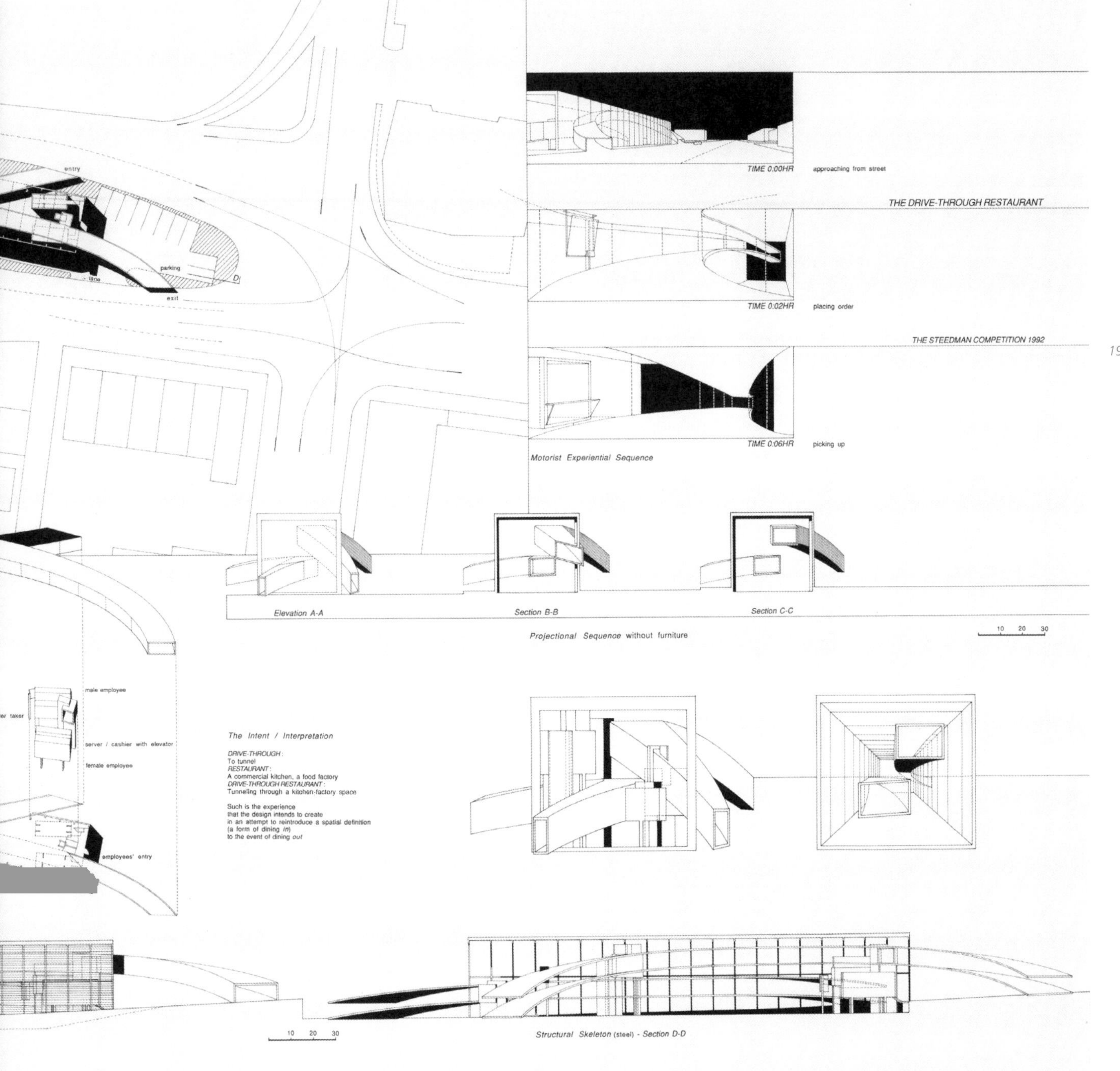
entry
parking
lane
exit
D
TIME 0.00HR
approaching from street
THE DRIVE-THROUGH RESTAURANT
TIME 0.02HR
placing order
THE STEEDMAN COMPETITION 1992
TIME 0.06HR
picking up
Motorist Experiential Sequence
Elevation A-A
Section B-B
Section C-C
Projectional Sequence without furniture
10 20 30
male employee
server / cashier with elevator
female employee
employees' entry
The Intent / Interpretation
DRIVE-THROUGH:
To tunnel
RESTAURANT:
A commercial kitchen, a food factory
DRIVE-THROUGH RESTAURANT:
Tunneling through a kitchen-factory space
Such is the experience
that the design intends to create
in an attempt to reintroduce a spatial definition
(a form of dining in)
to the event of dining out
10 20 30
Structural Skeleton (steel) - Section D-D

幼儿（窗）园

1992

这个幼儿园的主体由两座平行的线性建筑组成。两座建筑的每个窗户都依据视线对应起来，引导孩子们去注意观察另一座建筑里的活动。建筑成为一种游戏，视觉的游戏。

相比场地与使用等问题，视觉游戏更重要吗？

因为受了我的老师的影响，当时我对窥视的概念很感兴趣。窥视是西方艺术中画框的意义——如约翰·伯格（John Berger）指出的——画框使得不用投身参与，只是隔窗观看另一世界成为可能。学校的外部环境不是很好，所以我想到把这个概念应用在设计里，即不是让人望出去，反而是望进窗户里面，于是把窗子对应起来。根据中国的规范，教室必须向南。对应窗子也在两座原本仅是平行的教室楼之间建立起更积极的关系，因此视觉设计在这里就是基地设计。

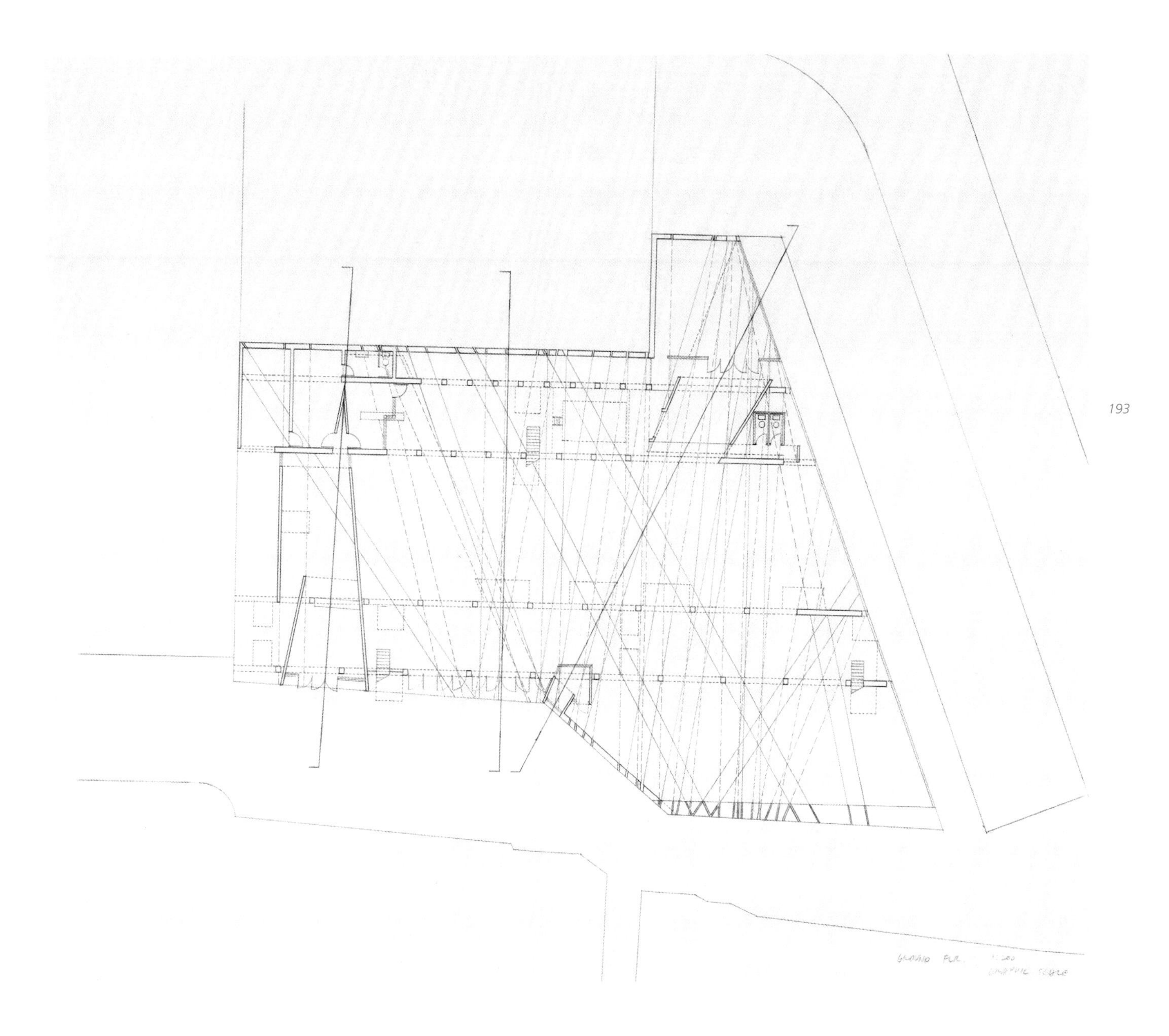

首层平面：窗户对应线作为铺地，红线表示剖面位置

1992
草图纸，铅笔，钢笔

410mm × 355mm

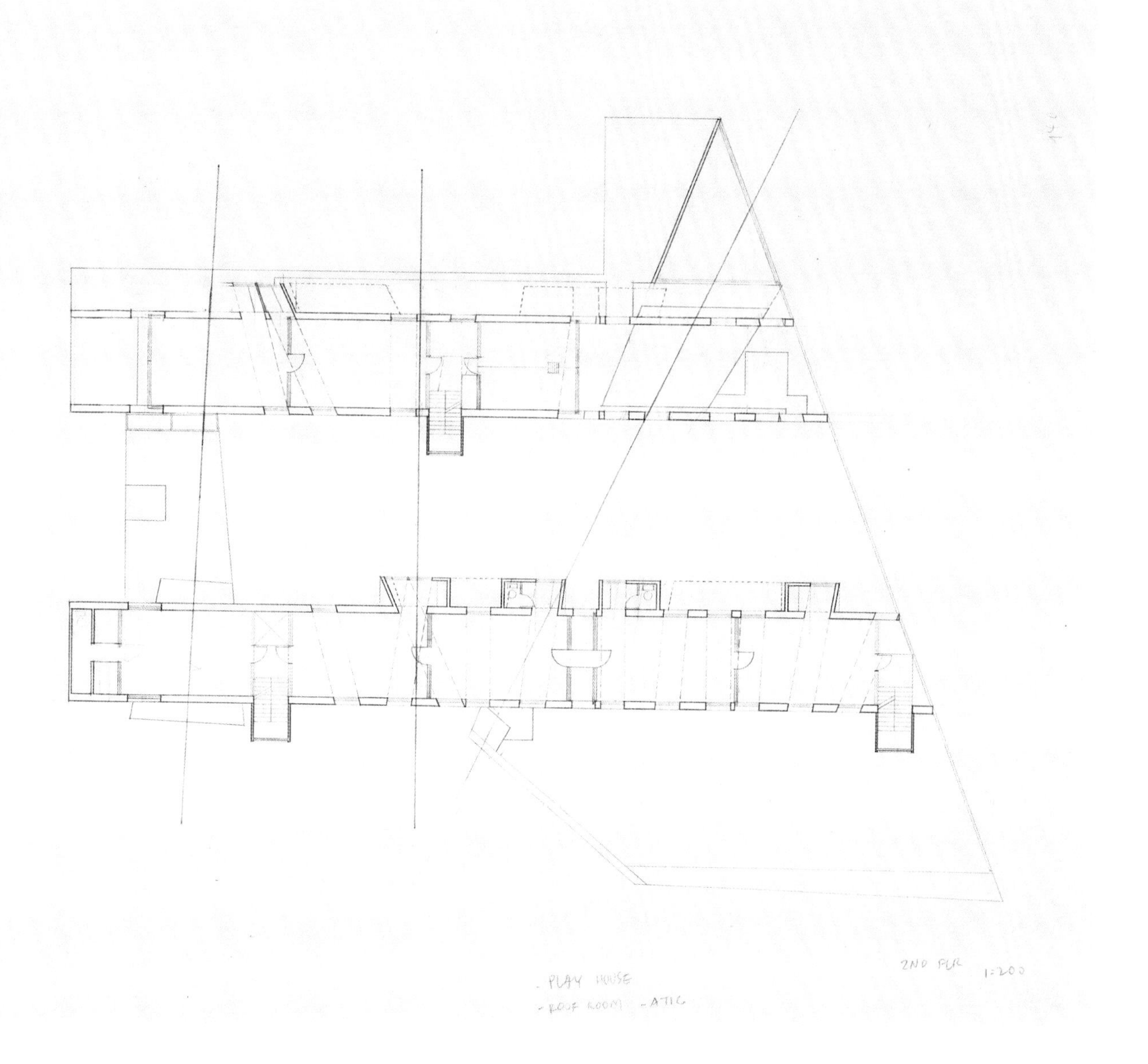

二层平面：红线表示剖面位置

1992

草图纸，铅笔，钢笔

355mm × 307mm

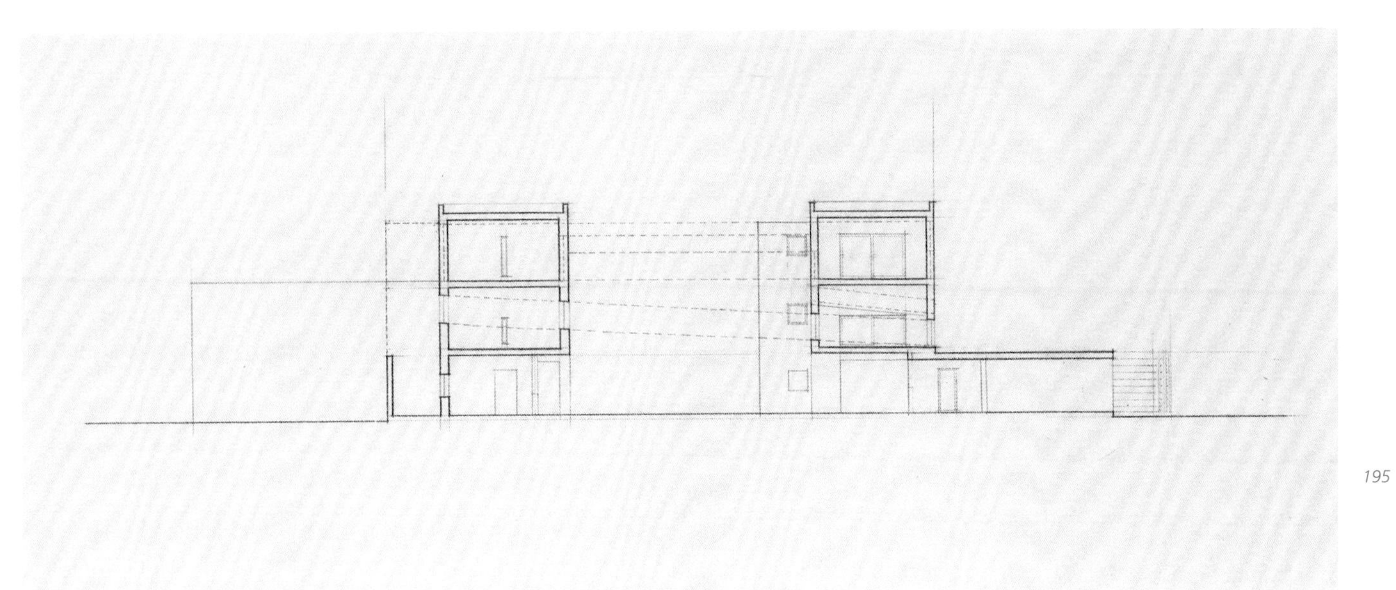

剖面：虚线表示窗户对应关系

1992
草图纸，铅笔

310mm × 130mm

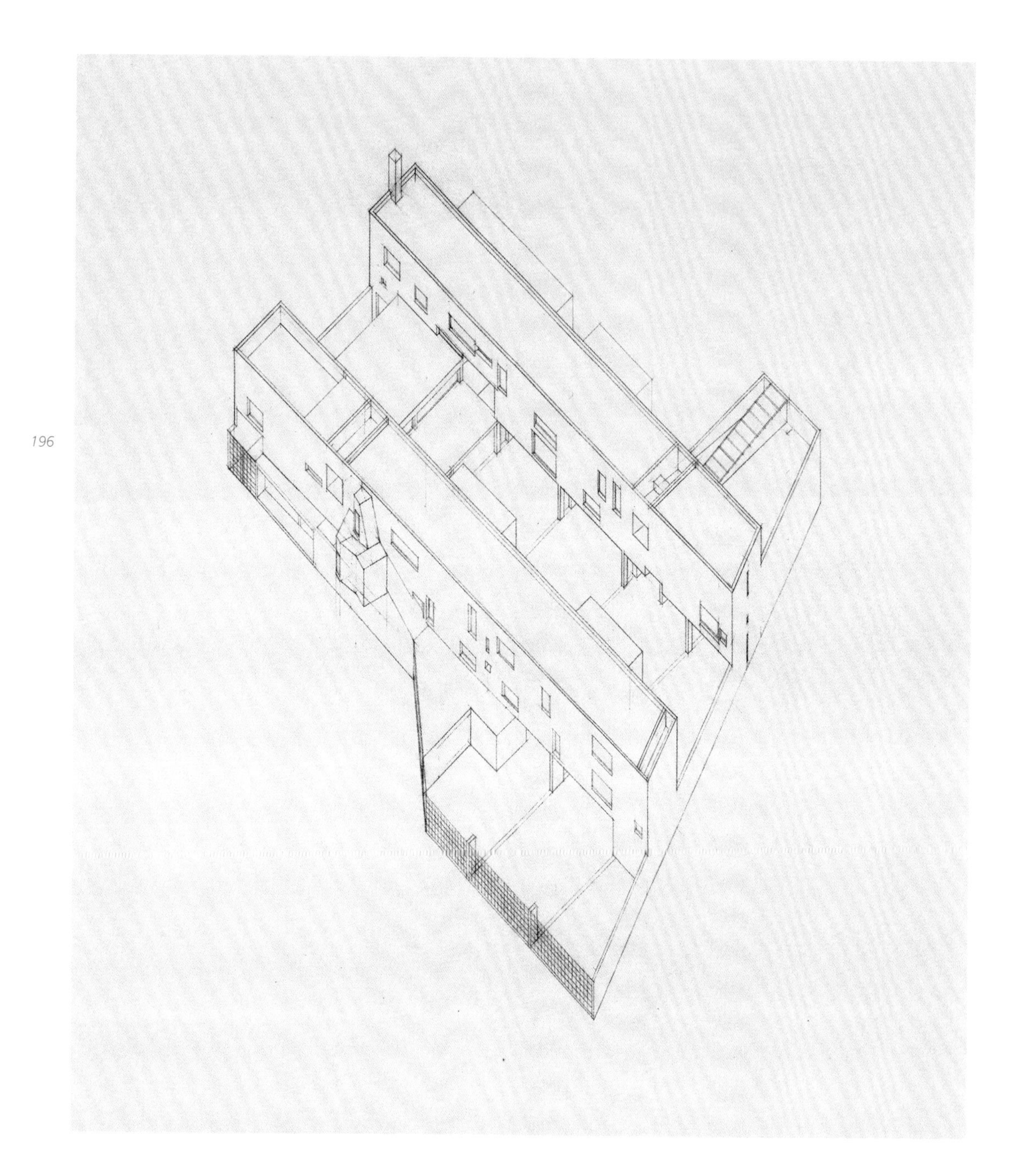

轴侧草稿：显示建筑整体

1992
草图纸，铅笔

610mm × 430mm

街景透视草稿

1992

草图纸，铅笔

568mm × 452mm

正轴测：窗户之间的对应关系
制图要点：轴测图作为分析工具

1992
草图纸，铅笔

345mm × 355mm

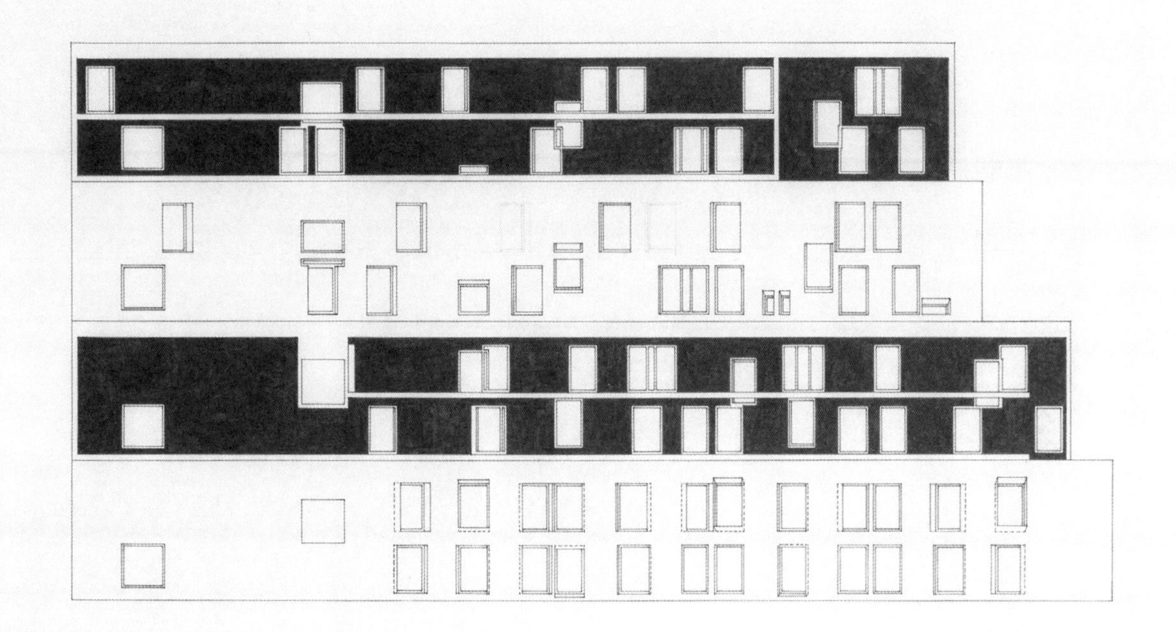

（从上至下）后楼二、三层剖面，后楼二、三层南立面，前楼二、三层剖面，前楼二、三层南立面
制图要点：不同投形对应组合，用黑白对比区分剖面和立面

1992
纸，钢笔

425mm × 278mm

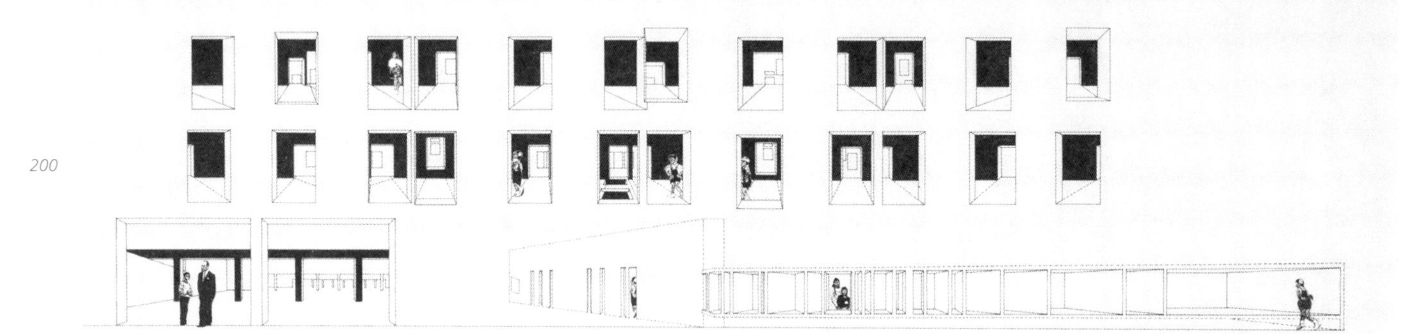

透视：消隐墙面，显示洞口
制图要点：选择性地画出需研究的建筑元素，用黑白对比强调空间层次

1992
纸，钢笔，拼贴

458mm × 555mm

为什么采用传统中式庭院或园林的模型来设计幼儿园？

为了更好地体验空间与建筑。我们尝试设计一个清晰的空间序列，一方面它有关怎样进入幼儿园，在哪里拐个弯，如何到达教室，等等。另一方面，因为幼儿园是幼儿“园”，它就是个园林式的建筑：小孩儿走进这个建筑，有中国园林的意味，有曲径通幽的空间乐趣。

你表现空间的方式不容易读。

是的，因为不常规。这些图试图解剖建筑，所以用一点或多点透视来表现建筑空间，用截开、拆开的方式去揭示建筑的组织。我选择用多灭点连续剖面、立面和/或透视表现空间体验，而不是连环画式的系列画框，这样可以看到整栋建筑（其中一张图表现了围绕幼儿园外部走一整圈所看到的景象）。

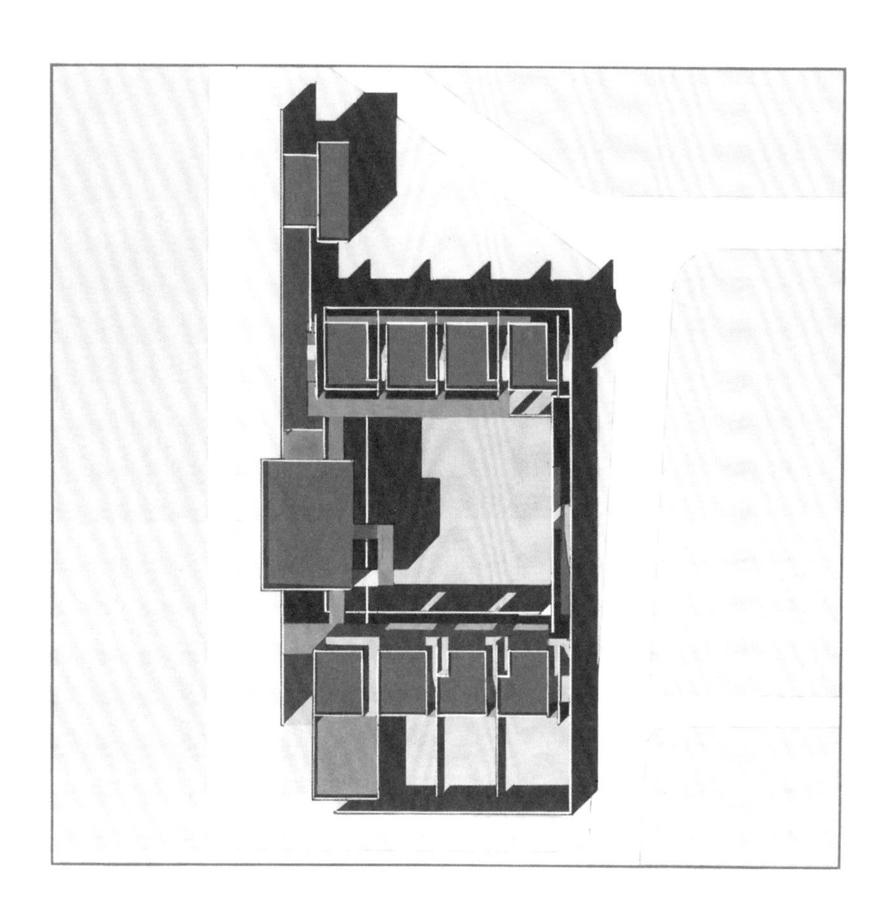

总平面

1993

纸，水粉

900mm × 600mm

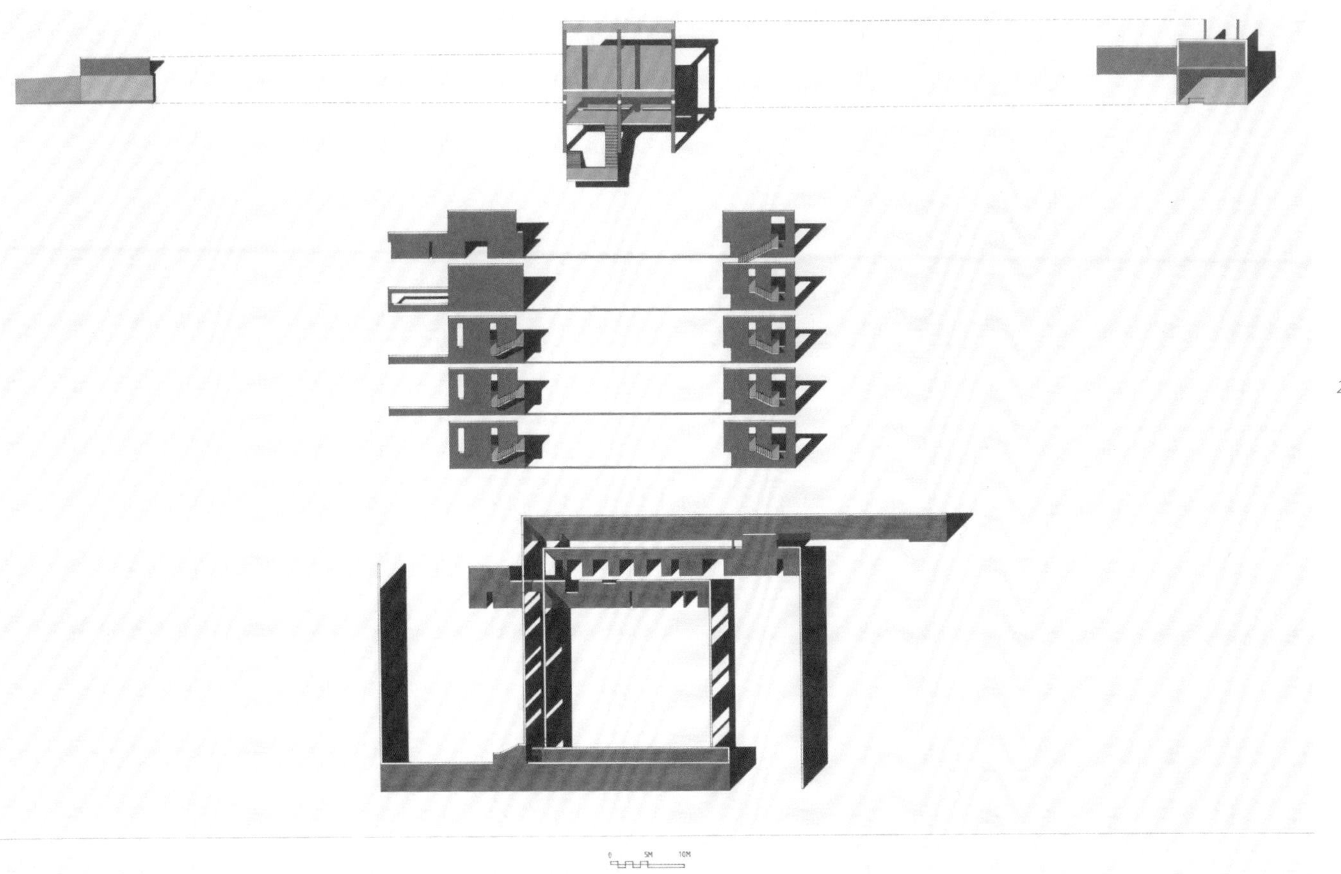

正轴测：空间分析：（上）插入体，（中）建筑墙体系，（下）院墙体系
制图要点：将建筑拆解成三层

1993
纸，水粉

900mm × 600mm

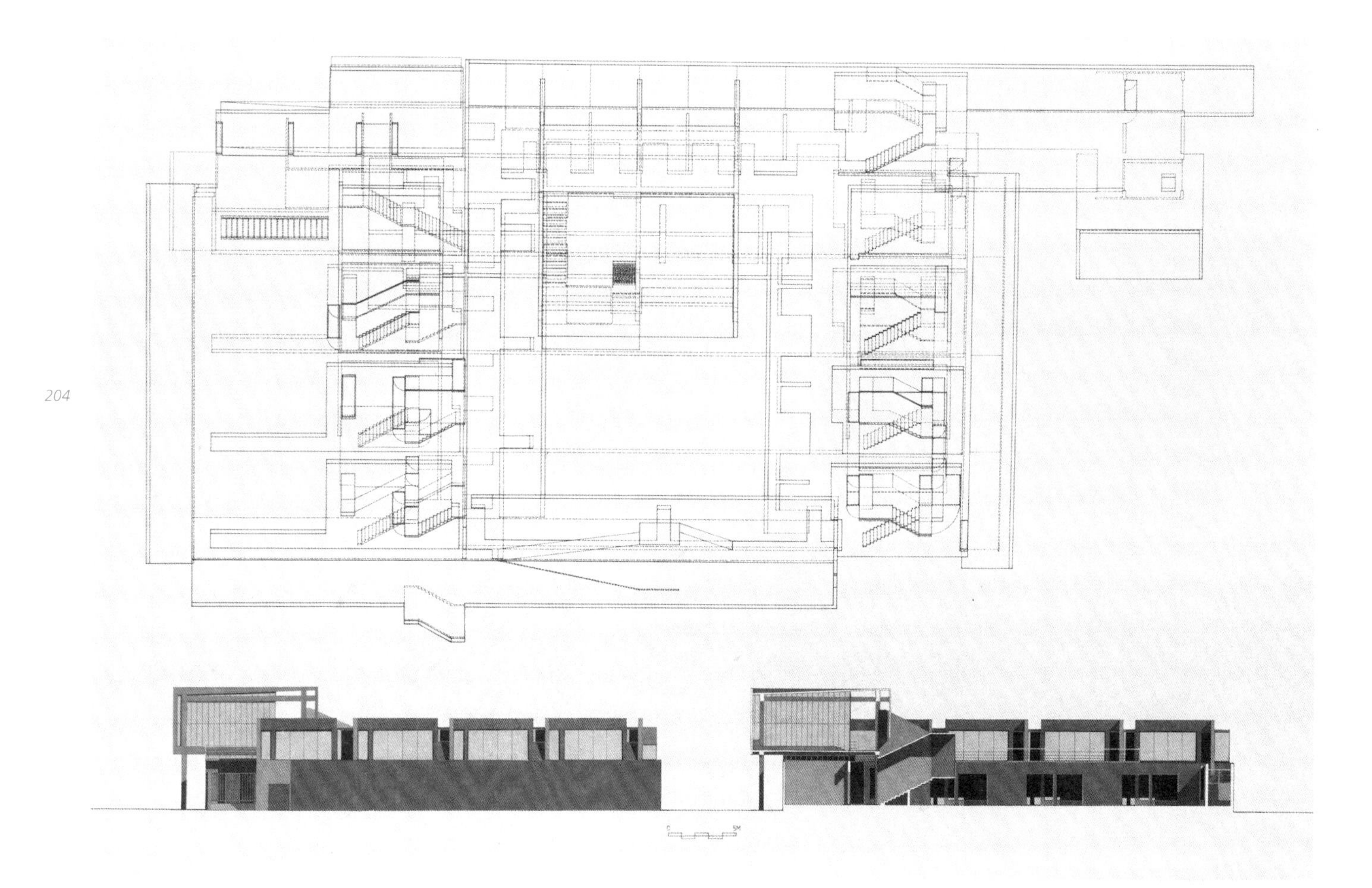

（上）正轴测：空间关系分析，（左下）南立面，（右下）横剖面：显示北楼院内立面

制图要点：建筑透明化

1993

纸，水粉

900mm × 600mm

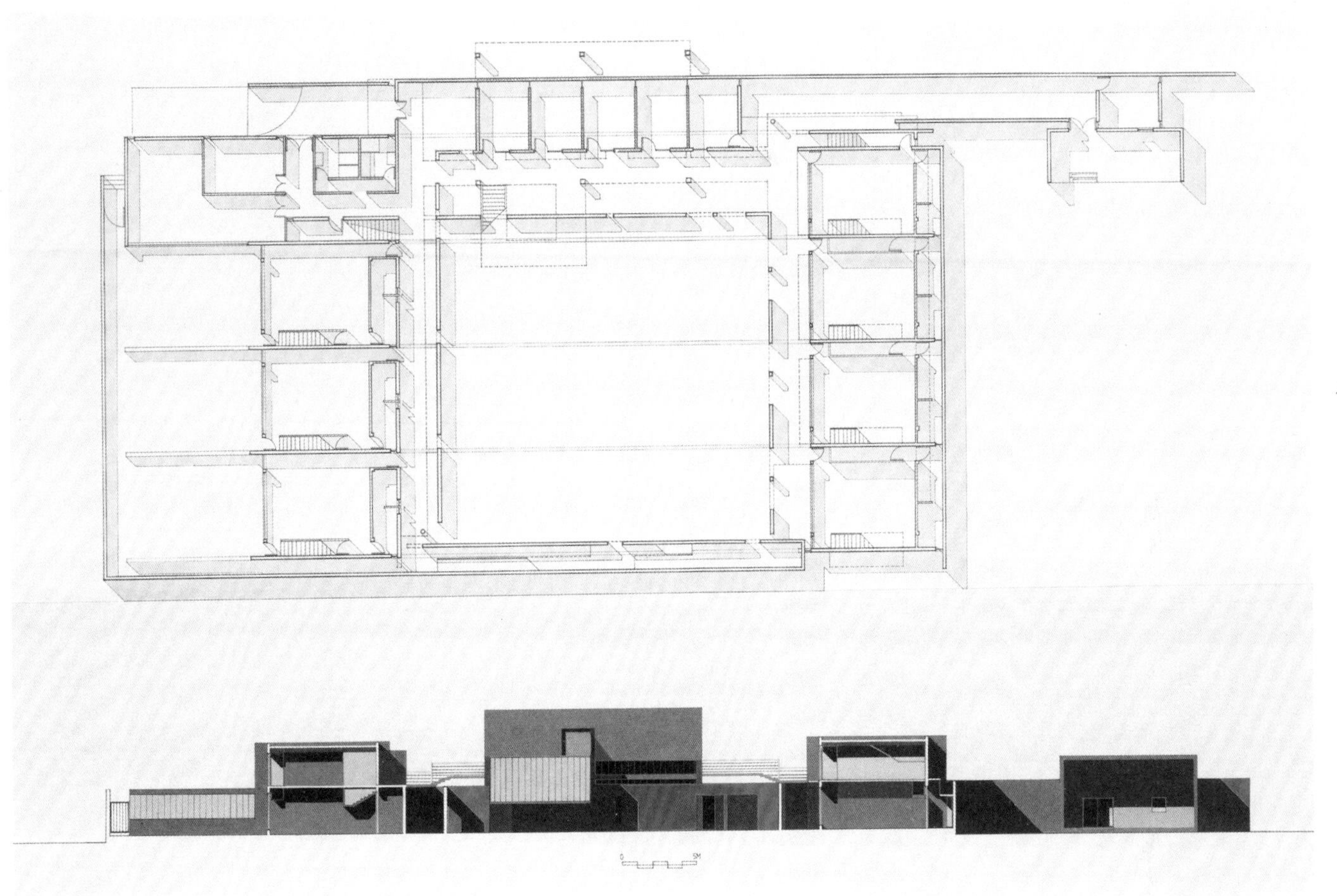

（上）底层平面，（下）纵剖面：显示教室剖面、东楼院内立面、大门立面

1993

纸，水粉

900mm × 600mm

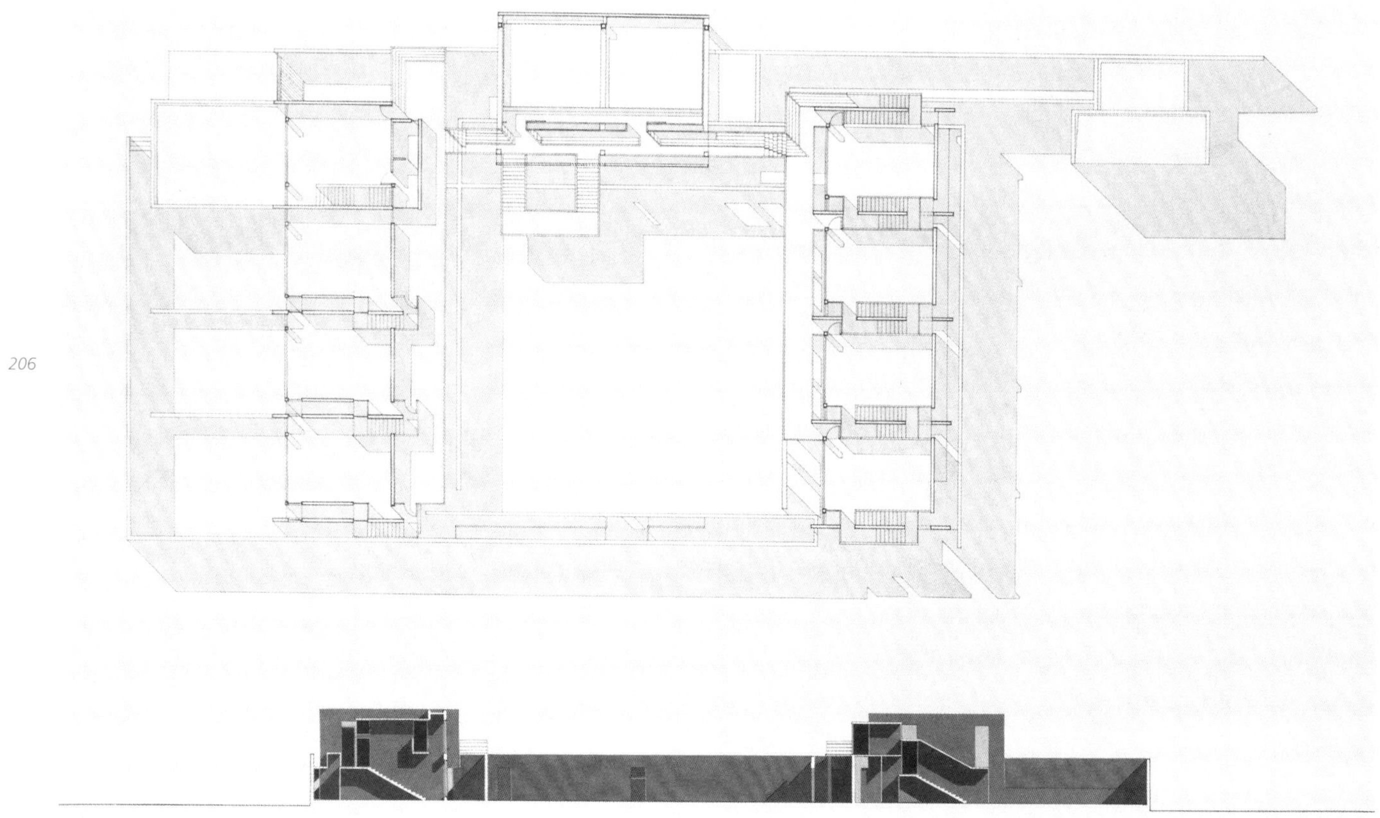

（上）上层平面，（下）纵剖面：
显示教室剖面、院墙

1993
纸，水粉

900mm × 600mm

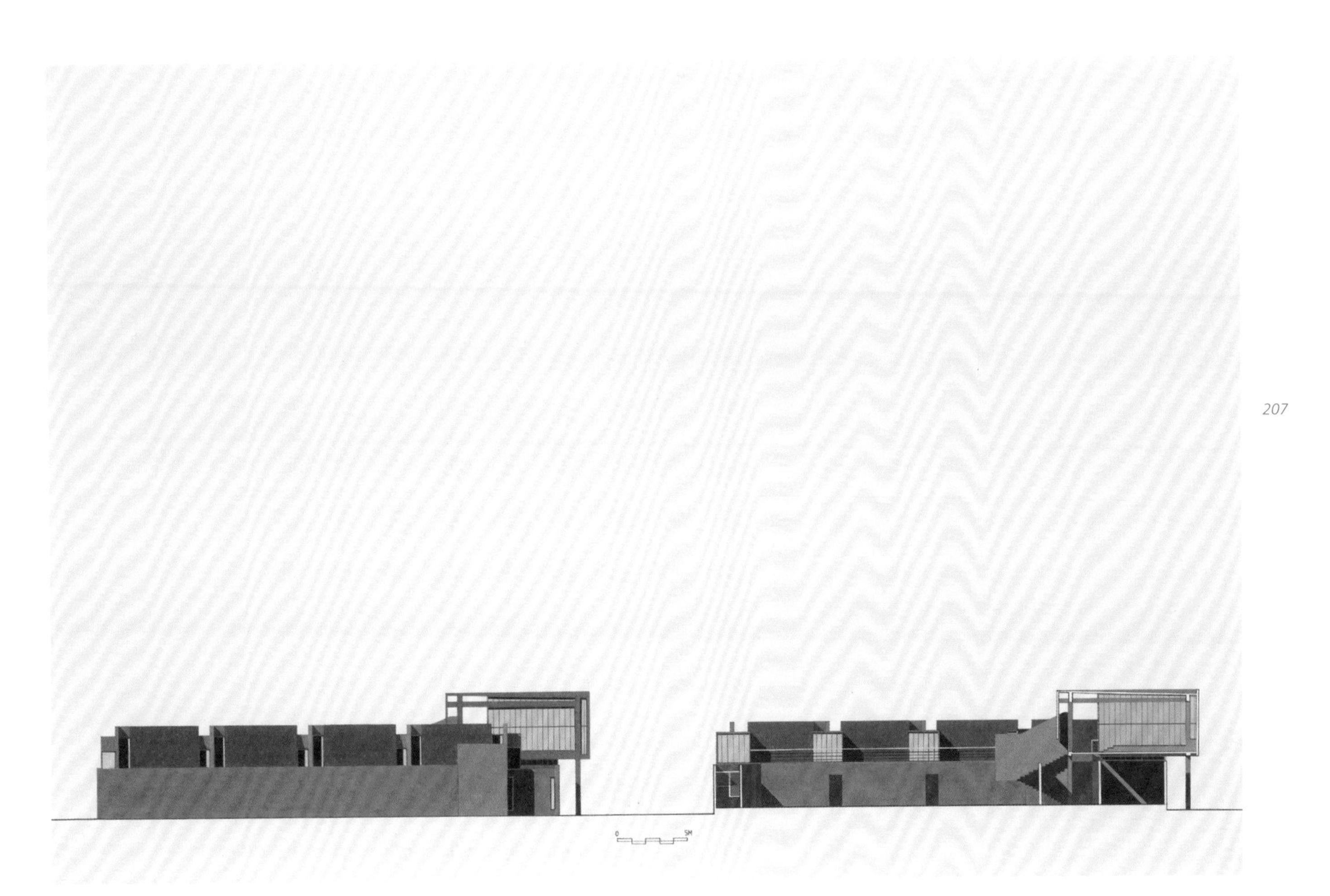

（左）北立面，（右）横剖面：显示南楼院内立面

1993
纸，水粉

900mm × 600mm

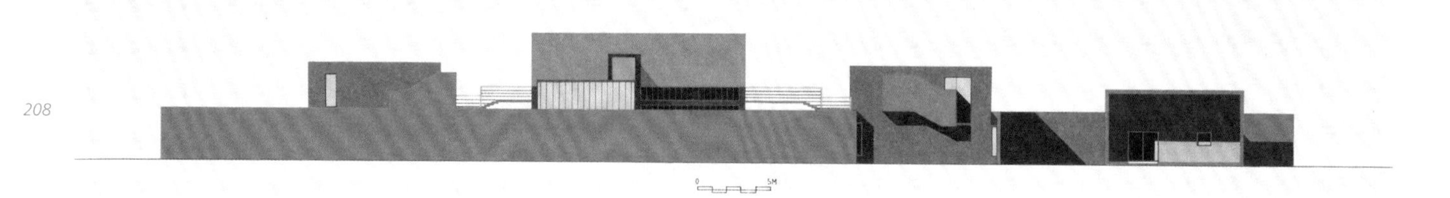

西立面 1993 900mm × 600mm
纸，水粉

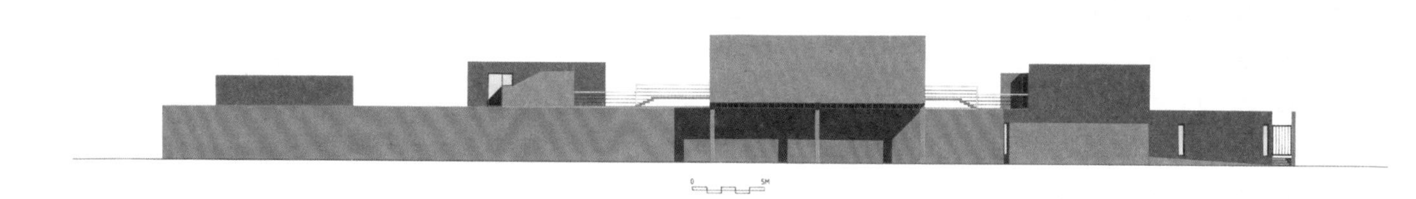

东立面 1993 900mm × 600mm
纸，水粉

正轴测

1993
纸，水粉

900mm × 600mm

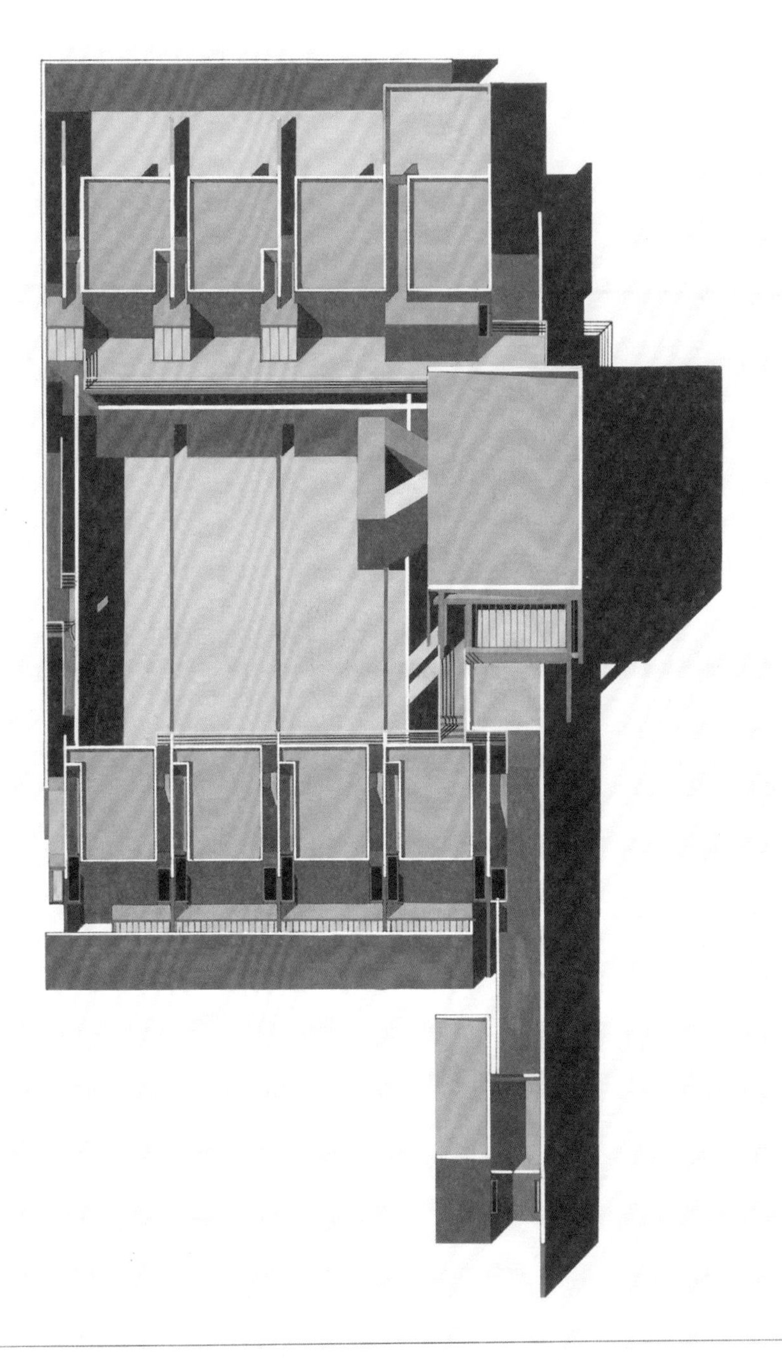

纵剖面透视
制图要点：多点透视，一点透视的大门前推

1993
纸，水粉

900mm × 600mm

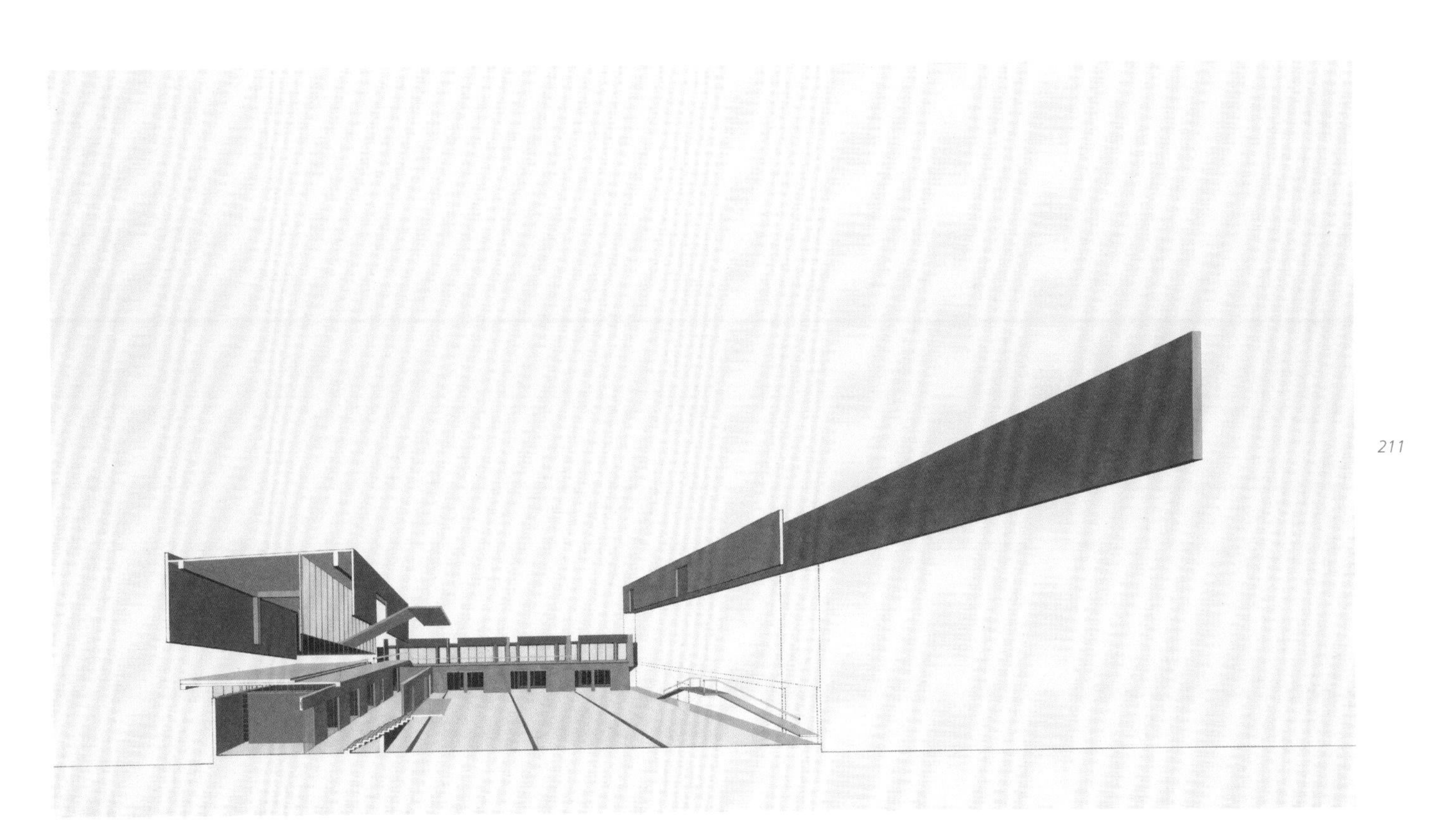

横剖面透视：围墙提起，显示其内部坡道；
体育教室提起，显示其与底层空间关系
制图要点：一点透视，拆解建筑元素

1993
纸，水粉

900mm × 600mm

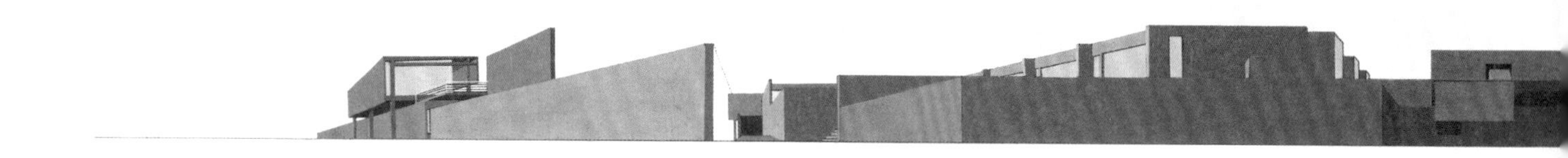

建筑外部连续环绕透视
制图要点：多点透视

1993
纸，水粉

1800mm × 600mm

高尔夫会所

1993

这些图想表现什么？我只看到局部的建筑与环境。

这个设计是关于取景：广东的山丘都很平缓，我想用一种夸张的取景方式，即以窄而高或长而平的窗框将景观转化为一系列山水画般的长卷。同时窗框又塑造了内部建筑空间。因此设计图纸聚焦空间、窗框和景观。片段化的图纸反映了不同房间的视点。实际上这些空间是先根据景观布置在基地上的，然后再联系起来。

局部的平面、立面、剖面、轴测、透视组合：空间与景观研究
制图要点：平面、立面、剖面、轴测与透视组合，注重描绘空间经验和被建筑框取的景观

1993
纸，水彩，铅笔

795mm × 495mm

局部的平面、立面、剖面、轴测、透视组合：
空间与景观研究

1993
纸，水彩，铅笔

788mm × 317mm

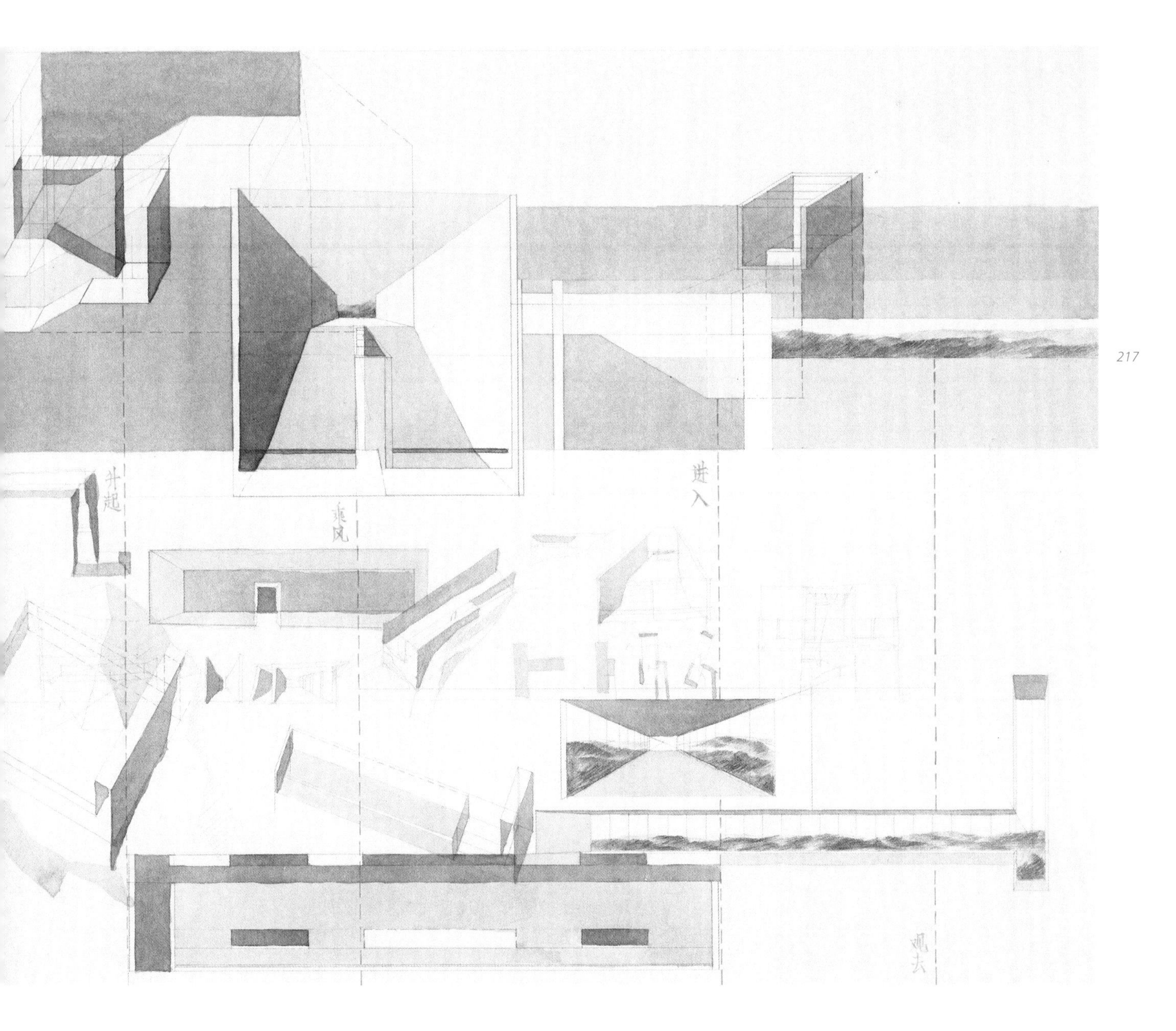
升起
乘风
进入
观天

赌场

1993—1994

这个赌场的样子很像住宅，像四个平行的公寓。

我们没在建筑中反映赌场功能享乐主义的一面，而像我们其他拉图雷特（La Tourette）式的“禁欲”建筑，我们在这个方案里设计了一组直截了当的平行板楼，一个禁欲的赌场——一个矛盾的建筑。

我没太关心赌场的通常形象。我感兴趣的是四个相联的平行建筑，以及中间缝隙中的小空间。这跟我们在大连设计的房子很像，都是尝试建立清晰的空间结构，这正是商业建筑常常缺乏的。

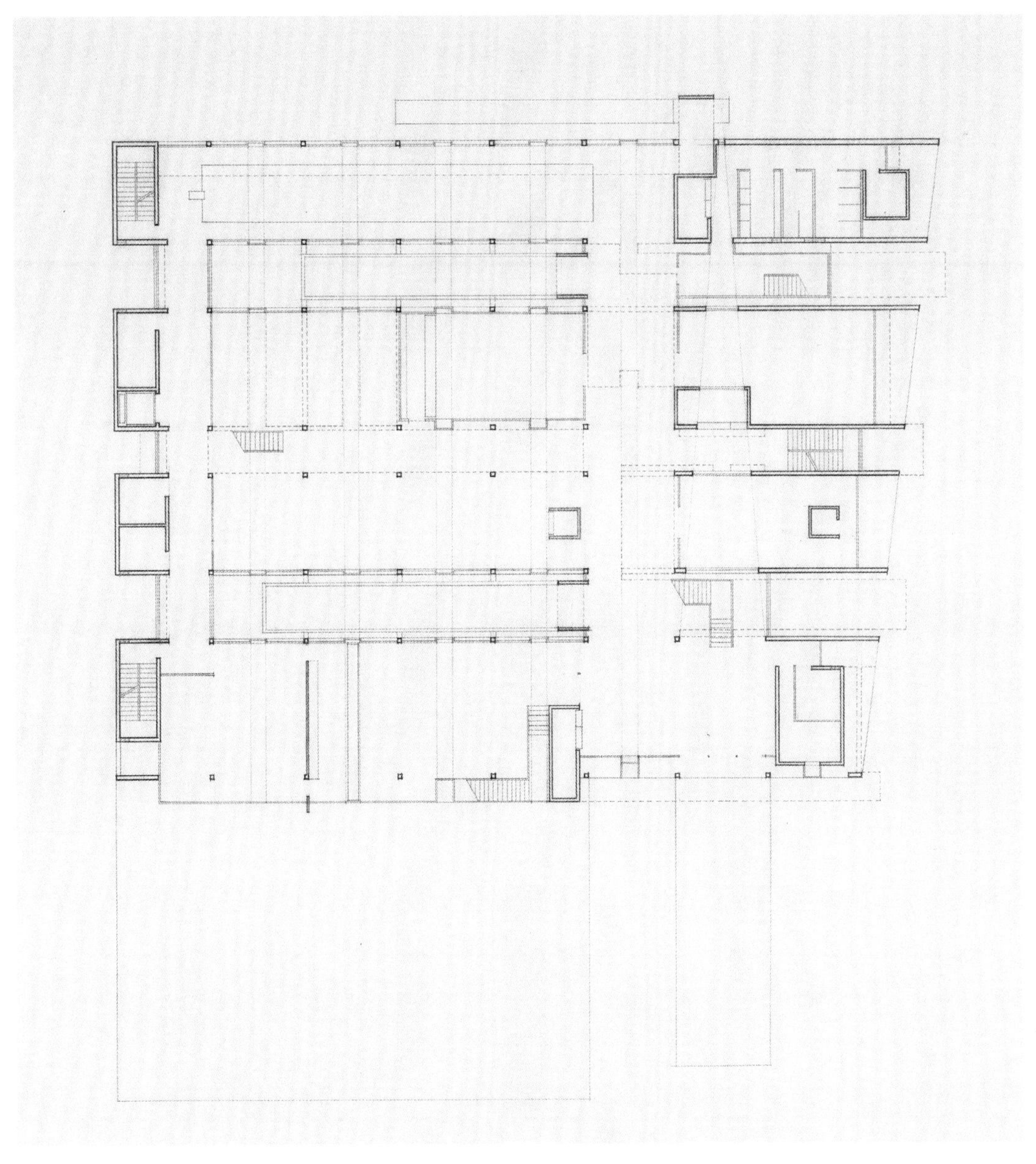

首层平面

1993—1994

草图纸，铅笔

355mm × 405mm

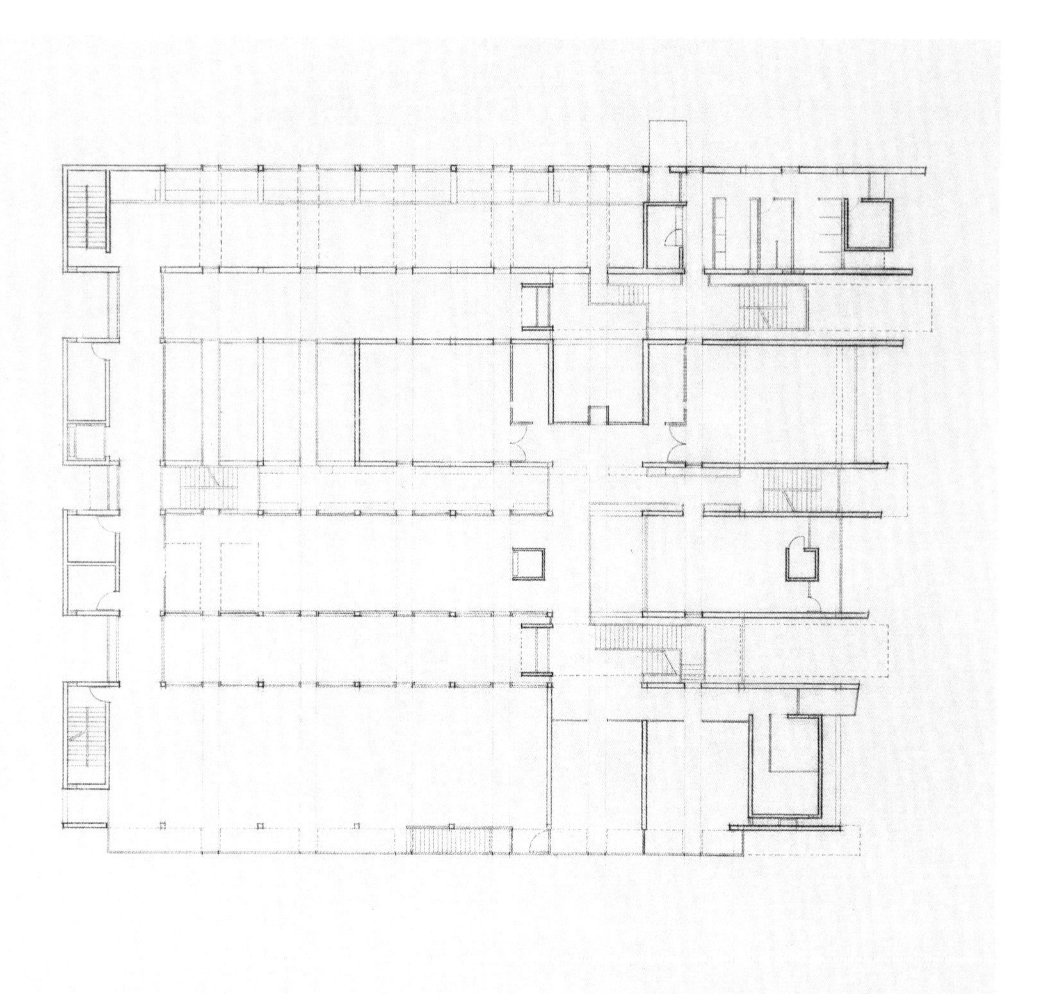

二层平面

1993—1994
草图纸，铅笔

330mm × 355mm

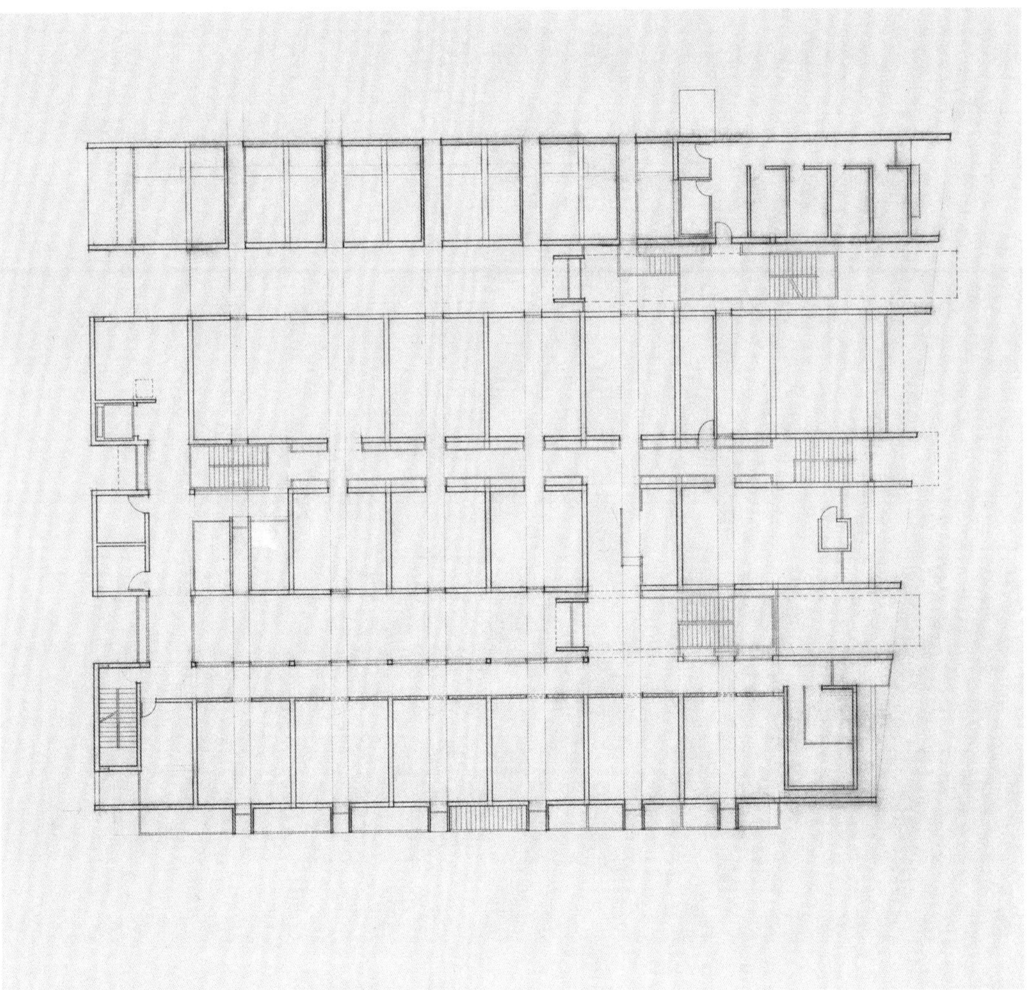

三层平面

1993—1994
草图纸，铅笔

350mm × 312mm

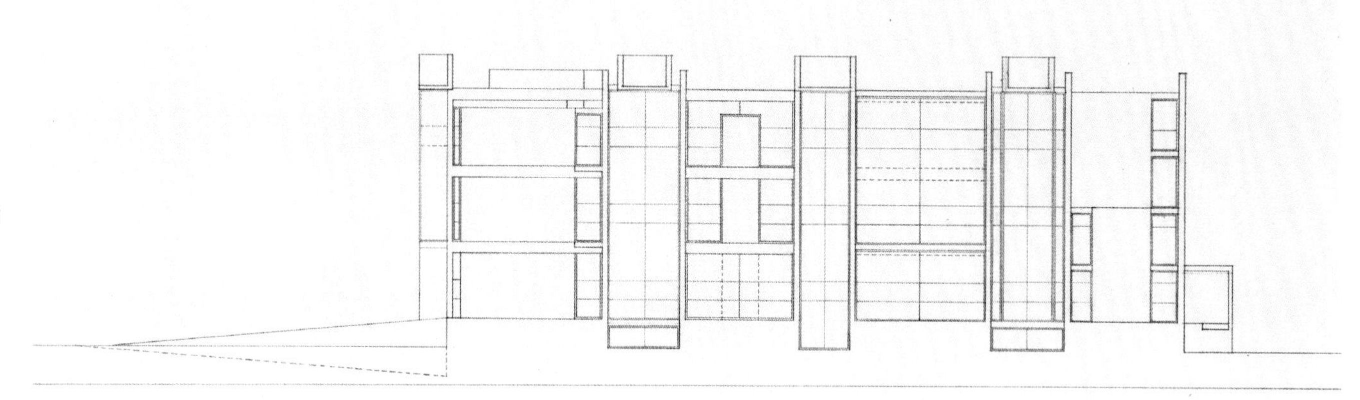

东立面

1993—1994

草图纸，铅笔

355mm × 225mm

轴测

1993—1994
草图纸，铅笔

220mm × 350mm

虎门宾馆

1995

为什么以汉字为设计的起点？

我当时对汉字的形与空间的关系很感兴趣，尤其是它们中间一些有非常明确的围合。我想能否将汉字作为一种建筑空间组织的基础。酒店平面用了《康熙辞典》中选的十六个带有国字框的字为空间原型。我画了一系列图，将汉字转化为实际的院落。

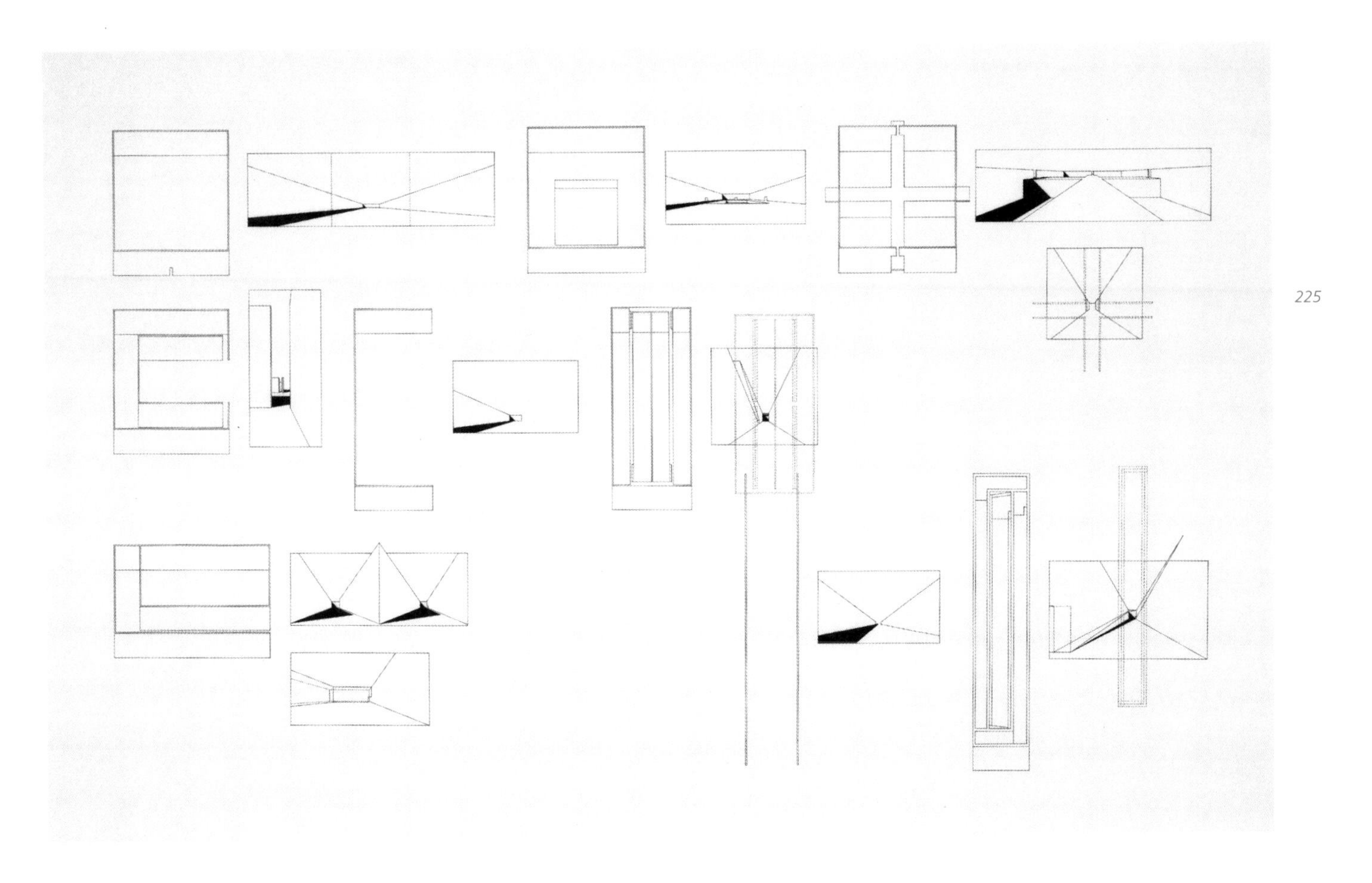

正轴测，透视：概念院落单体研究
制图要点：菜单式的排列，从轴测和透视两个视角研究同一空间，一点透视及其组合，硬阴影营造空间

1995
硫酸纸，钢笔

960mm × 598mm

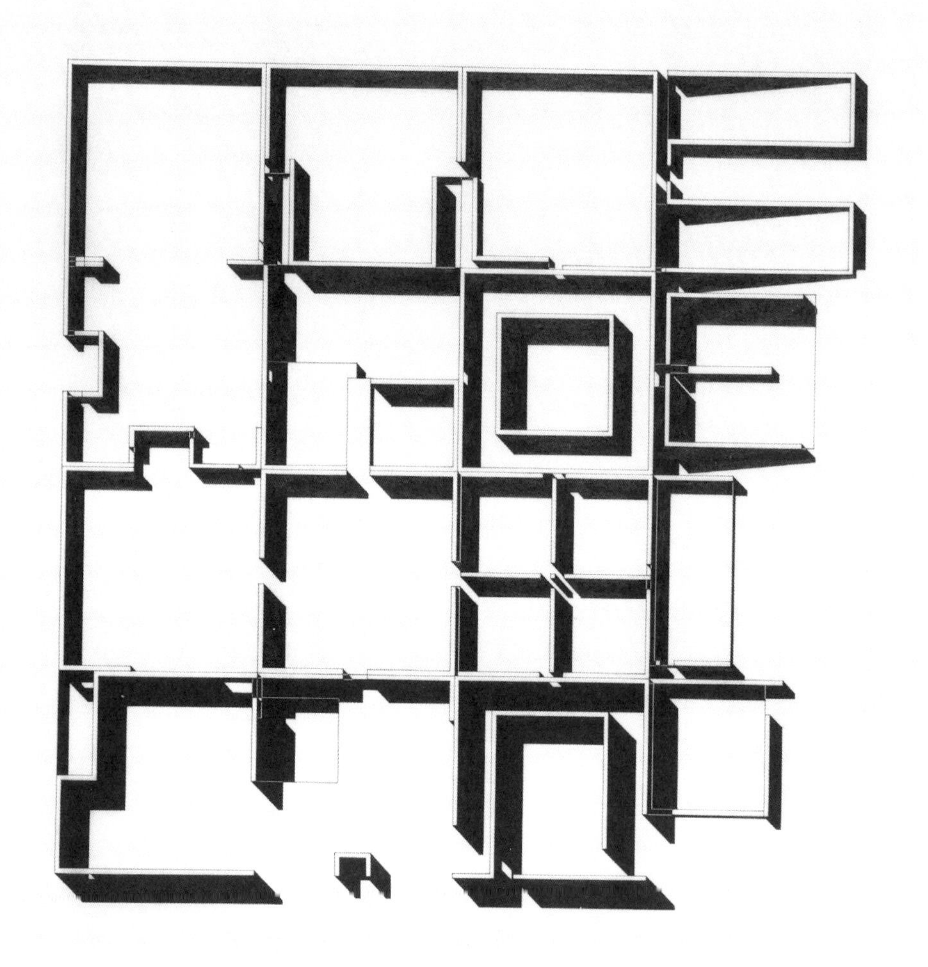

平面：院落研究：围合，界面
制图要点：硬阴影营造空间

1995
硫酸纸，钢笔

704mm × 598mm

平面：院落研究：景观
制图要点：山水画拼贴

1995
硫酸纸，钢笔

704mm × 598mm

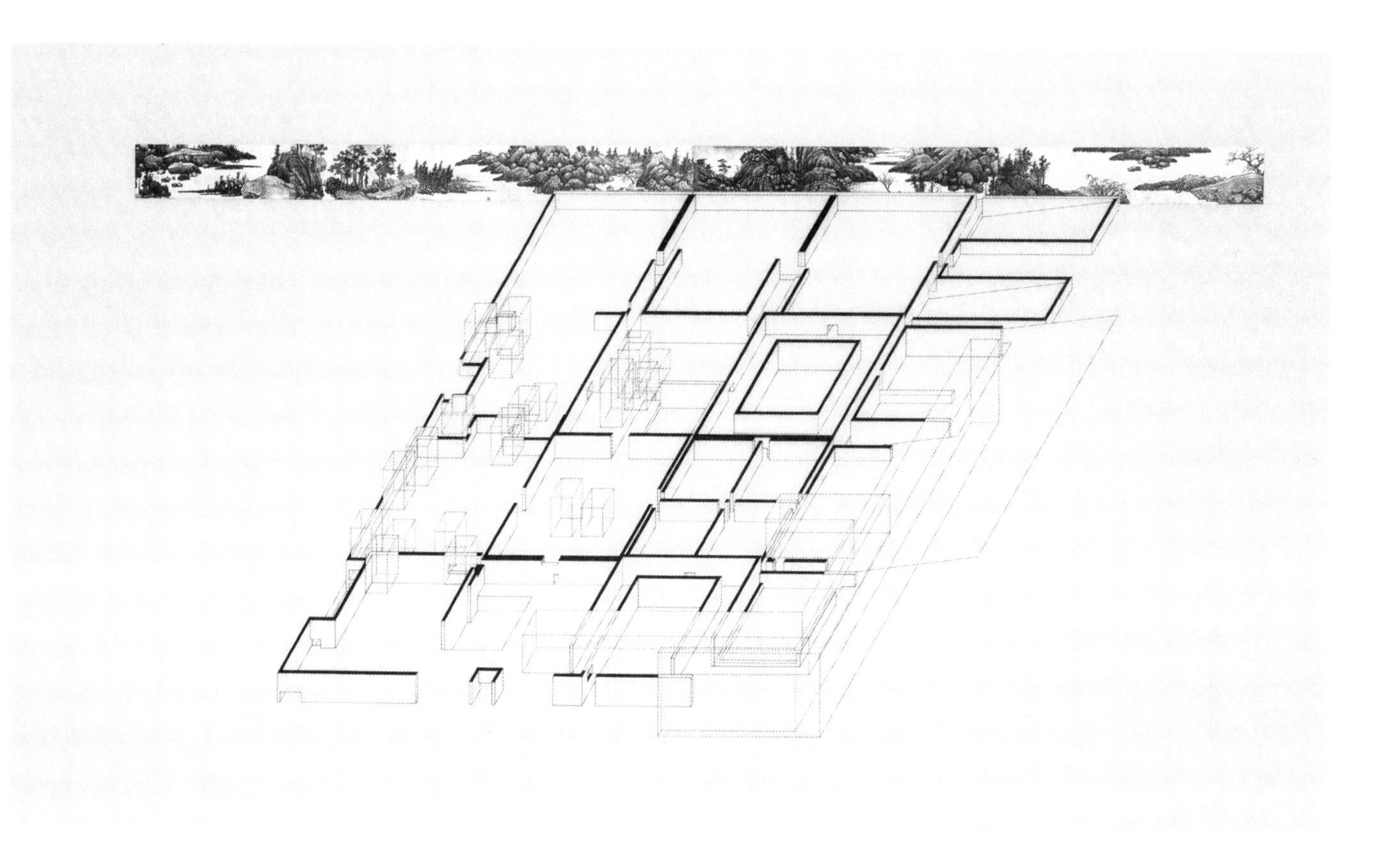

轴测：庭院与建筑关系
制图要点：用透明线框描绘建筑，院墙剖开面填实，山水画拼贴

1995
硫酸纸，钢笔，拼贴

960mm × 598mm

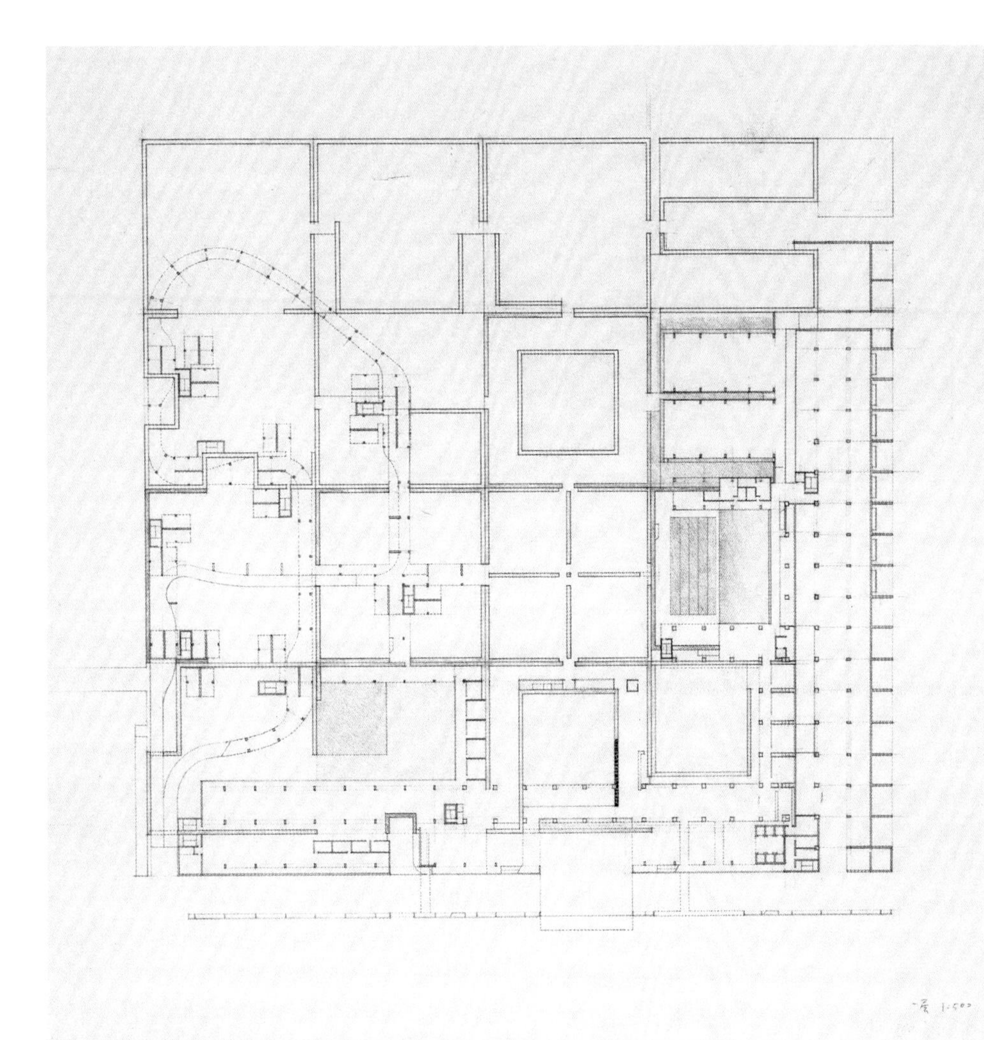

首层平面

1995

草图纸，铅笔，彩色铅笔

605mm × 535mm

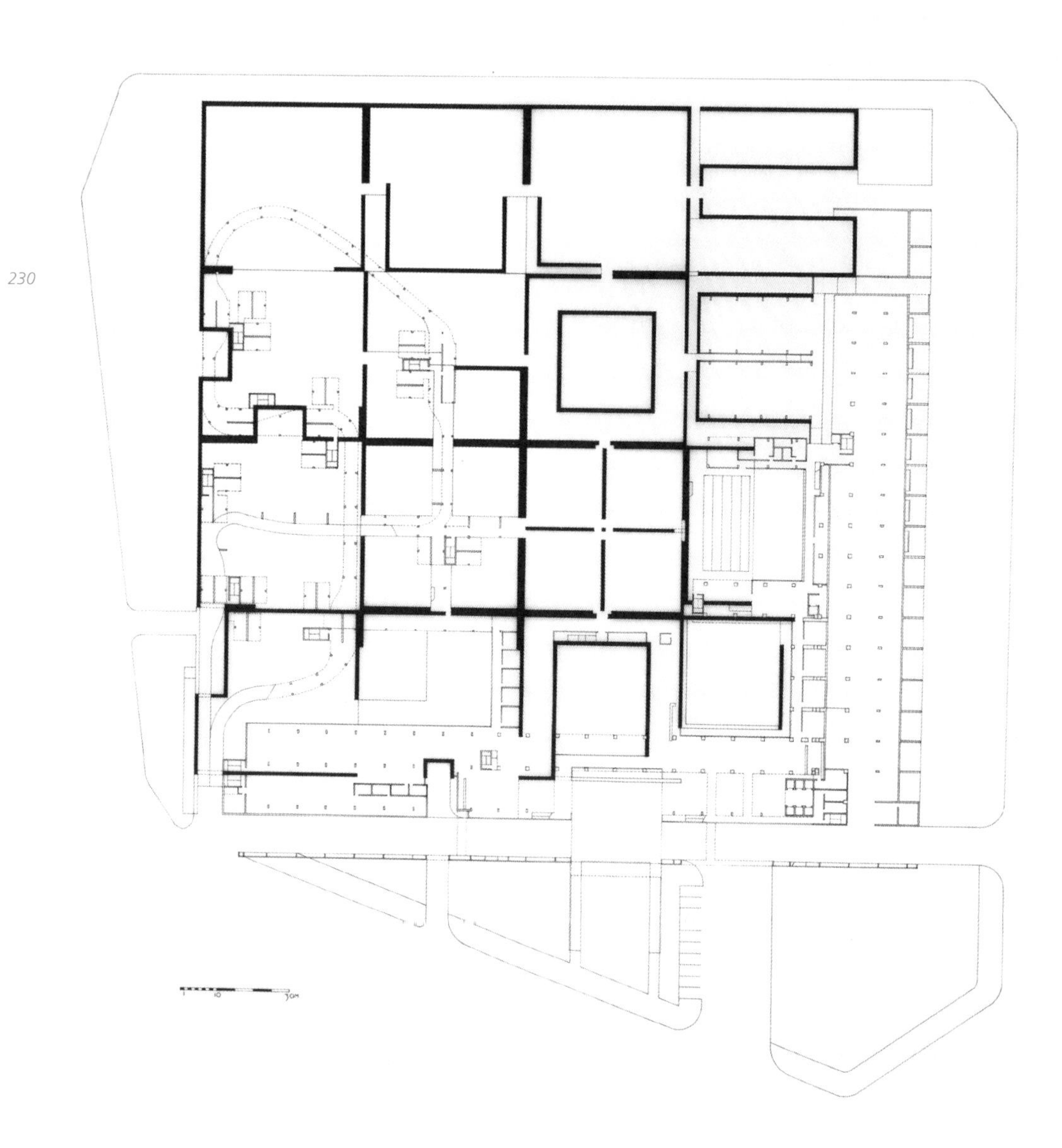

首层平面
制图要点：院墙剖开面填实

1995
硫酸纸，钢笔

704mm × 598mm

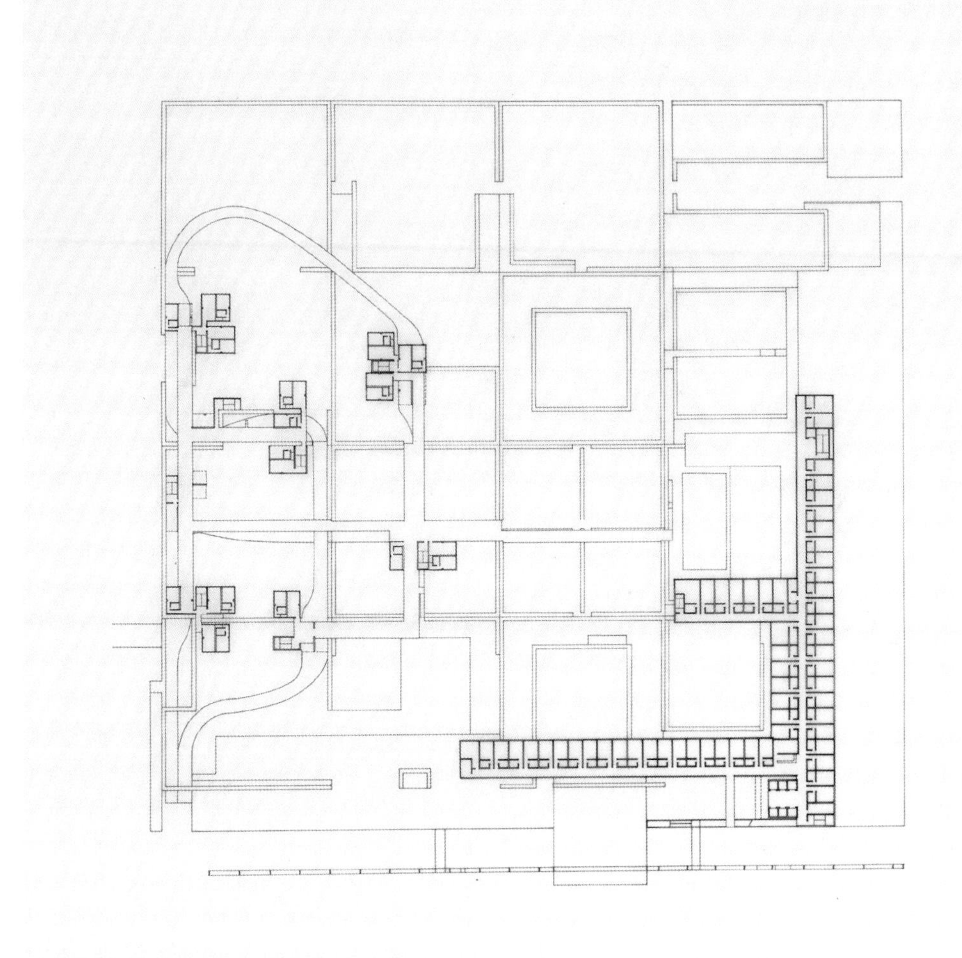

三至五层标准平面

1995

硫酸纸，钢笔

704mm × 598mm

非常建筑 绘
建筑外部透视

1995
纸，彩铅

832mm × 485mm

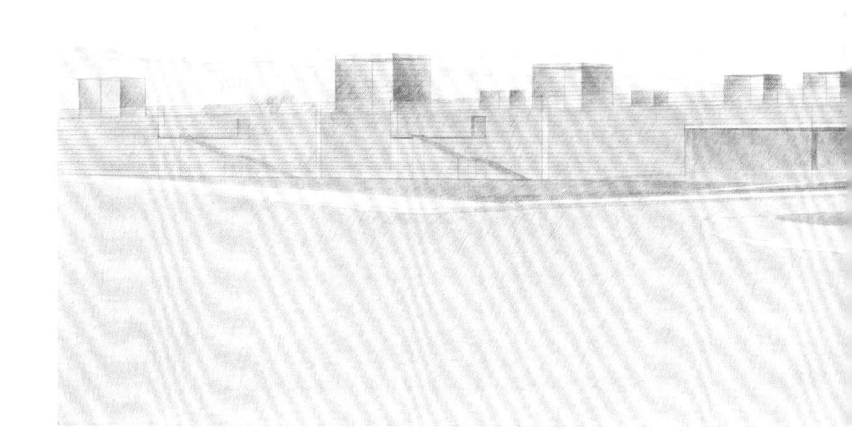

山上宅

1995

非常建筑

我们选择用水彩去表现建筑，是因为想创造一种干净与简单的空间体验，捕捉建筑实体背后的质量和精神。它带有一种纯度，尽管在实践中很难达到。这房子没有建出来。不过到今天我们也没有放弃这样的追求。

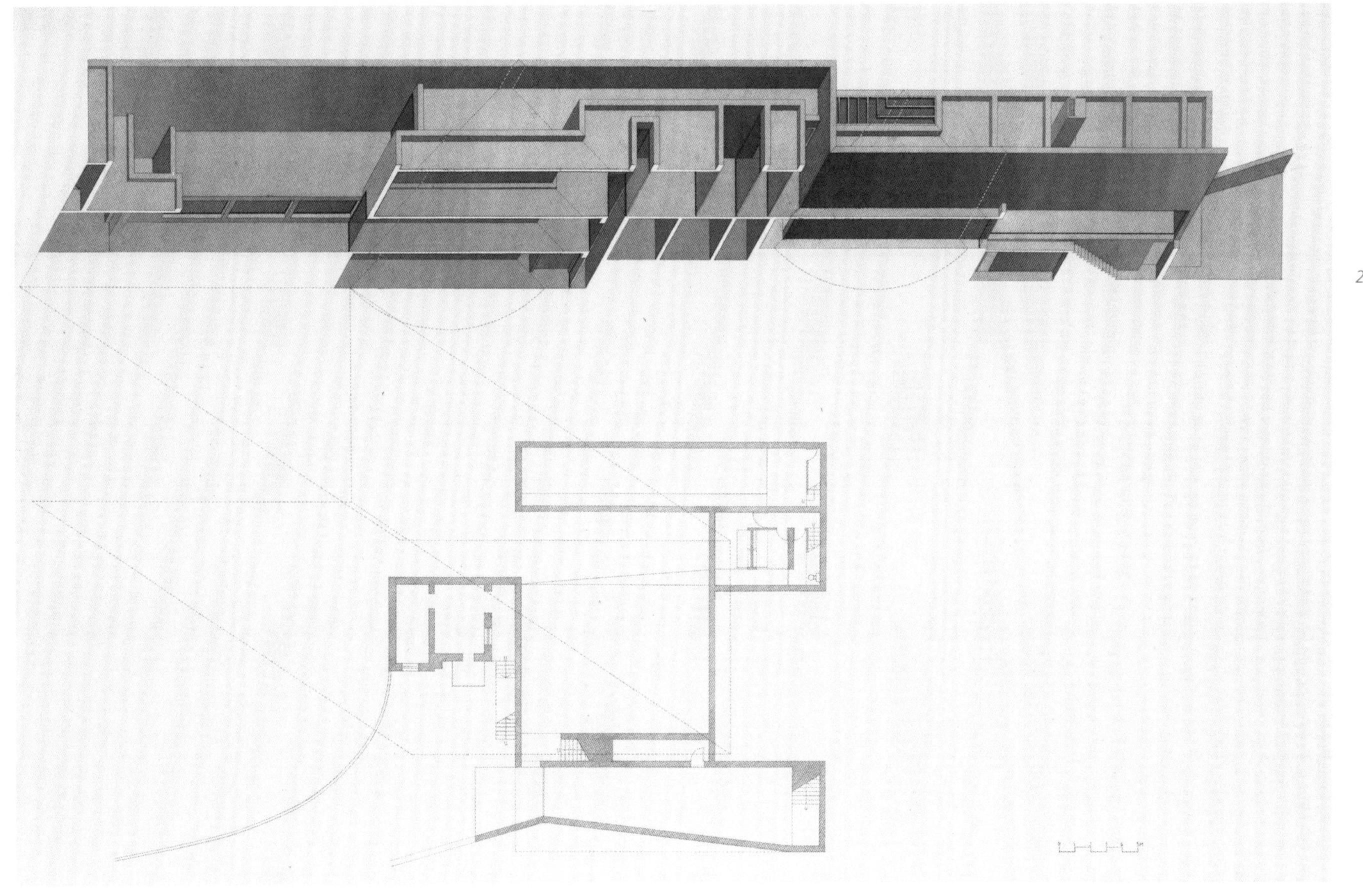

（上）展开剖面轴测，（下）下层平面
制图要点：将建筑展开成直线，画三个平行的剖面，显示空间系列和纵深

1995
纸，铅笔，水彩

830mm × 535mm

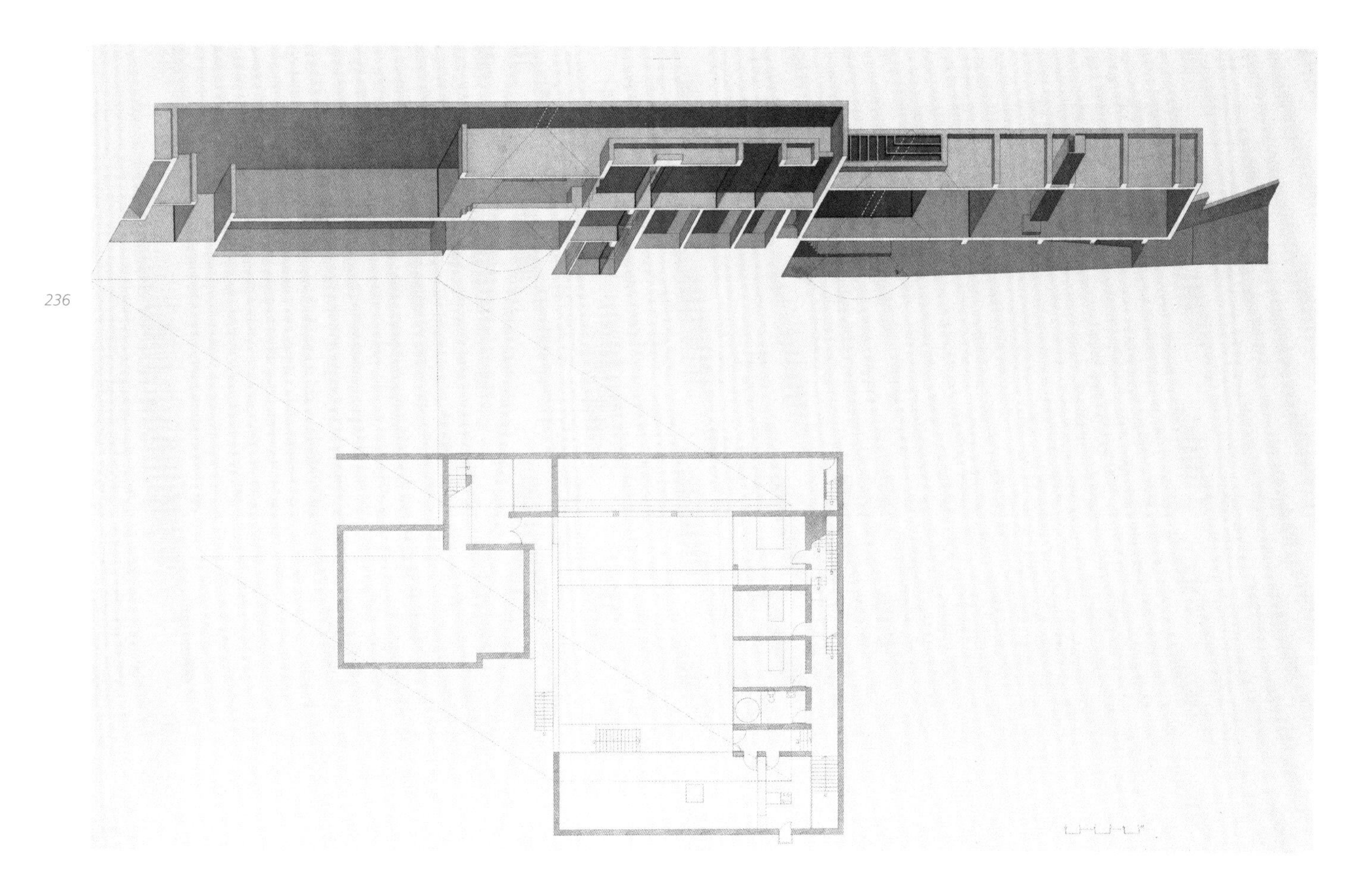

（上）展开剖面轴测，（下）中层平面

1995
纸，铅笔，水彩

830mm × 535mm

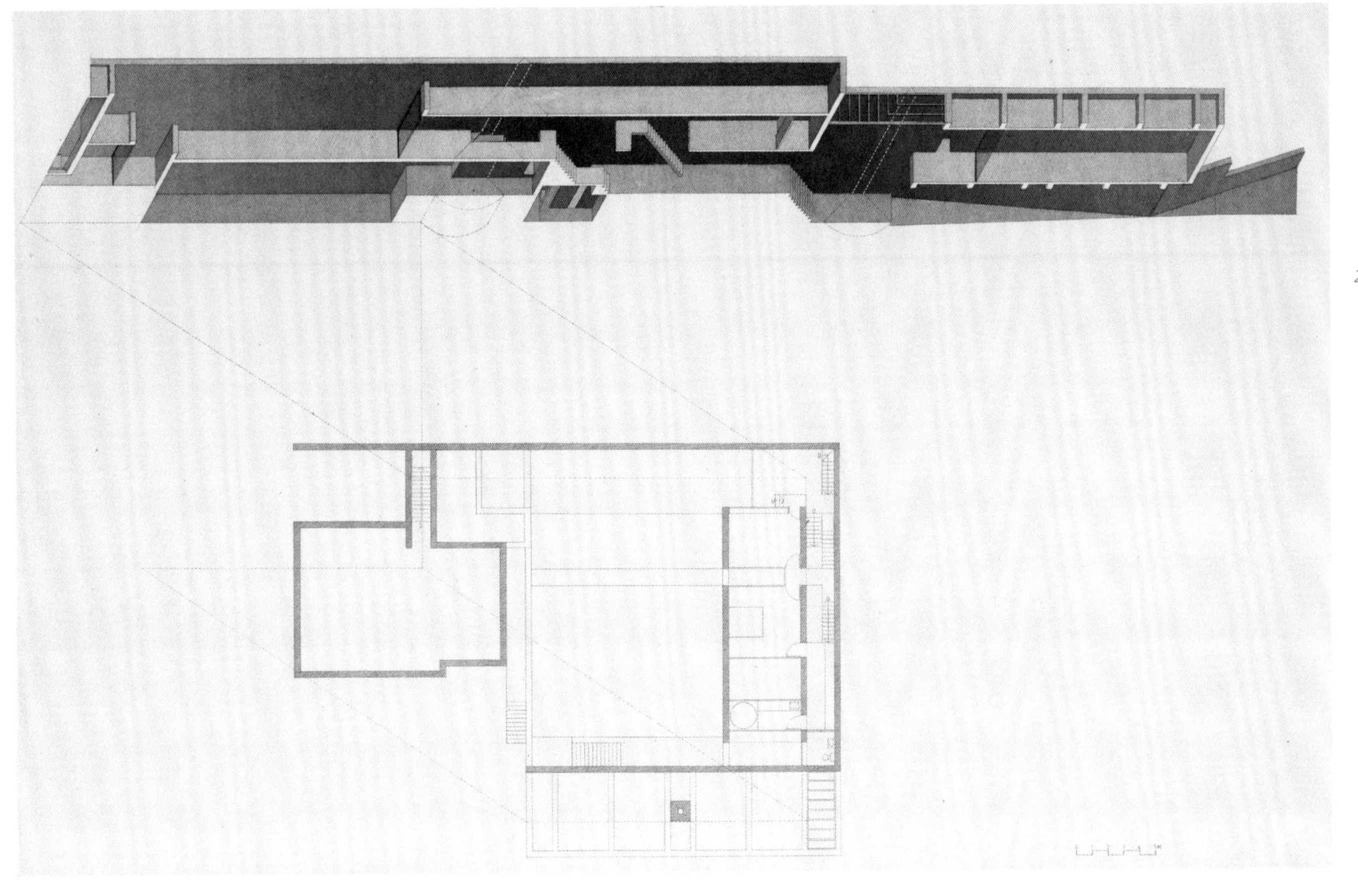

（上）展开剖面轴测，（下）上层平面

1995
纸，铅笔，水彩

830mm × 535mm

折叠空间

1995

鲁力佳

这是一个关于折叠和展开的空间设计练习。

这只是一个形态研究？在一个简单的线性建筑里创造密度和复杂性？这是个住宅设计吗？

鲁力佳：这是我在美国读研究生时一个空间设计练习的部分图。一开始，教授只是要求学生用自己的设计语言和媒介去研究空间，没有具体预告设计过程和最终结果，住宅的主题是后来逐步带入设计的。有些学生选择了做模型，我受了一系列自由或者说“错误”透视画的启发，开始用折纸讨论空间的压缩与伸展，随后在图上进行折叠与展开的操作，形成连续的空间并引发故事。后来，这一系列空间中发展出来若干个人物，如家庭主妇与心理医生、会计师与秘书等。每个角色都占据着一个“方格”的空间，并互有交集。

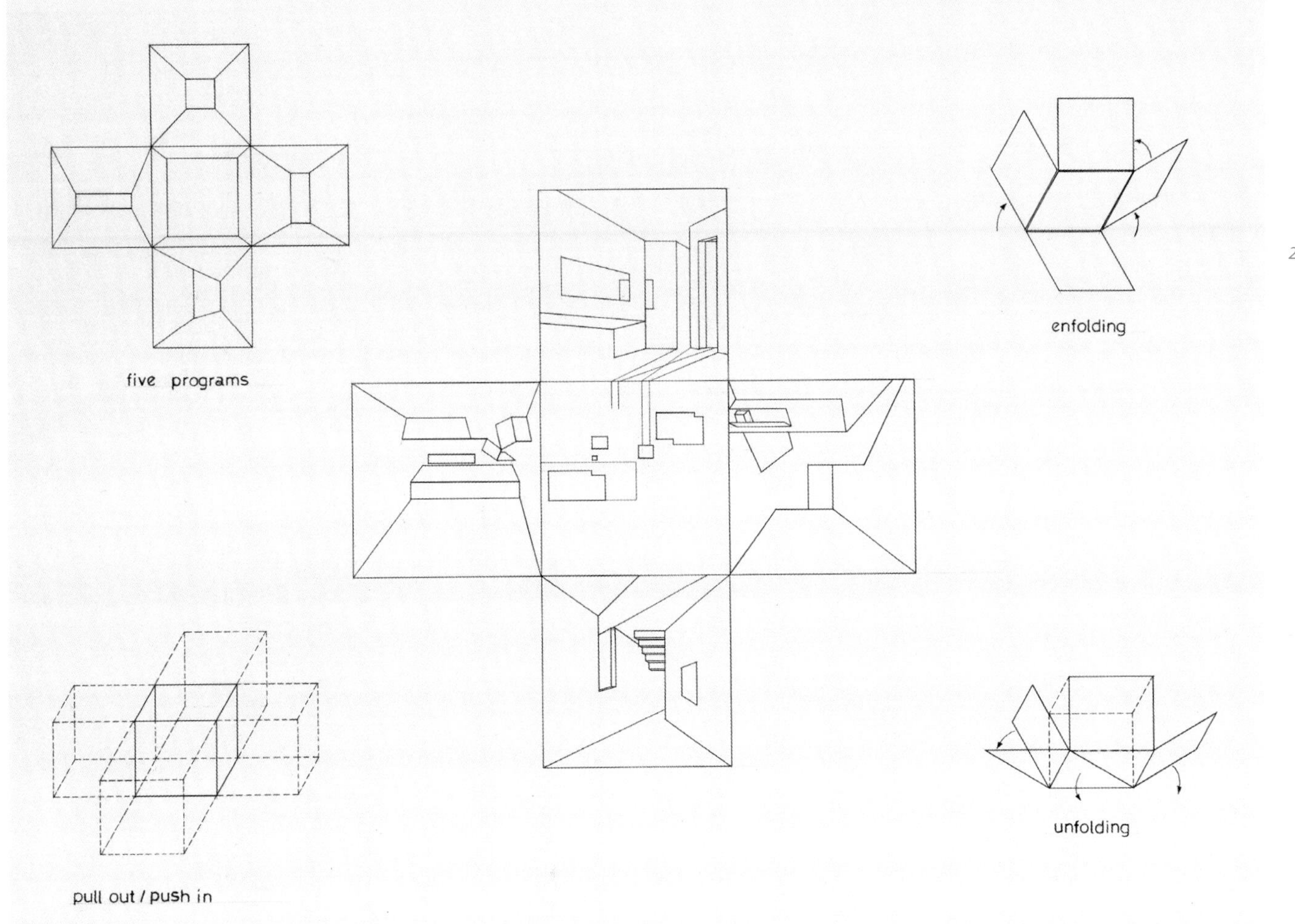

剖面，轴测，透视：概念性折叠 / 展开的操作过程，空间研究引发五个人物 / 场景的想象
制图要点：线图作为分析工具，轴测显示设计操作，透视描绘空间体验，无灭点透视

1995
纸，铅笔

380mm × 560mm

图面文字：五种使用；闭合；拉出 / 推入；展开

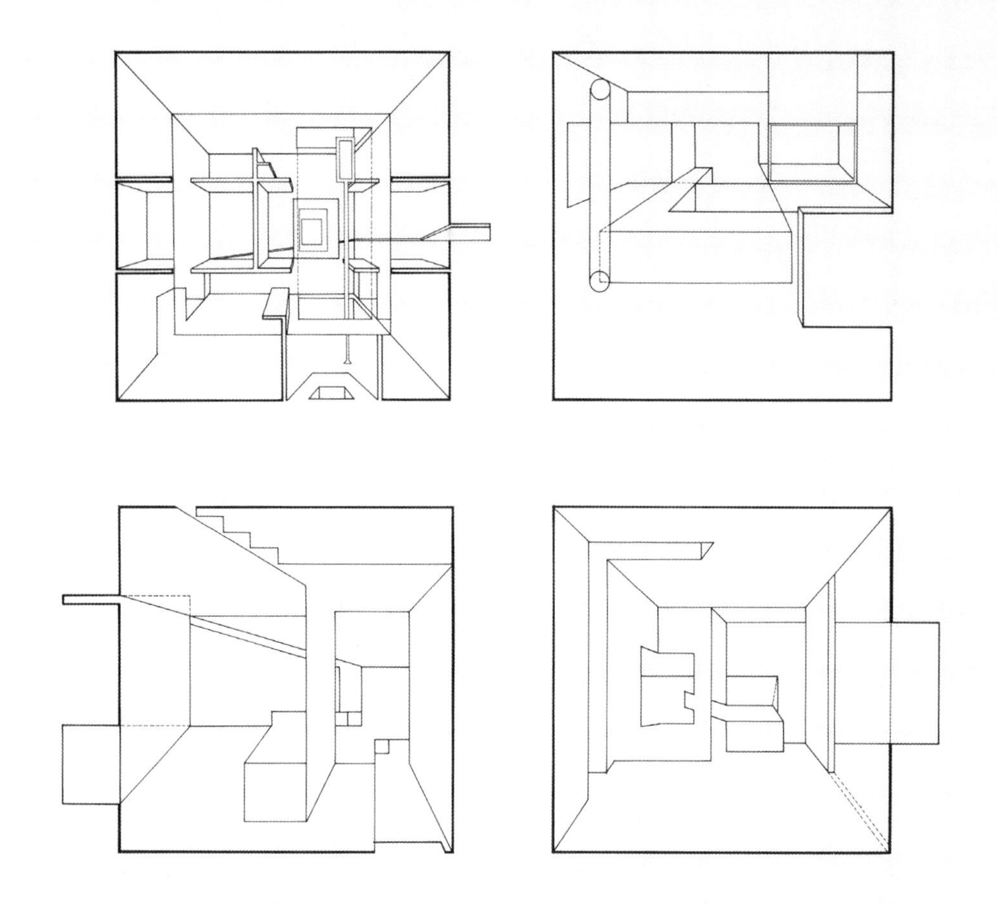

剖面透视：折叠 / 展开形成的空间，错展和咬合的界面关系
制图要点：无灭点透视

1995
硫酸纸，钢笔

555mm × 432mm

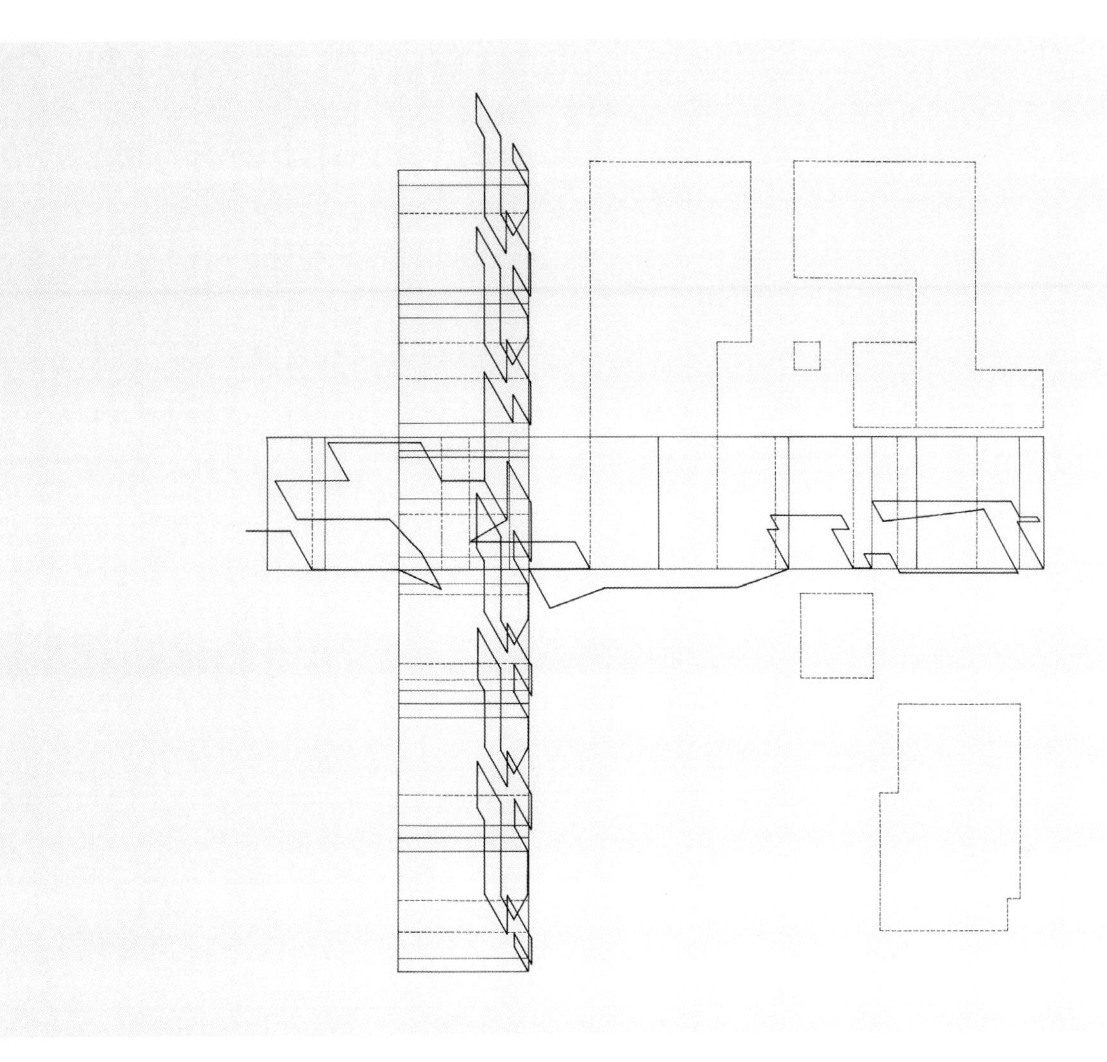

轴测：双向度连续折线，构成剖面

1995

硫酸纸，钢笔

555mm × 432mm

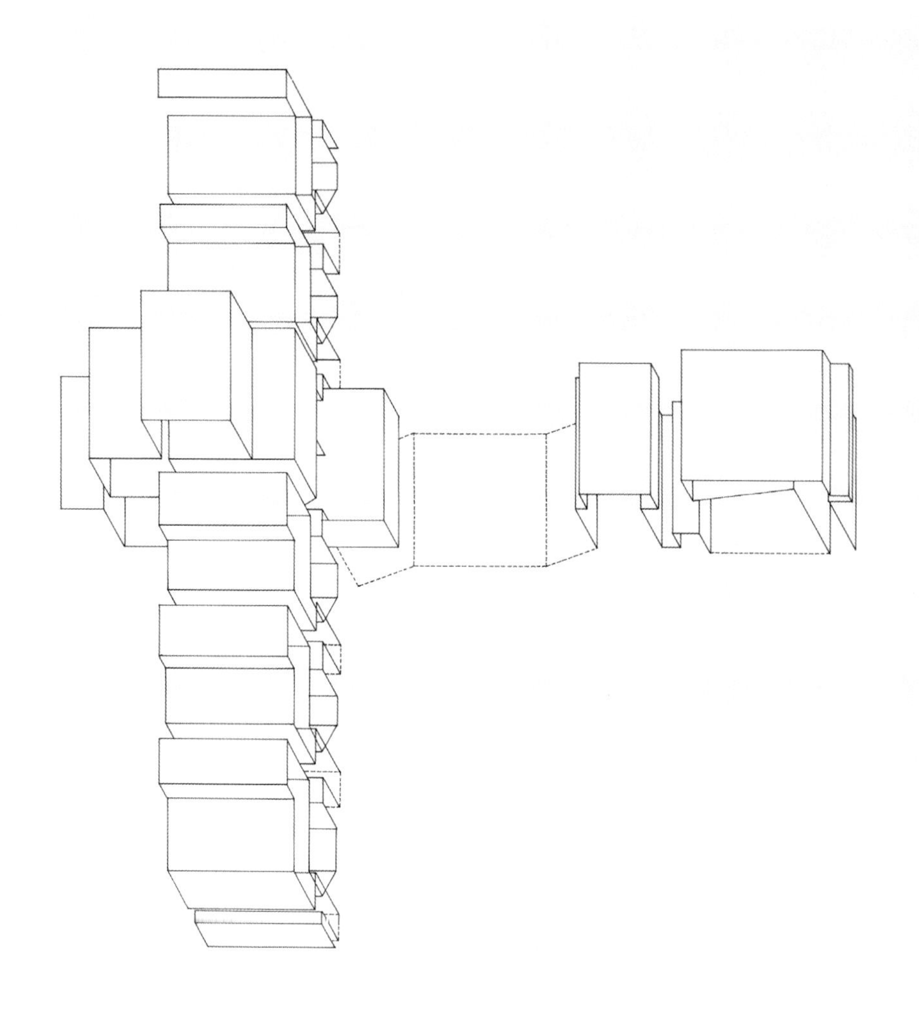

轴测：双向度连续折面，构成空间

1995
硫酸纸，钢笔

555mm × 432mm

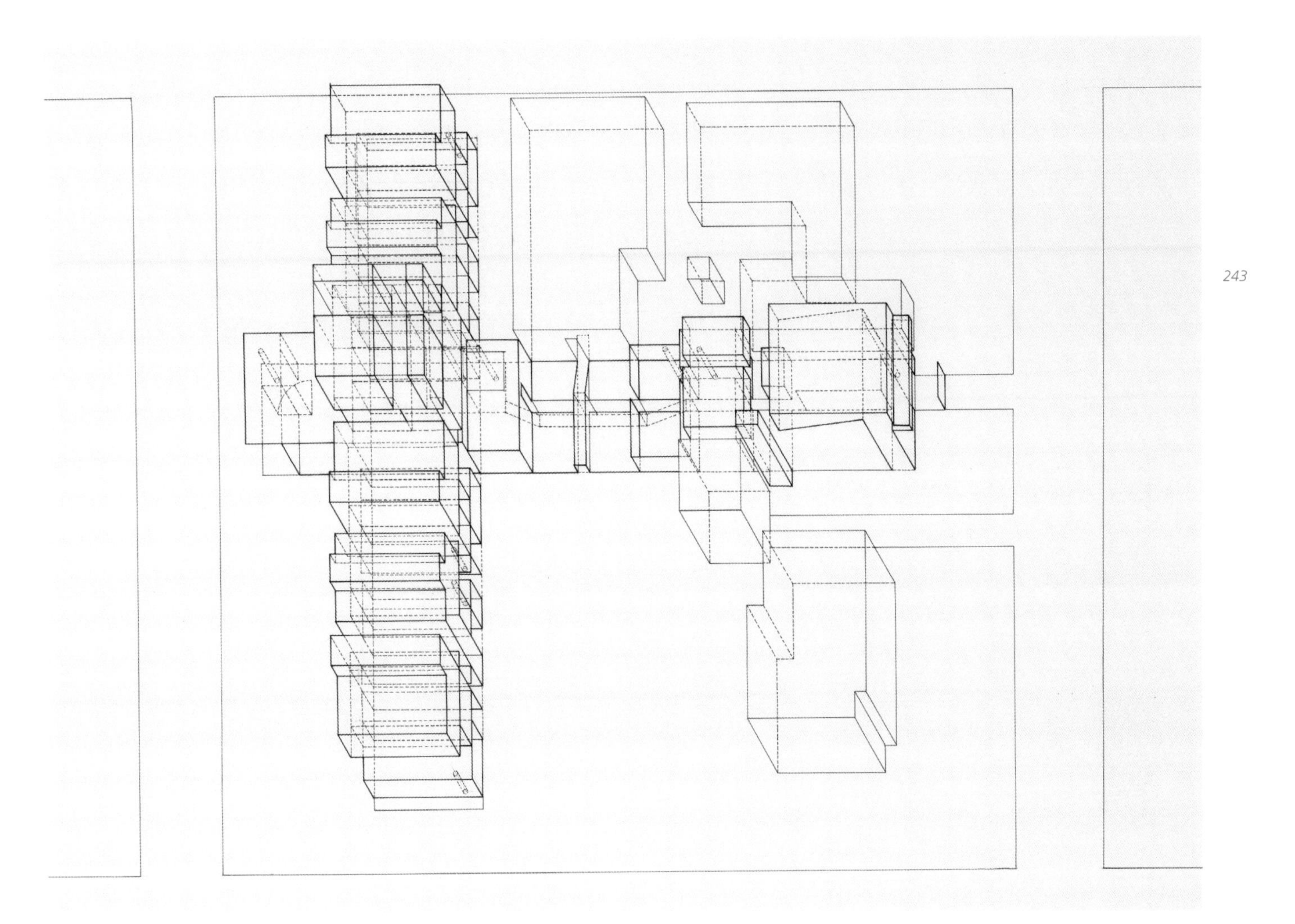

轴测：生成建筑体量，显示基地环境
制图要点：透明的邻近建筑

1995
硫酸纸，钢笔

555mm × 432mm

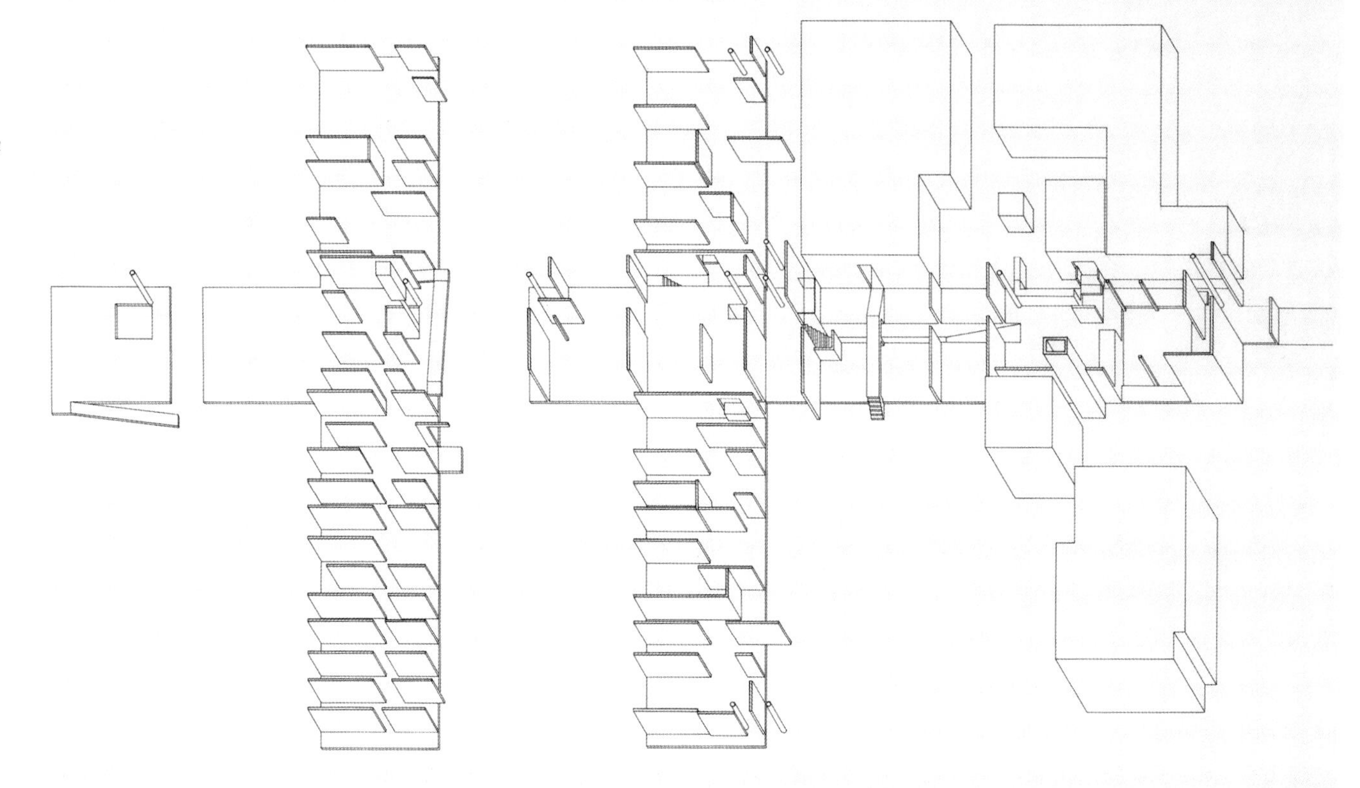

轴测：生成建筑内部空间分隔，显示基地环境
制图要点：消隐除隔墙、柱子、筒体、楼板外建筑的其他部分，不透明的邻近建筑

1995
硫酸纸，钢笔

555mm × 432mm

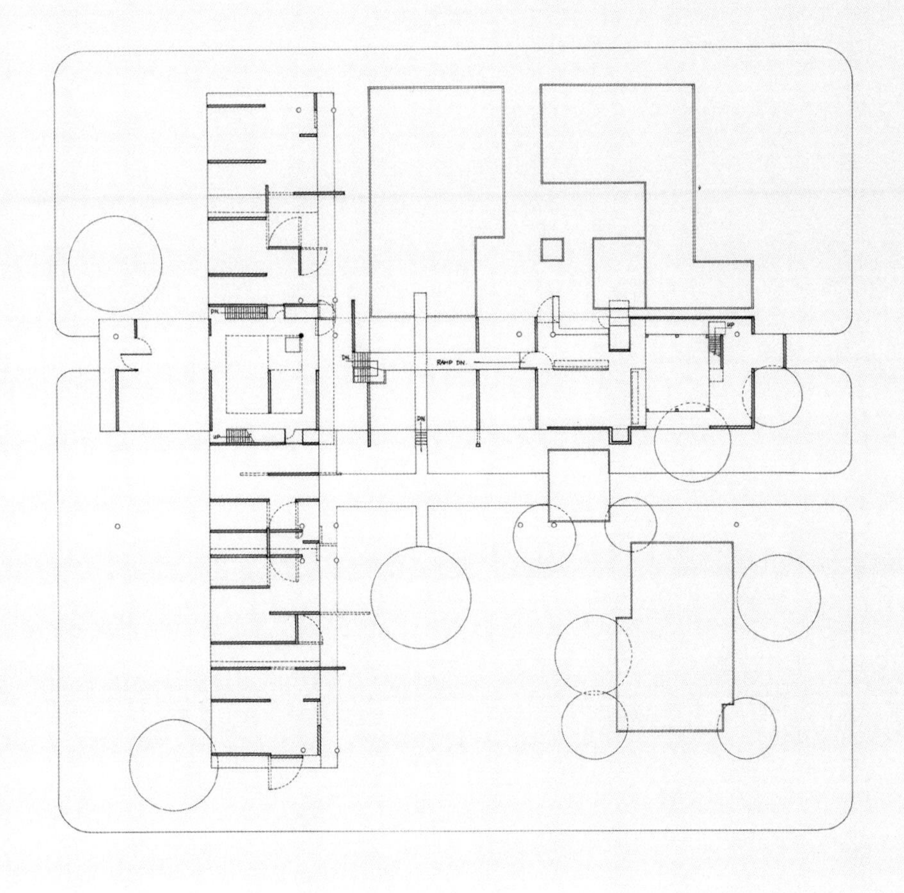

平面：显示基地环境

1995

硫酸纸，钢笔

555mm × 432mm

席殊书屋

1996

非常建筑

这些是一个书店的设计图。一个 1950 年代办公楼中门道的改造。门道里曾经有大量自行车通过，也有很多自行车停放，于是引发了“书车”的设计——指装有自行车轮的书架。这些“书车”以支撑夹层的柱子为轴旋转。

首层平面

1996
硫酸纸，钢笔

875mm × 480mm

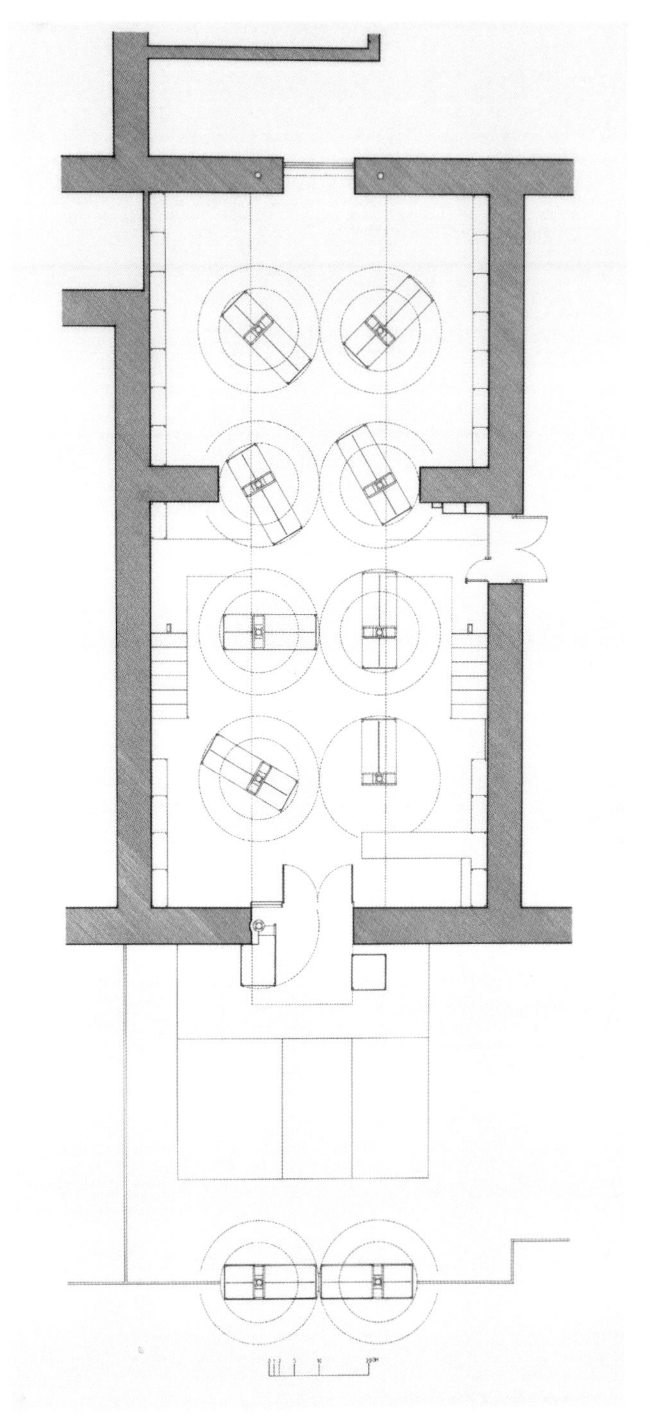

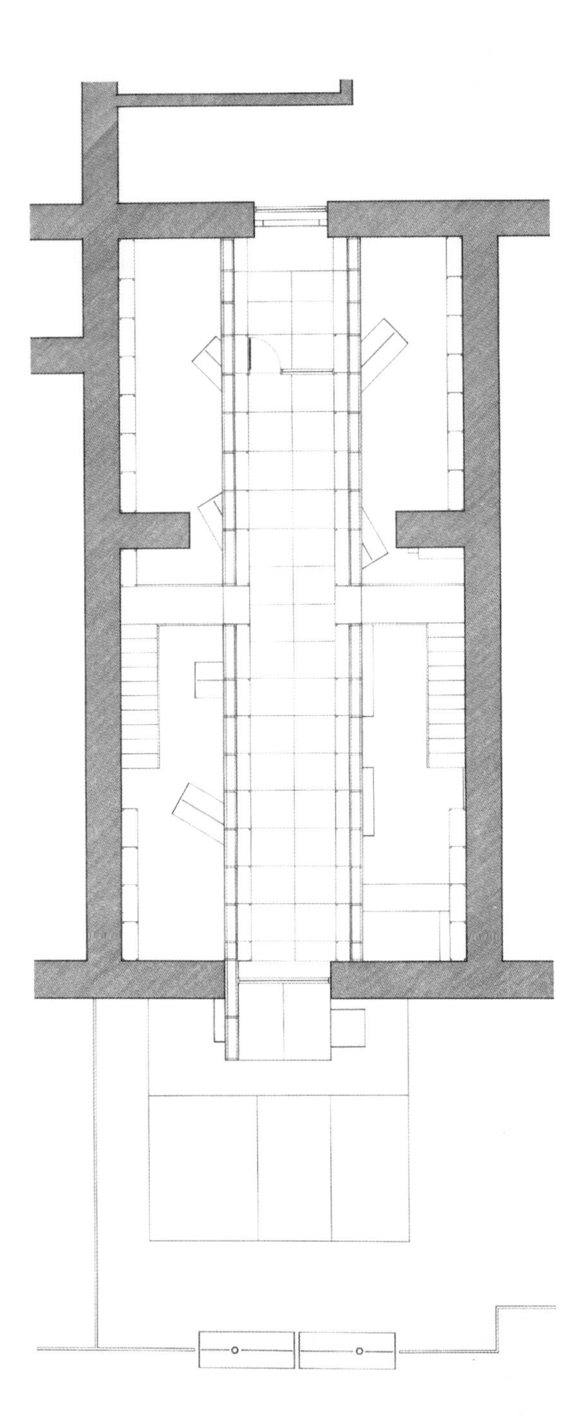

夹层平面

1996
硫酸纸，钢笔

875mm × 480mm

轴测：显示“书车”处在不同位置

1996
硫酸纸，钢笔

925mm × 435mm

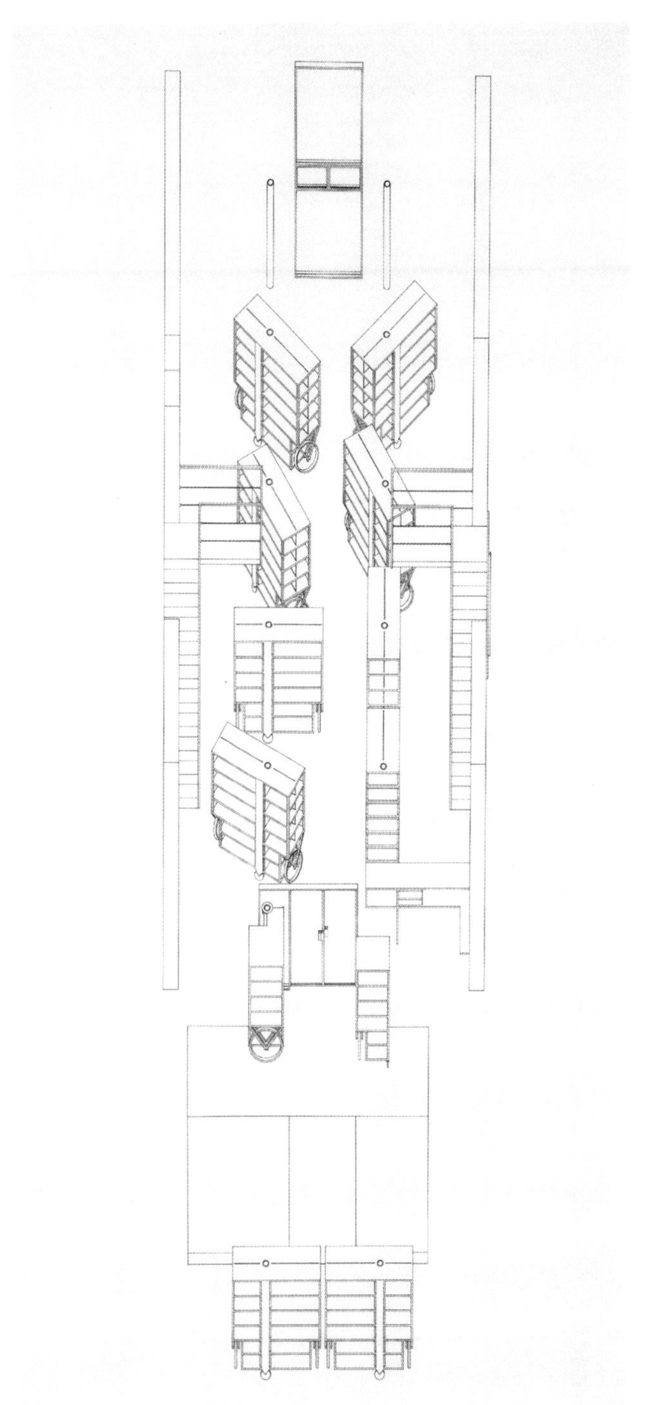

邻院分析

1996

鲁力佳

这些图是我在美国读研究生设计论文的一部分。用轴测和一点透视为主的视觉分析工具来研究四合院的新模式，即在忠于传统四合院概念的同时，通过密度和尺度的变化来满足不同的生活方式和需求；同时探讨如何将单体的院宅形成共生的住宅组团，以适应现代的家庭结构和邻里关系，即从大家庭向小家庭的转化对集合住宅的影响。

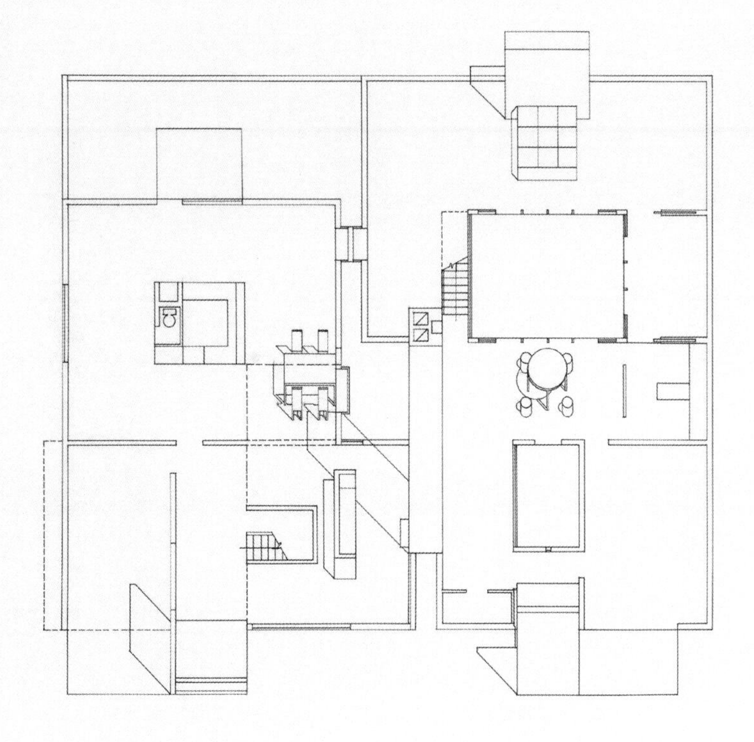

二邻宅：平面，两户之间可开启的墙
制图要点：关键家具、墙体用阴影轮廓强调

1996
硫酸纸，钢笔

433mm × 555mm

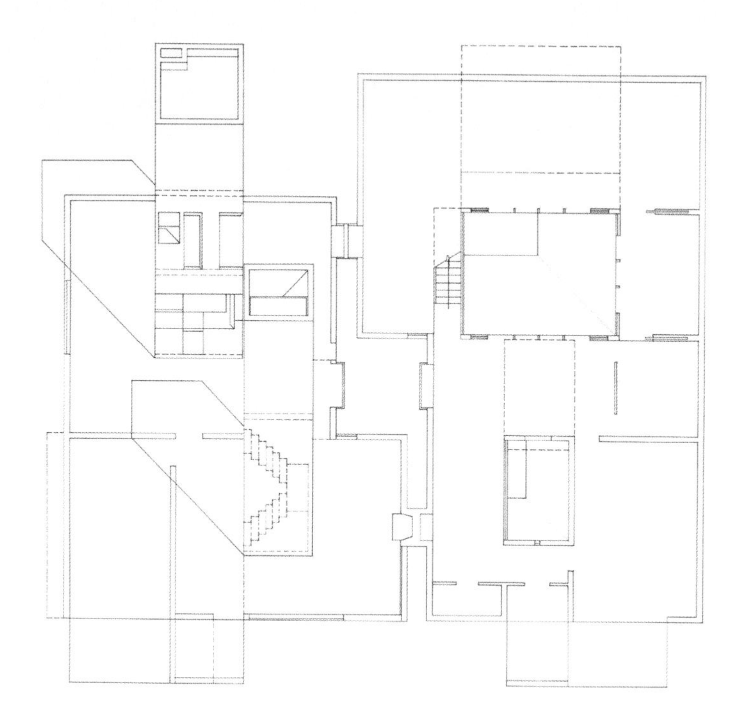

二邻宅：平面，两户之间的虚（院）实（体）空间比较
制图要点：用阴影轮廓强调院和体

1996
硫酸纸，钢笔

433mm × 555mm

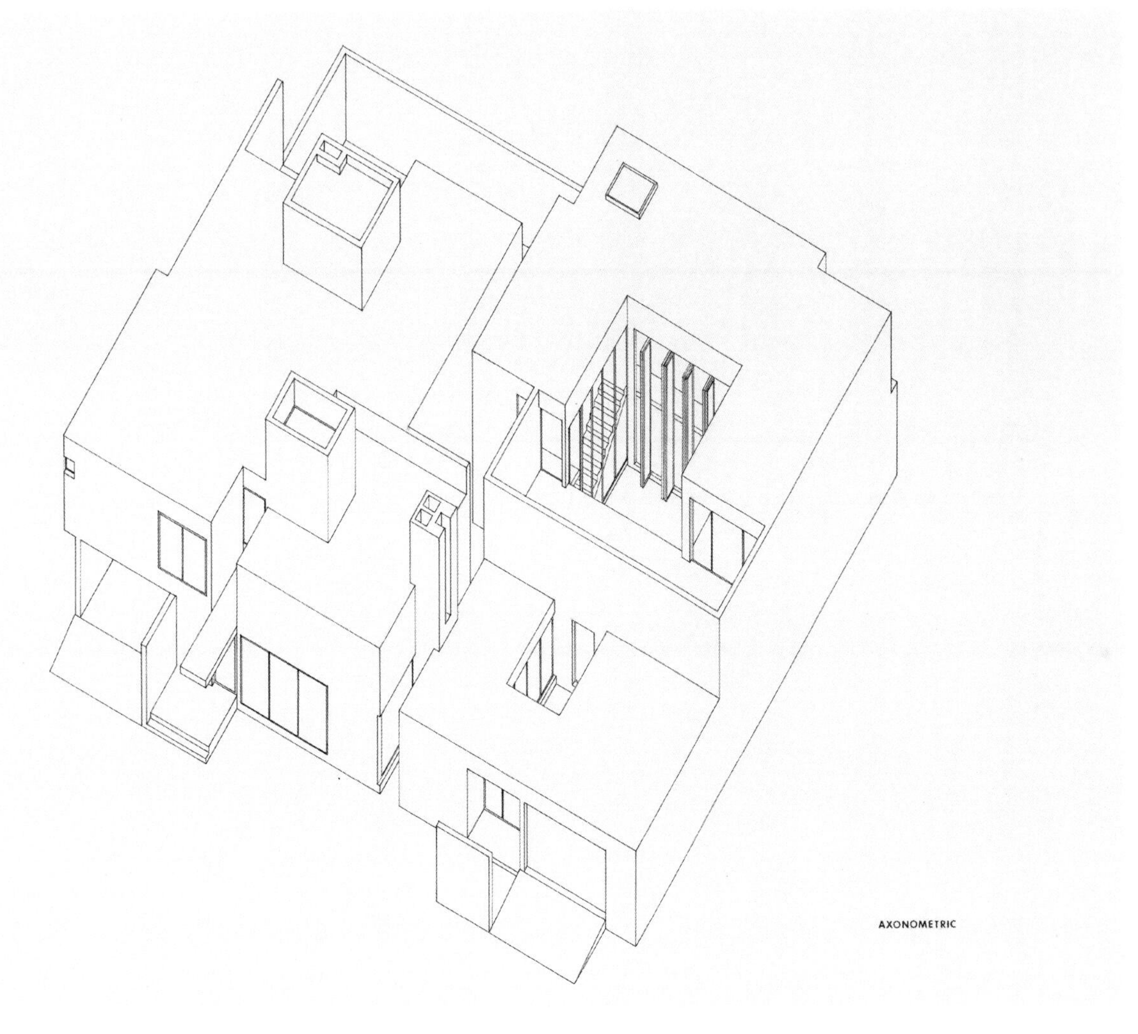

二邻宅：轴测，建筑体量研究

1996
硫酸纸，钢笔

433mm × 555mm

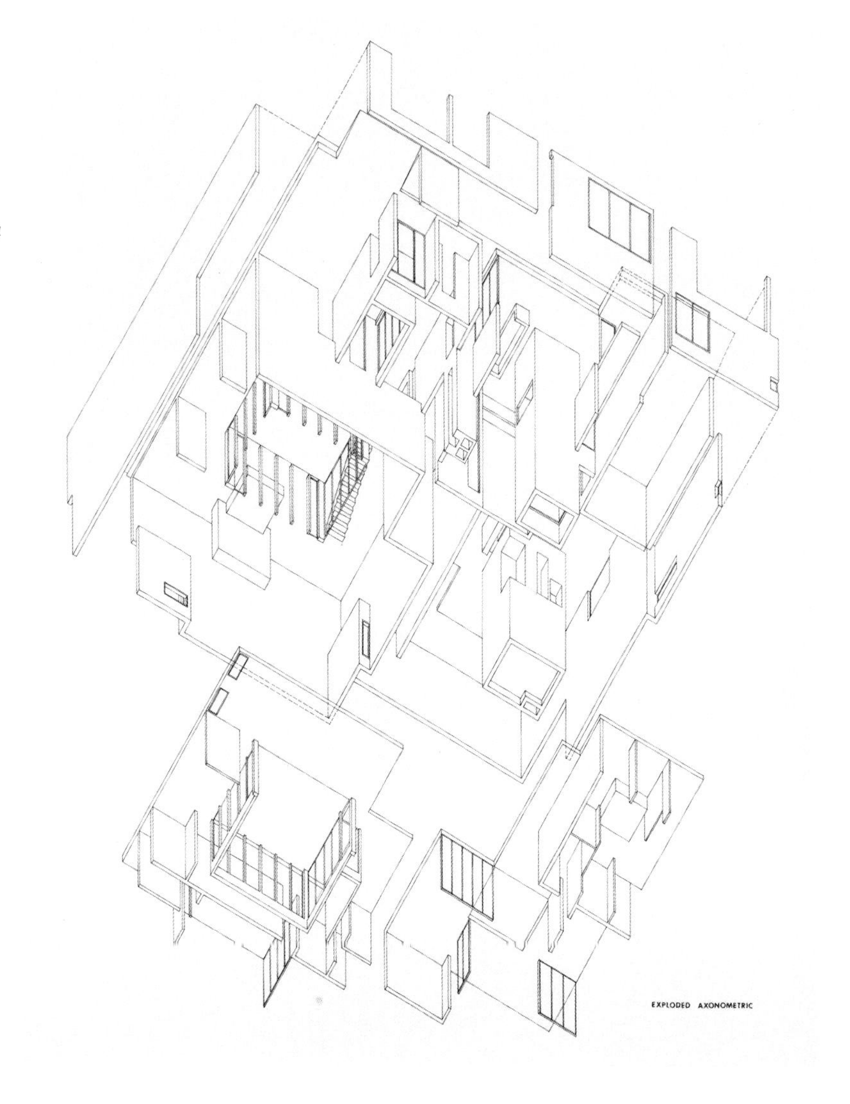

二邻宅：轴测，空间和围合研究
制图要点：分解、拉开部分建筑元素，消隐屋顶及门

1996
硫酸纸，钢笔

433mm × 555mm

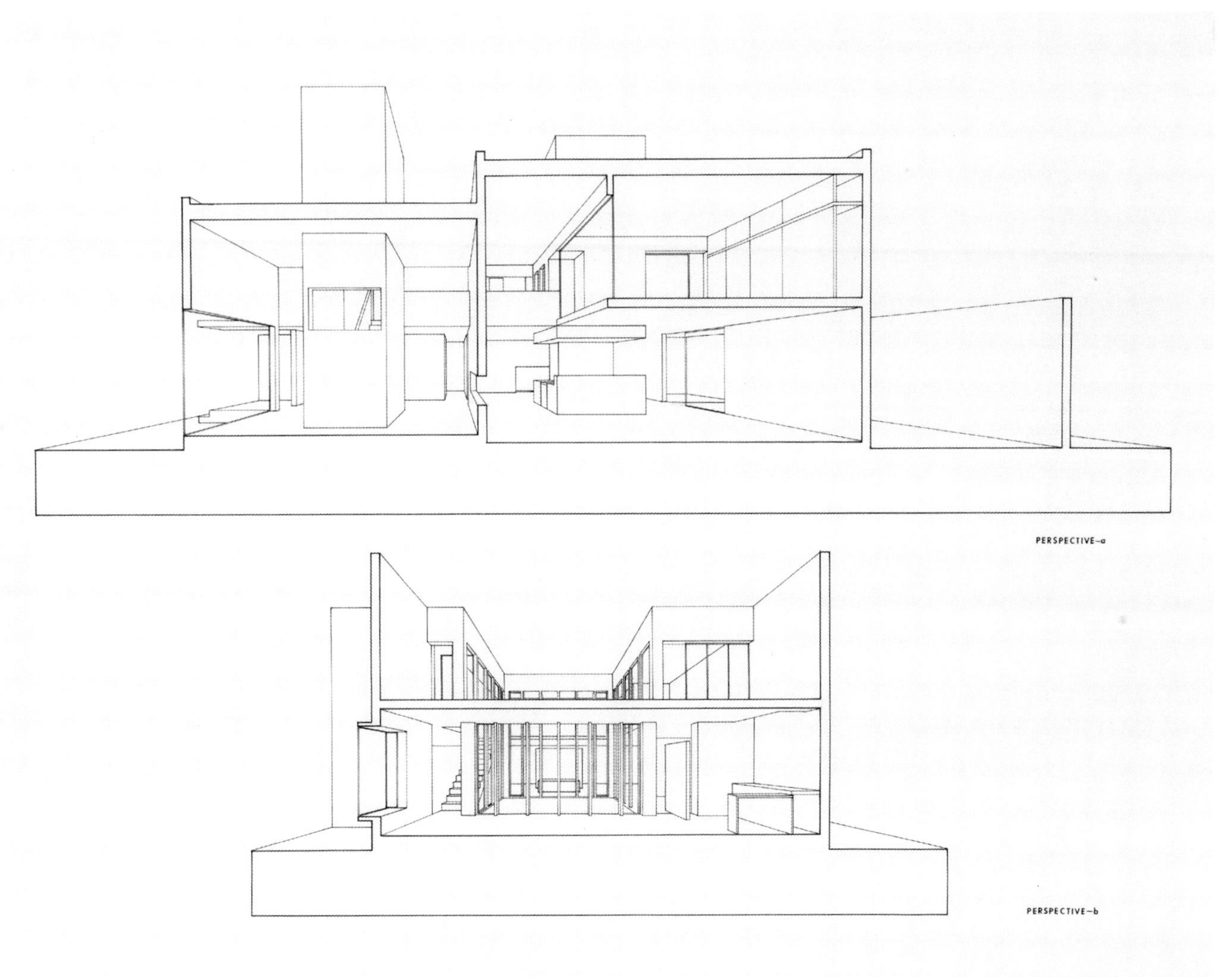

二邻宅：两个剖面透视，空间比较
制图要点：一点透视

1996
硫酸纸，钢笔

433mm × 555mm

双院宅：平面，说明空间——院子、客厅、餐桌——可通过推拉门或墙体来满足私用（上）或公用（下）的需要
制图要点：关键家具、隔墙填实

1996
硫酸纸，钢笔

433mm × 555mm

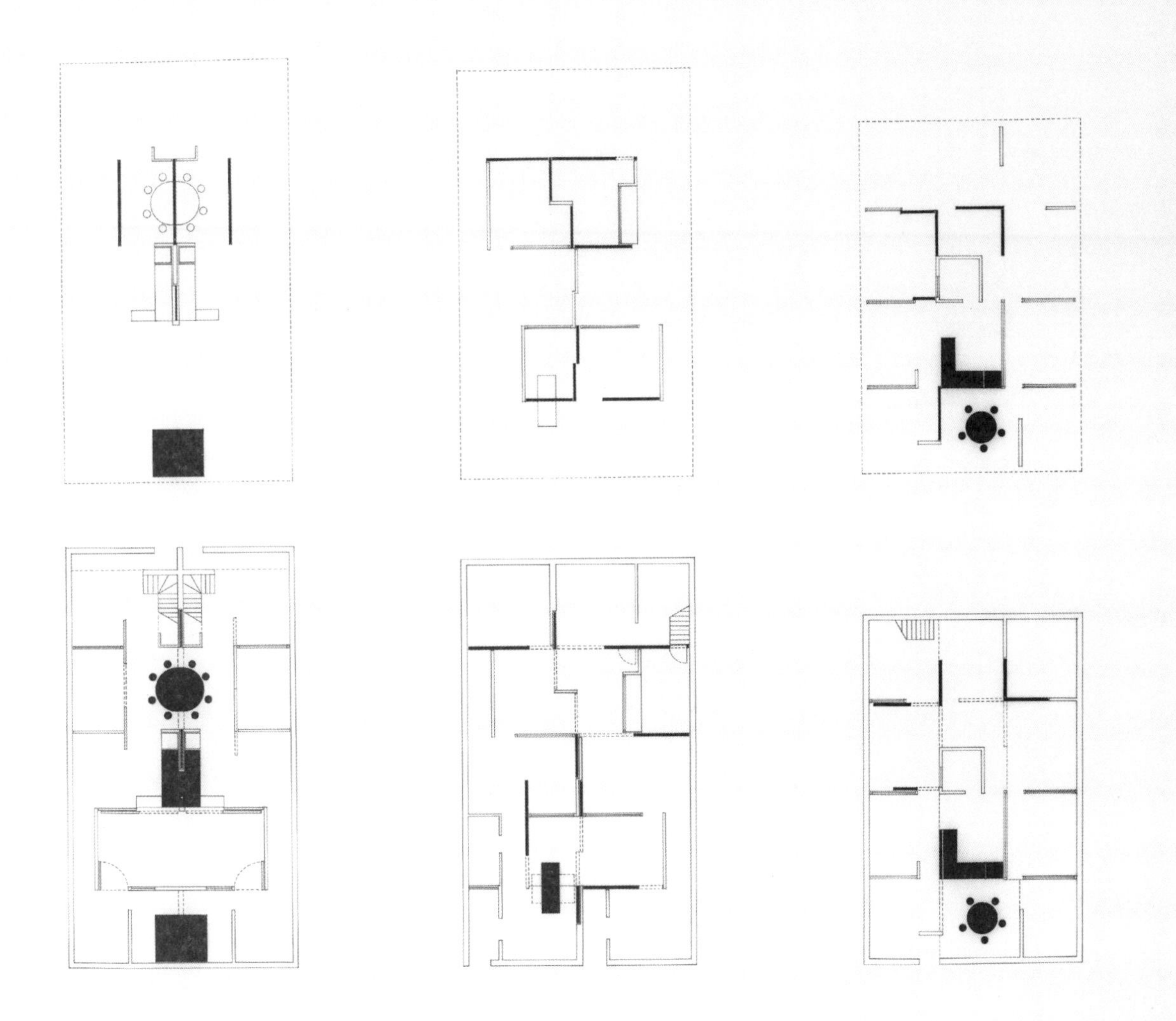

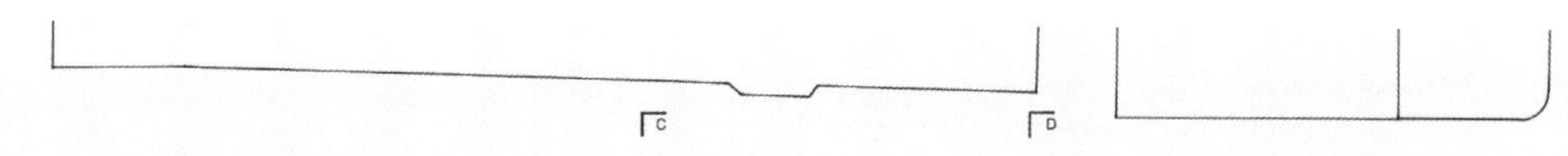

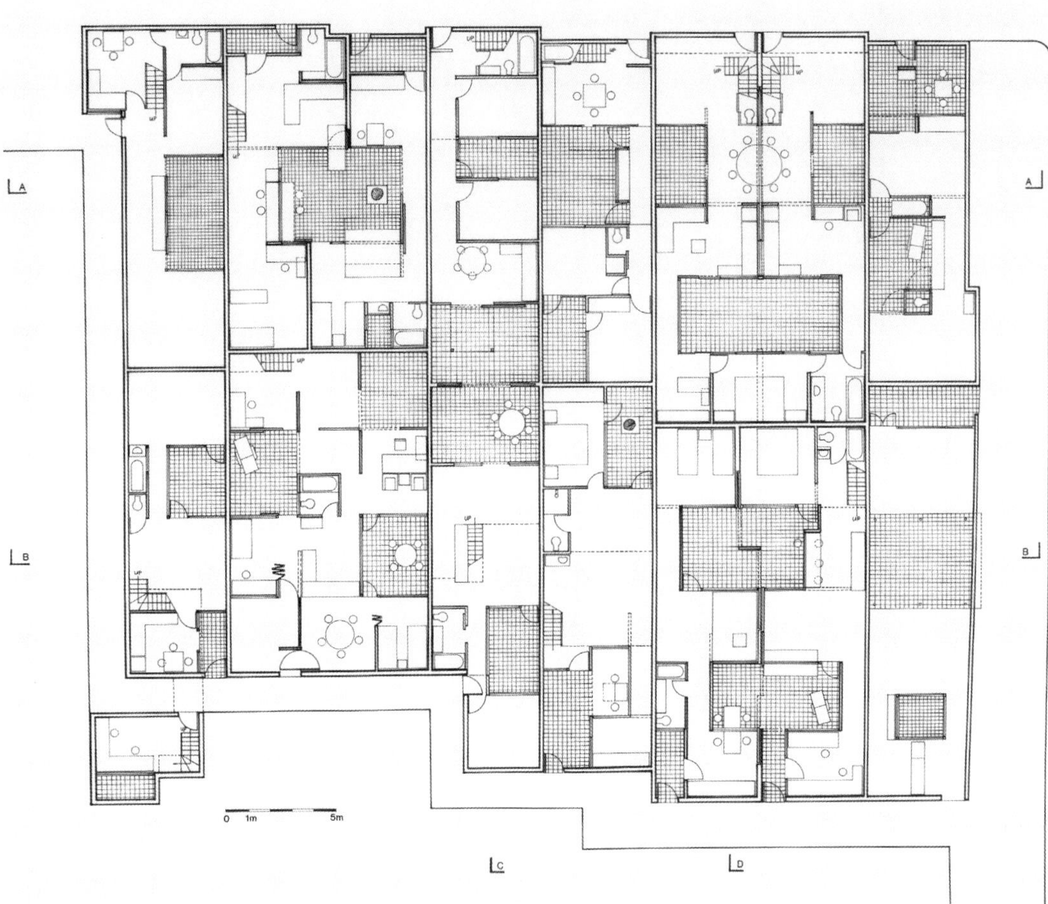

十六院宅：平面，显示邻居共享院子的多种可能性

1996

硫酸纸，钢笔

433mm × 555mm

十六院宅：二层平面，显示住宅区密度的增高方式

1996

硫酸纸，钢笔

433mm × 555mm

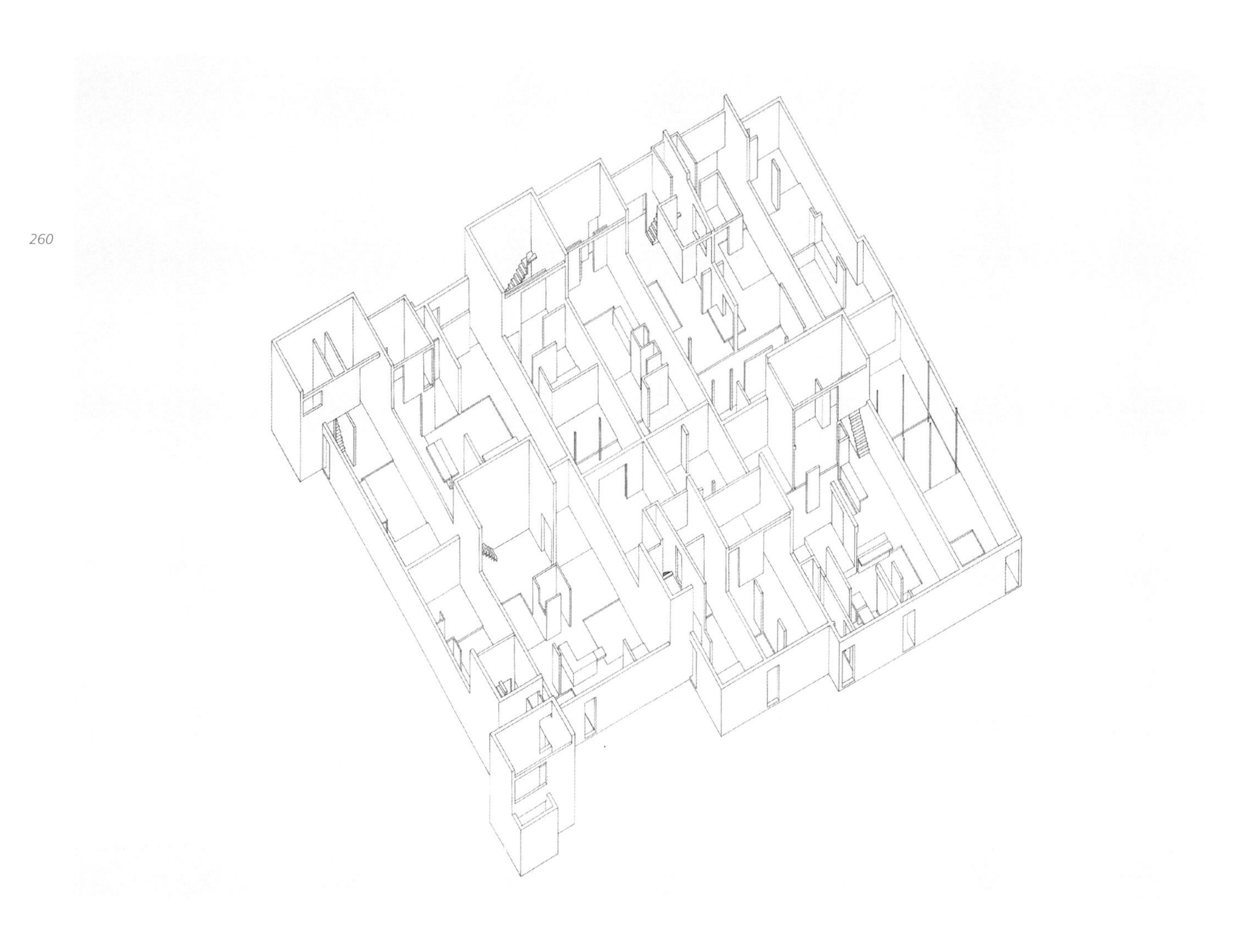

十六院宅：轴测，空间和围合研究
制图要点：消隐屋顶

1996
硫酸纸，钢笔

433mm × 555mm

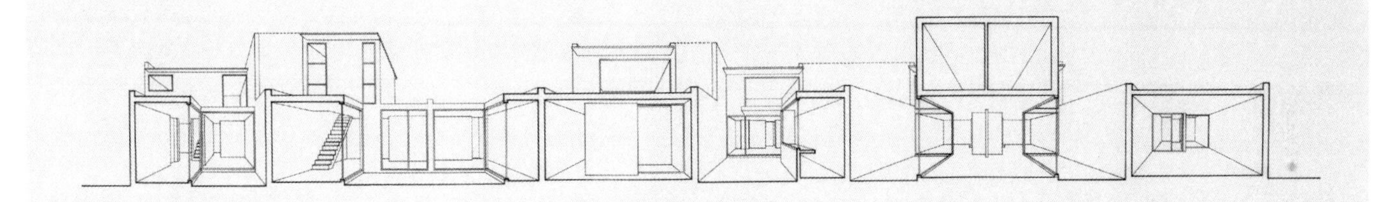

十六院宅：剖面透视
制图要点：多点透视

1996
硫酸纸，钢笔

433mm × 555mm

推拉折叠平开门

1998

在北京举行的一个名为“存在的踪迹”的艺术展览中，一个车库不再用于停车，需要一个供人出入的门。本设计提出不替换原有的车库门，而是将一个有折叠式边框的新平开门嵌入其中。新旧门融合，门的最常规的三种开启方式——推拉，折叠，平开——同时存在。

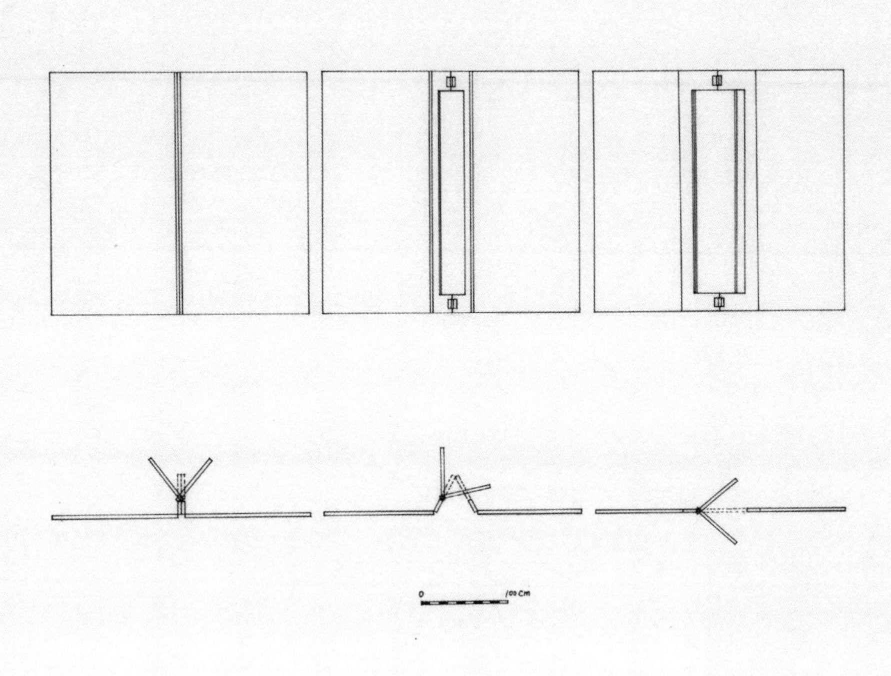

三组立面和平面：说明推拉折叠平开门不同的开关状态
制图要点：不同投形对应并置

1998
硫酸纸，钢笔

400mm × 288mm

s. 您曾经提到过绘画可以是一种"冥想"的行为。您如何通过绘画这种媒介来探索您所感兴趣的命题，无论是自己设定的还是基于项目的？

c. 我不认为绘画是冥想的过程。对我来说，首先必须静下来，将注意力完全集中在画画上。这样，绘画才能帮我进行对建筑、艺术等的思考。这几乎是一个互动的过程，在画的同时又从画中获得启发。于是，便推进了所思考的问题。最终，对于建筑来说，绘画是不够的。绘画曾经在一段时期内对我十分重要。但画了八年图之后，我对盖房子的渴望变得越来越强烈了。

s. 为什么会有这种渴望？

c. 因为仅靠绘画已经无法继续拓展我的一些建筑想法了。

s. 我注意到您的绘画中有一些反复出现的主题，比如叙事、文化识别、居住或者家居生活，有时对某些建筑原型进行反思，以及您称之为"内向经验的探索"等。什么使您对这些主题格外关注？

c. 这些主题中有一些和当时建筑圈内的关注点有关，包括后现代主义以及当时正在兴起的数字建筑等。但是我的兴趣在其他地方。比起功能性，我更注意居住性，即人们是如何现实地而非抽象地体验或者感受空间的。一种在某处的感受往往和某种特定的活动相关联，有一点仪式的意味。活动的仪式性非常重要。或许，这就是我眼中人们和空间所建立的形式关系。更进一步来说，这或许就是我对建筑形式的认识——形式来自仪式，形式存在于空间中。所以，我从未对建筑物体有过太多兴趣。"内向经验的探索"是类似这样一种感受：在一个空间当中，光线从上方以一种特定的方式进入，这个空间就有某种特定的形状，你一个人坐在正中央一把椅子上，独自抽着烟；我并不抽烟。在那个状态下，空间、光线、家具以及抽烟的行为，结合在一起，就变得顺理成章了。

S. 为什么说这是一种“内向经验的探索”？

C. 因为这是在一个空间内部的感受，而不是从外部去看一个建筑。这是两种非常不同的经验。

S. 所以这完全不是一种思考某些问题的内省的过程？

C. 对，这不是。冥想并不是我日常活动的一部分。尽管画画的时候我常常是一个人，但是我并没有冥想。我享受的是创造画中空间和各种形象，以及在这个过程中去发现。如果用一个词来概括，我想那是一种类似“研究”的过程，不是科学意义上的，而是艺术意义上的。许多电影和小说都能帮助我更好地去“看”，尤其是卡夫卡的作品。我曾看过奥逊・威尔斯（Orson Welles）导演改编自卡夫卡作品的电影《审判》(*Le procès*, 1962)。这部电影太棒了！它是“超现实”的，但是如果考虑到欧洲的超现实主义艺术运动，“超现实”似乎又不能准确地形容这部电影了。它是如此扎根于现实，表现了一种现实的状态，既真实又不真实。电影拍摄于1960年代，所以那里面有1960年代的现实，但是所表达的却远不止这些。看上去没有什么是不寻常的，但同时又没有什么是我们所了解的现实。

S. 您提到文学，比如卡夫卡的作品，电影以及文艺复兴早期的绘画都对您的绘画方式和内容有所影响。您是否可以分享一下，在20世纪80年代至90年代期间，您是在什么样的背景下创作出这些绘画作品的？

C. 我尝试着阅读一些理论书籍。对我来说，它们非常难懂。我努力并且也读懂了一些东西，但是也没觉得有太大用处。然而，在阅读文学和观看电影的过程中，我能感受到很多。通常，我感受到的东西往往会相当长时间地留在我心里。这也是我现在所面临的矛盾之一，因为目前我在中国开展的工作往往要求强烈的视觉效果，而非常建筑的作品在这方面却非常“弱”。

S. 哪方面的“弱”？

C. 视觉上弱。

s. 相对于人们的期待而言？

c. 是的。当下你能看到非常多特别强烈的形式。但是我们的作品不是的，现在依然不是。弱的形式并不是无力的形式。我认为无力的形式是那些不能带来持久体验的形式。在小说和电影中，我能感受到一些令人不能忘怀的体验。萨缪尔·贝克特（Samuel Beckett）的小说和戏剧就能给人这种感受。我对“极简主义”的理解便来自萨缪尔·贝克特，并不是因为他的语言，我想玛格丽特·杜拉斯的简单短句在语言上比贝克特更“简”。贝克特的极简并不体现在语言上，他创造了令人惊叹的极简生活方式。他有一部小说名叫《马龙之死》。小说的主人公马龙，除了身上穿的衣服和口袋里的三块石头之外，一无所有。这些石头没有纪念意义，也没有任何戏剧性，但它们是有功能的、实用的。主人公会把一块石头放进嘴里，由于石头的温度比嘴巴要低一些，所以放在嘴里可以让他感到少许凉爽。所以那是用来含在嘴里的石头，仅此而已。这才是“极简”。后来我在印度看到一些朝圣的人，他们也是如此生活，浑身上下只有一件托蒂，白天朝拜的时候穿着托蒂，晚上将它脱下来洗，赤身而睡。在印度的气候下，洗过的托蒂很容易就干了，所以每一天他们都穿着干干净净的白色托蒂，显得精神奕奕。托蒂是他们的全部家当，但是他们却以非常有尊严而且神圣的方式拥有着这唯一一件家当。与此相反的是在美国，人们穿着牛仔裤，吃着烤肉，然后随手把油往裤子上一擦。那是一种完全相反的生活方式。

s. 近乎苦行僧式的？

c. 是的。并不是说我也想那样生活，但是我能深刻地理解这种生活方式。单去看一些形式简单的东西是不够的。比如，我喜欢约翰·帕森（John Pawson）的作品，但我并不认同这种极简主义。的确，他的东西从视觉上来说非常干净。如果说这是“极简主义”的话，这必定是奢侈的“极简主义”——一种极简的滥用：他从一整块大理石里挖出一个浴池来。这看上去无疑非常干净漂亮，但是它还是……

s. 刚才您提到了后现代主义。建筑中的后现代主义在多大程度上影响了您对古典主义，包括文艺复兴早期的绘画和古典主义建筑的兴趣？

c. 你的问题包含两个概念，一个是古典主义，另一个是文艺复兴早期绘画。这两者都和我的背景有关。我在中国长大，不过在各个方面都受到了西方教育的影响，比如数学、科学、艺术、绘画和古典音乐等。所以这就造成了一个问题，那就是，我觉得任何事情都有正确的做法。比如，画人像时必须力求画得越像越好，作曲必须遵循一定的法则，学习音乐必须掌握正确的知识和技能，等等。当我二十几岁来到美国的时候，我感到自己所拥有的整个知识体系里有着非常多的限制——这些知识本身就是束缚。那是我第一次感觉到，我想超越自己以前所做的和所知道的。我想冲破所有这些限制。中国画非常重要，但是中国画和西方的系统没有任何联系。所以我反而更容易理解意大利文艺复兴早期的绘画，因为我知道那些作品创作于规则建立以前。透视法很重要，它表现的是不考虑时间维度的、准确的数学计算和空间建构。在学习的过程中，我发现，尽管文艺复兴早期的画作中常常出现一些“奇怪”的画法，比如不符合数学规律和透视法等，但它们其实有着非常清晰的逻辑。那是一种自由的逻辑，至今我对此仍十分感兴趣。在特定作品中，人们想要表达和塑造特定的内容及空间，所以就需要发明一个特定的逻辑出来。因为他们没有数学或者透视法这些终极真理的限制，所以也就没有任何禁忌，尽可以尝试各种不同的东西。

s. 您指的是视觉表现方面的尝试？

c. 还包括画中的空间、叙事，等等。我是从我的老师罗德尼·普雷斯那里学到这些的，是他将文艺复兴早期的绘画作品介绍给了我。这些作品非常微妙。乍一看什么都是错的，可一旦弄明白了，就会发现它们不仅不是错的，而且还颇具逻辑性，只不过那是一套不同的逻辑罢了。这些早期绘画远比后来的更有想象力和创造力。我一直在思考一个问题，为什么这些作品会这么有创造力？因为它们没有受到体系的限制。福柯指出“终极真理”并没有太大的意思，因为就算你知道了又能怎么样呢？我们必须超越界限，才能看到一些有趣的东西。

s. 所以您一直在探索这些不一样的维度？

c. 我真正关注的是早期文艺复兴绘画中的空间与叙事。至于古典主义，它曾经而且现在依然对我很重要。主要体现在两个方面，一方面，和我的历史观有关，我认为历史和时间是连续的，不能被切割的。另一方面是因为古典精神，那里面存在着一种特质。自密斯·凡·德·罗之后，有不少非常有意思的建筑师，包括让我对辛克尔（Karl Friedrich Schinkel）产生兴趣的德国建筑师翁格尔斯（Oswald Mathias Ungers）等。现在英国的一些建筑师，比如大卫·奇普菲尔德（David Chipperfield）和托尼·弗莱顿（Tony Fretton），正在延续着辛克尔和翁格尔斯的古典传统。在形式上，我对比例没有兴趣，完全没有兴趣。20 世纪 70 年代晚期，我在南京工学院接受的是一种巴黎美术学院式的古典主义建筑教育，但是却完全不提欧洲的古典主义，因为那在当时是不被允许的。

s. 这种巴黎美术学院式的古典主义建筑教育和欧洲的古典主义有什么不同？

c. 非常不同。在本质上两者是一样的，有着同样的基本原则和主题。但是，在欧洲，人们会去考虑柱式或者某种装饰系统，因为这些都是古典主义建筑文化的一部分，在中国我却没有学习这些，但是古典精神是一样的，那种特质是一样的，与特定的风格无关。古典精神中有种很严谨的东西。古典主义的核心或许并不是和谐，而是一些非常简单的东西。古典设计是克制的，不会去添加任何无关主旨的东西。所以，对称是可以的，但是重点不是轴线，而是对称很简洁。如果你去自然中观察，会很容易发现对称，因为它们简单，一半和另一半是一样的。在黑泽明的电影《蜘蛛巢城》中，对称的概念就非常重要。电影中，所有的空间都是一点透视的，所以也是对称的。如果有两个人，那很显然是对称的。在其他情况下，一点透视也是对称的。我说的就是这种特质！我不在乎形式上的比例，也不在乎山墙或柱廊，这些东西在以前和现在都不能引起我的兴趣。这就是我所谓的古典精神。很可惜，现在我所做的东西还不太具有这样的精神，但是我打算在我的工作中更关注这个问题。其实从去年就开始了，尤其是经历了这样一段时间：在中国和世界上发生的许多事情让我无法继续过去的探索，或许我有些迷失了。再强调一下，我感兴趣的并不是和谐。因为和谐和平静有一定关联，而我感兴趣的是安静，但是我的安静也可以令人感到不安。我想在建筑中把这些东西表达出来，但是在现在的一些项目中，这非常困难。我在为一个物质社会工作，它的本质是享乐的。之前你用了“苦行”这个词，可以说我是“苦行”的，不过不极端。简单的生活有一种安静的张力，我的作品还没有表现出这一点来。随着年纪的增长，这是我越来越迫切想要追求的。

就我们所谈及的话题，有些很重要的先例，包括 1980 年代英国建筑联盟学院（Architectural Association School of Architecture，即 AA）的一些建筑师的工作，以及一些 AA 之外甚至非建筑师的工作，例如，德国艺术家马克斯·恩斯特（Max Ernst）和胡安·格里斯（Juan Gris）等艺术家把不同图像叠在一起的拼贴做法不同，恩斯特所谓的超现实主义图像将 19 世纪的印刷品拼贴得天衣无缝。在他的拼接下，这些古典的图像中呈现出奇特的东西。还有就是勒克。他创作了许多变态的人像，包括他自己的和一些非常怪诞的建筑。［翻开由菲利浦·杜柏伊（Philippe Duboy）所著的《勒克：谜一样的建筑》一书］他没有建成几栋建筑，主要是画。我刚才说这些图像是非常“变态”的，但是它们却是用古典主义的形式语言表现的。所以，“前卫”也不应该被视为是一套固定的表现形式，这个认识在今天的视觉艺术中已十分普及，但是在建筑领域中就没有形成。后现代主义的出现打破了前卫的定式，但又把建筑引入歧途。于是，人们纷纷开始反抗后现代主义对待历史和古典形式的方式，造成今天的建筑师们只推崇现代和超现代的形式。我的老师罗德尼·普雷斯曾经用古典的形式语言创作了一系列非常奇异的城市空间图像，就像是蚀刻版画一样。那些图像背后有故事。罗德尼·普雷斯也因此在日本《新建筑》杂志举办的竞赛上获了奖。AA 的彼得·威尔逊（Peter Wilson）是一位非常重要的建筑师和老师，他的画也很棒。他有一幅为了某个设计项目而画的图，那是一个公共厕所（被处理成一种城市纪念碑式的建筑宣言），到处都是水和火！所以你看这些绘画是非常有氛围感的。我还想到一个建筑师，迈克尔·戈德（Michael Gold）。顺便提一句，他与威尔逊、扎哈·哈迪德（Zaha Hadid）差不多是同一个时期的。戈德和屈米（Bernard Tschumi）曾经有着非常密切的合作关系，他们一起带过设计课，而且在“叙事性建筑”方面，如果我没记错的话，有着相似的主张。

S. 罗德尼·普雷斯也毕业于英国建筑师学院吗？

C. 罗德尼·普雷斯曾师从于对我影响也十分重大的罗宾·埃文斯。迈克尔·戈德的建筑是用来体验而不是用来看的。我甚至都想不起来他的建筑的外观是什么样的了，就算对外观有印象，那也是因为那些建筑是城市的一部分。在我的记忆中，一直有这样的印象：黑暗中在某个塔或者房子中行进，在楼梯间里，周围非常暗。他的绘画技巧很写实，所以从画中你就能感受到那个空间的状态了。

写实的绘画也是非常古典的，它不抽象，这和后来的扎哈·哈迪德以及雷姆·库哈斯（Rem Koolhaas）的同事埃利亚·增西利斯（Elia Zenghelis）的绘画风格很不一样。雷姆本人的风格倒不是那么抽象。抽象很有意思，我也很喜欢，但是古典的图像对我来说更重要。在这方面，我或许不及我的父亲以及我的中国同学们，但是我比大部分美国同学要好。

S. 好在什么地方？

C. 在运用光和影进行写实的绘画上。

S. 关于这个话题我们已经聊了不少，让我们进入下一个话题吧。

C. 你提到的这个话题是很重要的。我对自己目前作为建筑实践者的状态并不满意，但是我工作的参照系一直以来都和当下典型的建筑师不太一样。

S. 您是如何将您目前主要从事的建筑工作和“内向经验的探索”结合起来的？一方面是非常客观和物性的建筑；另一方面，“经验”或“氛围”，在我看来，却是非常主观和无形的。这两者之间有着怎样的关系和相互作用？

C. 这正是我当前面临的一个问题。不过我希望这个问题最终能得到解决。我刚才和你描述的那些经验也好，氛围也罢，和物化的建筑关系不大，至少在工程技术层面上。最开始的时候，没人委托设计，只自己画图是可能的；但是到了后来就不够了。开始实践时，我很欠缺建筑工程方面的准备，至少大学里学的那些是远远不够的，所以我花了大量时间弥补这一块，不只是具体的技术细节，还有技术背后的概念，包括物质性和（手）工艺，等等。我们 2012 年在北京尤伦斯当代艺术中心那次展览的重点就是物质性和建造，而不是其他建筑话题。

S. 为什么？

C. 比如像彼得·艾森曼（Peter Eisenman）这样的建筑师，他更看重观念，做“纸板建筑”这样的作品。中国很多建筑师喜欢做建筑的内外的装修。他们对于房子是如何搭起来的，用人体来打比方就是对骨架，没有太多兴趣。所以在中国建筑师的作品中很少能见到结构上的创新。我目前正在认真地考虑如何将观念和技术结合起来的问题。最近和同事们谈到一些意象，其中一个对我来说比较重要（在纸上画起草图来）：当我和同事们提到“亭子”的时候，他们通常想到的是这个（指了指刚画好的草图，一个传统的中式翘檐亭子），这没什么错。但是我想到的却是这个（接着画了一个有着直线条屋顶和柱子的亭子）。说到这儿，我们现在正在为四川安仁以“文革”为主题的博物馆建造一个最最基本的亭子。它有屋檐，但是却没有这些（手指着草图中的翘檐），这些并不重要。建筑从屋檐处收进，所以它像所有的亭子一样有阴影。如果加上门的话，那就是一个立面。仅此而已，这就构成了一个亭子。它是非常古典的。

s. 有点像巴塞罗那博览会德国馆？

c. 的确如此。这里有一个门（在草图上添了一扇门）。不过这也是一个古典的建筑。

s. 从哪方面体现出来？

c. 对称、完整，等等。我现在和你讲的东西，在我脑海里是非常清楚的，不过我并不期待你能完全地理解它。这是非常个人的东西，是我个人对建筑的理解。不过，等安仁的博物馆完工之后，大家就都能理解我的想法了。

s. 接下来的话题和您刚刚谈到的内容有关。您 1980 年代早期的许多绘画和关于这些绘画的文字作品中，常常会出现比如“营造”“亭子”“风水”等中国传统建筑元素。您提到这些是您有意要去探索的命题，因为过去在中国对这些没有太多接触。您甚至曾经将东方和西方明确地区分开来，比如在作品《四间房》中所表现的那样。现在二十年过去了，东西方的这些区别还那么明确吗？还是已经界限模糊了？“中式”的定义中，有没有加入新的元素？

c. 这个问题不简单。在实践中，“中国性”是很难用语言去描述的。就像这样（指着先前画的两张草稿）。这个是中式的（指有翘檐的亭子）。但是我认为这种联系是不对的，这样很容易掉入东方主义或者中式媚俗的陷阱。19 世纪进入 20 世纪以后，尤其是在 1960 年代到 1970 年代那个时代，它就演变成这个样子了（指直线屋檐的亭子）。

S. 为什么演变会发生在 1960 年代到 1970 年代这段特定的时间？

C. 这是我的简化版的社会现实主义（指直线屋檐的亭子）。类似的还有天安门广场上的毛主席纪念堂。这些仍旧是“亭”，界限并不模糊。从紫禁城的太和殿到陵墓，我能看到一条清晰的线索。

S. 这个问题不太容易回答。

C. 不容易。

S. 不如我们跳过这一题。

C. 不，不用。这个问题很重要，和人们对非常建筑的作品的看法特别相关。一种看法是，我们的东西“不时尚”——这可以看成是一种表扬。而另一种看法就不能被当作是表扬了（开始在纸上写中文字），人们说非常建筑做的东西“太土”。

S. 不时髦？

C. 我来解释一下。如果能搞明白这一点，那么你就能弄懂很多东西。（在纸上写中文字）这是“太土”和“太洋”的对比。“洋”始终是一种褒奖，它意味着都市感、国际化、外国的，而这些词在中文里都是褒义的。“太土”不光是说这东西是本土的、城市以外的，而且还有粗鄙、乡气的意思。如果你是农村来的，那么你很可能就很土。所以你看，这里面的差别在于——一个飘洋过海来自外国，一个土生土长，所以很乡气。

S. 稍微打断一下，以您来说，我觉得您会一直一只脚在国外一只脚在这里。您无法回避“洋”的一面。

C. “土”是人们对我作品的非正式的批评。因为你认识我，而且我们现在正在用英语谈话，所以我或许比这里大部分的人要“洋”，但这并不是我想要的。我想去那些有这个的地方（圈出纸上的“太土”两个字），我就是想很“土”。

s. 是不是因为您想扎根于您从事工作的地方？

c. 不，不是那样。是因为从某种方面来说，那样更加……像我自己，而且我觉得那样会更有趣。我不是一个随大流的人，所以那些时髦的、主流的东西对我没有太大吸引力。参数化设计或者某些主流的形式语言等，这些都不是我。我觉得我们正在谈论一个非常重要，但是很可惜，又有些难度的话题。

s. 没关系。我想我会把这（两幅草稿）保存起来。

c. 你可以把它们扫描下来，作为对你的问题的回答。

s. 我想有一些人看到您的绘画之后，不论是书里的还是展览中的，会认为这些作品是您对“艺术性”媒介的过分沉迷。当然这和他们如何理解“艺术”和“建筑”有关。对于这样一种观点，您会怎么回应？

c. 如果人们有这种想法，这没关系，因为他们没有相关的背景、知识以及时间去做更深入的思考。和看电视一样，图像一闪而过。记得我用古典效果图方式画的那个水边的房子吗？对我来说，那是唯一可能的表现方式。水的颜色，树的颜色，等等，我确实是那样理解那个建筑的。有的人也会觉得那房子不够现代。不过那就是我当时的理念，而且我现在依然是一样的想法。现实中，令人遗憾的是，我们工作室的一些效果图并没有表现出那种建筑真正的灵魂来。其中一个例子就是“涵璧湾”这个项目。尽管建筑的地区有很多植被，但是那个环境看上去其实是非常安静的，因为那里的绿色并不是一种特别鲜亮的颜色。但是在效果图中，树木的绿色表现得有些太夸张了。从去年开始，我们尝试在效果图中使用更加温和的颜色。我们心中所理解的建筑图像和实际制作出来的更容易被客户和大众所接受的图像是不太一样的，这之间的距离，或许可以拉近一些。

s. 对于其他和您绘画风格相似的作品，您有什么想法？您曾经提到过，尽管别人也用类似的方法来画画，但是从对建筑设计作品的影响来看，对他们的影响要远小于对您的影响。

c. 这是另外一件事，要从两个方面来说。首先，古典绘画或者效果图已经存在了几百年，有很多人比我更在行。但是我用这种方式诠释的是完全不同的一种建筑。再者，我相信，抽象（这或许不是最确切的词语）和现代的感觉也同样重要，而我的画中也有这些元素。我懂得如何去欣赏杜尚和毕卡比亚这一类的艺术家。我一直在尝试将古典主义和现代主义结合在自己的作品中，希望这样能做出一些不一样的东西来。安仁的亭子可能就是这样的作品，是我的“中庸之道”。在这个建筑中，你可以看到密斯的巴塞罗那馆，可以看到毛主席纪念堂，也可以看到经典的亭子。

S. 这些绘画很显然是您探索的工具。如果有人说，现在人们已不再像您那样画画了。您怎么看？

C. 我画画是因为画画适合我。到了现在这个年纪，我非常清楚我的作品是有点晦涩的，有着一些不能轻易被理解的、非常个人化的东西。令人吃惊的是，我们的客户竟然会答应实施世博会上海企业联合馆那样的方案。在一定程度上，那是一个特别单调的建筑。一个白色的、镂空的，由密集的纵横管网构成的大盒子。这个建筑一些有意思的地方是隐藏起来的，没有直接暴露在人们的面前。在 LED 灯没有点亮的时候，这只是一个不炫的方块。可是我觉得那些 LED 灯有些可笑，它们和方块建筑的简洁性很协调，但却没有真的给这个建筑加分。

S. 您几乎已经给出了我最后一个问题的答案——那就是你不在意人们的议论。您为什么会想要公开早期的作品？您工作室的作品是否实现了您所反思的一些内容？您是否在意让人们看到一些可能和您之前提出的主张相左的作品？

C. 我或许不那么在意观众的态度。做展览的目的是让自己知道下一步该往什么方向走，我已经有了一些不错的想法，但是展览能够帮助我梳理得更清楚。

S. 一种为了重新定位而进行的自我反思？

C. 是的。这不仅仅只是一个建筑师成长之路的回顾性展览。我的作品从外面看或许非常简单，但是内部却存在一种复杂性，就像我自己一样。在这个展览中人们可以发现这些。

2011 年 12 月 8 日

文
景

Horizon

社科新知 文艺新潮

图画本

张永和 著

出 品 人：姚映然
责任编辑：王 萌
营销编辑：高晓倩
装帧设计：别境Lab

出 品：北京世纪文景文化传播有限责任公司
(北京朝阳区东土城路8号林达大厦A座4A 100013)
出版发行：上海人民出版社
印 刷：北京盛通印刷股份有限公司
制 版：壹原视觉

开 本：889mm × 1194mm 1 / 20
印 张：14.2 字 数：30, 000
2023年8月第1版 2023年8月第1次印刷
定 价：198.00元
ISBN：978-7-208-18317-9 / TU · 32

图书在版编目（CIP）数据

图画本 / 张永和著. -- 上海：上海人民出版社，2023
ISBN 978-7-208-18317-9

I. ①图… II. ①张… III. ①建筑设计－中国－现代－图集IV. ①TU206

中国国家版本馆CIP数据核字（2023）第089285号

本书如有印装错误，请致电本社更换 010-52187586

致谢

Shirley Surya 投入了大量的精力为本书做了采访；Nicholas Sze-Ho Ho、诸荔晶、戴维佳参与了部分翻译工作。在此一并致谢！

张永和

美国建筑师协会院士
非常建筑创始人、主持建筑师
麻省理工学院荣休教授

1984 年获得加州大学伯克利分校建筑硕士学位，1993 年在美国与鲁力佳创立非常建筑，2000 年主持创办北京大学建筑学研究中心，2005 年出任美国麻省理工学院建筑系主任，成为首位执掌美国建筑研究重镇的华裔学者，2011 至 2017 年任普利兹克建筑奖评委。

张永和作品

《作文本》
《图画本》